黑龙江生物科技职业学院

高水平高职院校建设项目成果——项目化课程系列教材

建筑工程测量技术

张树民　主编

黑龍江大學出版社
HEILONGJIANG UNIVERSITY PRESS
哈尔滨

图书在版编目(CIP)数据

建筑工程测量技术 / 张树民主编. -- 哈尔滨 : 黑龙江大学出版社, 2018.11
ISBN 978-7-5686-0283-9

Ⅰ. ①建… Ⅱ. ①张… Ⅲ. ①建筑测量－教材 Ⅳ. ①TU198

中国版本图书馆CIP数据核字(2018)第221418号

建筑工程测量技术
JIANZHU GONGCHENG CELIANG JISHU
张树民 主编

策划编辑 张永生
责任编辑 高 媛
出版发行 黑龙江大学出版社
地 址 哈尔滨市南岗区学府三道街36号
印 刷 哈尔滨市石桥印务有限公司
开 本 880毫米×1230毫米 1/16
印 张 17.5
字 数 445千
版 次 2018年11月第1版
印 次 2018年11月第1次印刷
书 号 ISBN 978-7-5686-0283-9
定 价 45.00元

编　委　会

编写说明

《建筑工程测量技术》为项目化课程开发教材，是在建筑工程测量课程标准的基础上，通过整体设计和单元设计编写而成的，适用于建筑工程技术、工程监理、给排水工程技术、环境工程技术、工程造价等专业。

本教材从内容上看，打破传统的章节内容，按照从入门到熟练、从单一到综合、从新手到能手的职业成长规律，结合工程测量员国家职业标准及工程测量岗位要求，将教学内容设置为2个项目，10个工作性任务，28个子任务，并设有记录单、任务单和考核单。

从结构上看，本教材是以职业岗位工作为背景，按照从感性入手、从易到难、边做边学、反复训练的认知规律而设计的。每个项目设有学习目标和情境描述。每个工作性任务，是按照引出任务、任务实施、相关知识、成果评价、思考练习顺序而编写的。

教学实施中，让学生在“做中学”“学中做”，以学生能力培养为主线，采用任务驱动的教学方法。学生通过完成记录单和任务单，具备地形图测绘和工程施工放线的能力；掌握必需、够用的工程测量基本知识；养成良好的职业素养。学生通过学习能够达到中级工程测量员国家职业标准。

对学生学习效果的评价，改变了过去以期末一次考试为主的形式，分成过程考核和期末考核两个部分。过程考核主要以考核单为依据，完成5个内容的考核，占总分50%；期末考核的内容来源于每个任务后面的思考练习，通过选择、填空、识图、计算等题型，进行期末笔试，占总分的50%。

参加本书编写的有：黑龙江生物科技职业学院张树民（项目一中任务1、任务2，项目二中任务4、任务5）、胥旸（项目二中任务2、任务3，附录三）、成艳（项目二中任务6、附录一、附录二）、秦微娜（项目一中任务4、项目二中任务1）；南方测绘公司哈尔滨分公司刘权（项目一中任务3）。全书由张树民统稿，并担任主编，由黑龙江工程学院王颖主审。

全书在编写过程中，建筑工程企业有关专家和工程技术人员提出了很多宝贵的意见，同时，参考了一些工程项目技术资料、教材、论文、图表等。在此谨向各位专家、工程技术人员、学者表示衷心感谢。

由于初次编写项目化教材，加之建筑工程测量实践经验不是十分丰富，难免观点和方法有遗漏及阐述不当之处，敬请同行专家和广大读者给予批评指正。

教学内容与学时分配

项目	任务	考核	学时数
项目一 校园地形图绘制	任务 1　测区高程控制点测量	三、四等水准测量	12
	任务 2　测区平面控制点测量	全站仪导线测量	16
	任务 3　测区碎部点测量	—	12
	任务 4　用 CASS 软件数字化成图	—	12
项目二 体育馆施工放线	任务 1　施工放线方案编写	—	4
	任务 2　主轴线定位测量	主轴线定位	12
	任务 3　细部轴线尺寸测量	—	12
	任务 4　轴线投测测量	二层轴线投测	12
	任务 5　高程传递测量	钢尺传递标高	12
	任务 6　沉降观测测量	—	8

总　序

目前,我国高等职业教育的院校数量和办学规模都有了长足的发展,高等职业教育也进入内涵建设阶段。从高职院校实施重点建设项目的进程来看,从新世纪高等教育教导改革项目开始,到2006年开始的"国家示范性高等职业院校建设计划"骨干高职院校建设项目,再到2015年启动的优质高职院校项目,应该说,进入改革发展新时代的高职院校已经具备了一定的内涵建设水准。如果内涵建设是高水平高职院校建设的基础,那么一定数量的高水平专业就应该是基础之基础,而课程建设更是高水平专业建设的难点和重点。对一所学校来说,所有先进的教学理念、教学改革观念,只有落实到每一位老师上,落实到每一门课程中,落实到每一堂课的教学中,才能真正发挥效用。

《国务院关于加快发展现代职业教育的决定》(国发〔2014〕19号)明确提出,要推进人才培养模式创新,推行项目教学、案例教学、工作过程导向教学等教学模式。为了以突出能力为目标、以学生为主体、以素质为基础、以项目和任务为主要载体,开设出知识、理论和实践一体化的课程,2015年1月,黑龙江生物科技职业学院聘请教育部高职高专现代教育技术师资培训基地、国家示范性高等职业院校——宁波职业技术学院戴士弘教授所组成的专家团队,开展了为期一年的教师职业教育教学能力培训。全院专任教师完成了主讲课程的项目化教学课程整体和单元设计,有81.39%的专任教师通过了专家组的测评。通过项目化教学课程改革,有效提升了教师的课程开发能力、教学设计能力、项目化教学实施能力和项目化教改研究能力,为提升课堂教学质量打下了坚实基础。2016年,学院明确将优质项目化课程建设作为教学工作重点,制定了《优质项目化课程建设实施方案》《骨干专业项目化课程体系改造实施方案》等推进制度。在《项目化课程教材编写实施方案》中,明确了项目化教材既是教材又是学材、既是指导书又是任务书、既承载知识又强调能力的总体编写思路。项目化教材要打破学科体系,以实际结构设计任务为驱动,按项目安排教学内容:在内容的编排上,要遵循基于工作过程、行动导向教学的"六步法"原则;在教学目标的实现上,要依据课程改革要求和工作实际需求对相关知识点加以整合,使教学真正与工作过程相关联;在考核评价上,要通过工作任务的完成使学生掌握知识、技能,对项目教学过程与结果进行评价。教材还应附有项目工作分组表、项目工作计划表、项目控制方案、项目报告模板和项目考核表等。要多引入职业标准、专业标准、课程标准、行业企业技术标准及操作规范、企业真实的案例等内容,所选定的项目必须能正确反映行业的新技术、新产品、新工艺和新设备等。2016年起,学院通过4批遴选确定了51门课程为优质项目化课程建设项目。通过2年多的建设,蔡长霞、翟秀梅、杨松岭等11名院级评审专家与课程负责人共同以"磨课"的方式,一门课程一门课程"说"设计、一个单元一个单元"抠"细节,打造了一批优质项目化课程。

"白日不到处,青春恰自来。苔花如米小,也学牡丹开。"这首《苔》是清代诗人袁枚的一首小诗,可以让人领悟到生命有大有小,生活有苦有甜的道理。默默耕耘在高职一线的教师如无名的花,悄然地开着,不引人注目,更无人喝彩。就算这样,他们仍然那么执着地盛开,认真地把自己最美的瞬间毫无保留地绽放给了这个世界。今天，看到学院第一批项目化课程系列教材的5部作品即将问世，我觉得经济管理系翟继云，建筑工程系张树民，食品生物系李晶、李威娜和信息工程系荣慧媛等老师，就像是一朵朵苔花，虽然微小，却也像牡丹那样，开得阳光灿烂，开得芳香怡人！花朵虽香，凝聚的却是众人的汗水。我不敢专美，更不敢心中窃喜，我知道前面的路还很长……

值此学院喜迎70周年华诞之际，黑龙江省高水平高职院校建设项目的标志性成果——项目化课程系列教材是献给学院的生日礼物，令我非常感动，也十分欣慰！我希望全院教师不忘初心，把全部的精力用于课程改革和课程建设中，专注课堂、专注学生，继续开发出更多、更好的项目化教材和教学资源并应用到教学中去，唯其如此，学院建设高职强校的目标必能早日实现！

黑龙江生物科技职业学院院长

李东阳

2018年8月于哈尔滨

目　　录

项目一　校园地形图测绘

【学习目标】

一、知识要求

掌握水准仪、经纬仪、全站仪、RTK 的使用方法；掌握测量误差的产生与精度评价技术要求；掌握高程控制测量、导线控制测量、数据化成图的方法。

二、能力要求

运用水准仪及双面水准尺能正确进行高程控制测量；运用全站仪及附属工具能正确进行平面控制测量和碎部测量；运用 CASS 软件能绘制大比例尺地形图；具有测量数据处理能力。

三、素质要求

培养适应室外不同工作环境的职业素质，树立遵纪守法、爱岗敬业、团结协作、精益求精、爱护仪器、勤奋好学、认真负责、规范操作、注意安全的职业意识。

【情境描述】

为了今后校园建筑工程的规划、管理、维修和扩建工作，需要测出校园现有地形图（大比例尺）。其工作过程为：控制测量（高程控制测量和平面控制测量）、外业采集碎部点、绘图软件成图。

任务 1　测区高程控制点测量

知识点：1. 熟知水准仪的基本构造和高程控制点选择的原则。

2. 掌握三、四等水准测量的方法。

3. 掌握水准路线高程的计算方法。

技能点：1. 能正确进行高程控制点标志的建立。

2. 熟练进行水准仪安置和整平、瞄准水准尺、读数。

3. 正确进行测站观测与记录、测站计算与校核、成果计算与校核。

【引出任务】

大比例尺地形图测绘第一阶段工作是进行测区控制测量，控制测量分为高程控制测量和平面控制测量。高程控制测量（测定控制点的高程工作）采用水准测量的方法。在国家二等水准点的基础上进行三、四等水准测量，建立三、四等水准网。工作步骤是：准备工作、选点与建立标志、测站观测与记录、测站计算与校核、成果计算与校核、高程计算。

【任务实施】

子任务1　通视控制点水准测量（课内4学时）

一、准备工作

每个测量小组需要准备的仪器及工具：自动安平水准仪1台、木质的双面水准尺1对、尺垫2个、记号笔1支、记录表格若干张、记录笔1支。

二、选点与建立标志

（一）实地选点

在测区内选择若干个水准点（BM）。水准点应选在土质坚实、安全僻静、观测方便和利于长期保存的地点。

在现场实地，这几个地方不应选设水准点：易受水淹、潮湿或地下水位较高处；易发生土崩、滑坡、沉陷、隆起等地点；距铁路50 m、距公路30 m以内（道路水准点除外）或其他剧烈震动的地方；短期内由于建设发展需要，可能毁坏标石或不便观测的地点。

（二）建立标志

一般在测区作临时性水准点，如图1－1所示。将长20～30 cm、顶面3～6 cm见方的木桩打入土中，桩顶钉一头部半球状的铁钉或画一"＋"字表示点位，土质疏松时，木桩可适当加粗加长，如遇到岩石、桥墩等固定地物，也可在上面凿个"＋"字作为标志。若在硬质的柏油路或水泥路面上布设点位，可选长10～20 cm、粗2～3 cm、顶部呈半球形且刻有"＋"字的道钉打入地面。道钉四周用红油漆做标志，并编号。

图1－1　临时性水准点

三、测站观测与记录

在通视条件下，测站观测步骤：

(一)安置仪器

将水准仪安置在被测两点间约等距离(可用步量)的位置。做法是:打开三脚架,使架头大致与观测者身高相适应,一般调整为胸高位置,并要求架头大致水平。把水准仪放在架头上,用中心螺旋将仪器固定,便于观察和操作。

(二)整平

先移动两个脚架,使圆水准器气泡大致居中。再转动脚螺旋使圆水准器气泡居中,此时仪器竖轴铅垂。具体做法如图1-2所示:两手同时向内或同时向外旋转脚螺旋,气泡移动方向与左手大拇指移动方向一致,将气泡移至脚螺旋①和②之间直线的虚拟垂直线上;再用左手转动脚螺旋③,使气泡移入中心圆圈内,仪器即被安平,此时视线自动安置成水平状态。

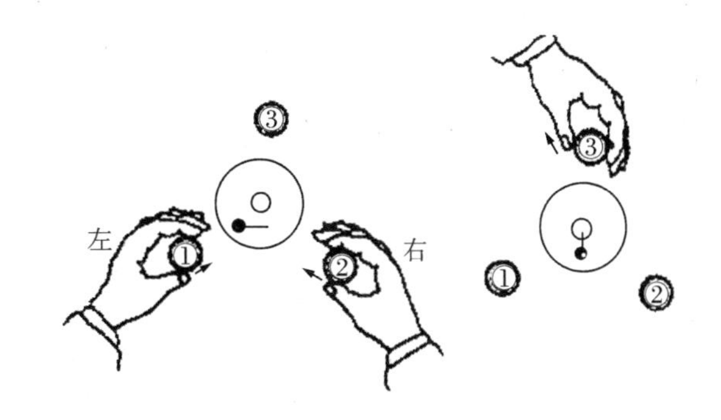

图1-2　圆水准器整平

(三)观测程序

1. 瞄准后视水准尺黑面。瞄准前,先将望远镜转向明亮的背景,转动目镜对光螺旋,使十字丝清晰。用望远镜镜筒上的粗瞄准器大致照准水准尺,然后从望远镜中观察,若物像不清楚,则转动调焦手轮进行对光,使目标影像清晰。最后转动微动螺旋,使十字丝的竖丝与水准尺的边缘或中间靠近。

读取下、上、中丝读数,记为(1)、(2)、(3)。读数前,首先观察十字丝的竖丝与水准尺的边缘是否平行,若不平行,观察员指挥立尺员调整水准尺的倾斜角度,直至平行。然后,眼睛可在目镜处做上下移动,若十字丝与目标影像有相对移动,则要消除视差(交替调节目镜螺旋和调焦手轮,仔细对光,直到眼睛上下移动时读数不变为止)。用检查按钮检查补偿是否超出工作范围(按到底并马上放开,目标恢复原位)。最后读数,一般先根据水平丝的位置依次读出米、分米、厘米,估读出毫米(为四位数字)。

2. 转动望远镜,瞄准前视水准尺黑面。读取下、上、中丝读数,记为(4)、(5)、(6)。

3. 指挥前尺员,将水准尺红面面对观测者,瞄准前视水准尺红面。读取中丝读数,记为(7)。

4. 再转动望远镜,瞄准后视水准尺红面。读取中丝读数,记为(8)。

概括观测程序:三等水准测量为“后—前—前—后”(或黑—黑—红—红),其优点为可消除或减弱仪器和尺垫下沉误差的影响;四等水准测量为“后—后—前—前”(或黑—红—黑—红)。

将各观测数据记录在表1-1相应表格中。

四、测站计算与校核

(一)视距计算

后视距离(9):(9) = [(1) - (2)] ×100;前视距离(10):(10) = [(4) - (5)] ×100

前、后视距差(11):(11) = (9) - (10)

前、后视距累积差(12):本站(12) = 本站的(11) + 上站的(12)

(二)水准尺黑、红面中丝读数校核

前尺(13):(13) = (6) + K_{01} - (7);后尺(14):(14) = (3) + K_{02} - (8)

(三)高差计算与校核

黑面高差(15):(15) = (3) - (6);红面高差(16):(16) = (8) - (7)

红、黑面高差(17):(17) = (14) - (13)

高差中数(18):(18) = [(15) + (16) ±0.100]/2

说明:在测站上,当后尺红面起点为 4.687 m,前尺红面起点为 4.787 m 时,取 +0.100;反之,取 -0.100。

(四)高差与视距计算校核

1. 高差部分

每页上,后视红、黑面读数总和与前视红、黑面读数总和之差,应等于红、黑面高差之和,还应等于该页平均高差总和的两倍,即

$\sum[(3)+(8)] - \sum[(6)+(7)] = \sum[(15)+(16)] = 2\sum(18)$ (适于测站数为偶数页)

$\sum[(3)+(8)] - \sum[(6)+(7)] = \sum[(15)+(16)] = 2\sum(18) \pm 0.100$ (适于测站数为奇数页)

2. 视距部分

末站视距累积差(12):(12) = $\sum(9) - \sum(10)$;总视距 = $\sum(9) + \sum(10)$

子任务2　不通视控制点水准测量(课内4学时)

一、准备工作

每个测量小组需要准备的仪器及工具:自动安平水准仪 1 台、木质的双面水准尺 1 对、尺垫 2 个、红油漆(或手动喷漆)1 罐、小刷子 1 把、记录表格若干张、记录笔 1 支。

二、选点与建立标志

同子任务 1。

三、测站观测与记录

在不通视的控制点区域(如道路转弯处)设转点。其他步骤同子任务 1。

三、四等水准测量时应考虑的问题:观测前 30 min,可将仪器置于露天阴影下,使仪器与外界气温

趋于一致;观测前,自动安平水准仪的水准器应严格置平;在连续各测站上安置水准仪的三脚架时,应使其中两脚与水准路线的方向平行,第三脚轮换置于路线方向的左侧或右侧;除路线转弯处外,每一测站上仪器和前后视标尺的三个位置,应接近一条直线;每一测段的往测与返测,其测站数均应为偶数,由往测转向返测时,两个标尺应互换位置,并应重新整理安置仪器;在高差较大的地区测量时,应尽可能使用 DS_3级以上的仪器和标尺施测。

四、测站计算与校核

根据计算与校核程序,将测得数据填入表 1-1 中,完成测站计算与校核。

表 1-1　三、四等水准测量记录表

测站编号	后尺 下丝	前尺 下丝	方向及尺号	标尺读数/m		(K+黑-红)/mm	高差中数/m	备注
	后尺 上丝	前尺 上丝		黑面	红面			
	后视距	前视距						
	视距差 d/m	$\sum d$/m						
	(1)	(4)	后 01	(3)	(8)	(14)		
	(2)	(5)	前 02	(6)	(7)	(13)		
	(9)	(10)	后-前	(15)	(16)	(17)	(18)	
	(11)	(12)						
1	1.142	1.274	后 02	1.409	6.197	-1		
	1.673	1.798	前 01	1.534	6.220	+1		
	53.1	52.4	后-前	-0.125	-0.023	-2	-0.124 0	
	0.7	0.7						
2	1.311	1.055	后 01	1.552	6.239	0		
	1.789	1.539	前 02	1.255	6.043	-1		
	47.8	48.4	后-前	0.297	0.196	+1	0.296 5	K_{01} =
	-0.6	0.1						4.787
3	1.254	1.035	后 02	1.540	6.329	-2		K_{02} =
	1.868	1.636	前 01	1.325	6.013	-1		4.687
	61.4	60.1	后-前	0.215	0.316	-1	0.215 5	
	1.3	1.4						
4	1.015	1.213	后 01	1.320	6.007	0		
	1.627	1.811	前 02	1.515	6.303	-1		
	61.2	59.8	后-前	-0.195	-0.296	+1	-0.195 5	
	1.4	2.8						
			后					
			前					
			后-前					

续表

<table>
<tr><td rowspan="4">测站编号</td><td rowspan="2">后尺</td><td>下丝</td><td rowspan="2">前尺</td><td>下丝</td><td rowspan="4">方向及尺号</td><td colspan="2">标尺读数/m</td><td rowspan="4">(K+黑-红)/mm</td><td rowspan="4">高差中数/m</td><td rowspan="4">备注</td></tr>
<tr><td>上丝</td><td>上丝</td><td rowspan="3">黑面</td><td rowspan="3">红面</td></tr>
<tr><td colspan="2">后视距</td><td colspan="2">前视距</td></tr>
<tr><td colspan="2">视距差 d/m</td><td colspan="2">∑ d/m</td></tr>
<tr><td>每页检核</td><td colspan="4">∑(9) = 223.5
∑(10) = 220.7
∑(9) - ∑(10) = 2.8
L = ∑(9) + ∑(10) = 444.2
f_{h容} = 13.330
f_h = ______
精度检核结论:</td><td colspan="6">∑(3) = 5.821　∑(8) = 24.772
∑(6) = 5.629
∑(7) = 24.579　∑(15) = 0.192
∑(16) = 0.193
∑[(3)+(8)] = 30.593　∑(18) = 0.192 5
∑[(6)+(7)] = 30.208
∑[(3)+(8)] - ∑[(6)+(7)] = 0.385
计算检核结论:</td></tr>
</table>

子任务3　不通视较困难控制点水准测量(课内4学时)

一、准备工作

每个测量小组需要准备的仪器及工具:自动安平水准仪1台、木质的双面水准尺1对、尺垫2个、铁锹1把、铁镐1把、金属标芯若干、素混凝土、石料、记录表格若干张、记录笔1支。

二、选点与建立标志

(一)实地选点

同子任务1。

(二)建立标志

在测区内可建立永久性水准点。一般用混凝土制成标石,深埋到地面冻结线以下,在标石顶部嵌有半球形的耐腐蚀金属标芯或其他不易锈蚀的材料制成的半球状标志,其规格如图1-3所示。在地面应有等级、名称、编号、埋设年月的标志。

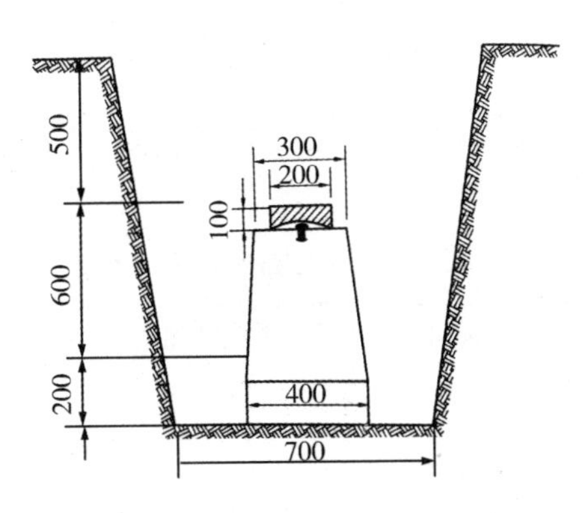

图 1-3　普通水准标石(单位:mm)

三、测站观测与记录

同子任务 1。

四、测站计算与校核

同子任务 1。

五、平差与高程计算

以附合水准路线测量(子任务 2 测得数据)为例,其步骤如下。

(一)计算高差闭合差

$$f_h = \sum h_{测} - (H_{终} - H_{始}) = 0.1925 - (117.665 - 117.485) = 0.0125\ (\mathrm{m})$$

f_h——高差闭合差,m。

$\sum h_{测}$——附合水准路线两端水准点高差的实测值,m。

$H_{终}$——终点的已知高程,m。

$H_{始}$——始点的已知高程,m。

(二)计算容许高差闭合差

$$f_{h容} = \pm 20\sqrt{L} = \pm 20\sqrt{444.2 \times 10^{-3}} = \pm 13.330\ (\mathrm{mm})$$

因为 $|f_h| < |f_{h容}|$,闭合差可以调整。

(三)高差闭合差的分配

$$\Delta h_i = -\frac{f_h}{\sum L} L_i = -\frac{12.5}{444.2} \times 105.5 = -3\ (\mathrm{mm})$$

Δh_i——测段高差改正数,mm;

$\sum L$——水准路线的总长,mm;

L_i——第 i 测段的长度,mm。

同理求出其他改正数,分别为:-2.7 mm,-3.4 mm,-3.4 mm。

(四)计算改正后的高差

改正后的高差 = 改正前的高差 + 高差改正数,见表 1-2。

(五)计算未知点的高程

未知点的高程 = 已知点的高程 + 未知点与已知点间的高差,见表 1 - 2。

表 1 - 2　附合水准路线成果计算表

点名	距离/m	高差/m	高差改正数/mm	改正高差/m	高程/m
BM_1					117.485(已知)
	105.500	−0.124 0	−3.0	−0.127 0	
TP_1					117.358
	96.200	+0.296 5	−2.7	+0.293 8	
BM_2					117.652
	121.500	+0.215 5	−3.4	+0.212 1	
TP_2					117.864
	121.000	−0.195 5	−3.4	−0.198 9	
BM_3					117.665(已知)
合计	444.200	+0.192 5	−12.5	+0.180 0	—

【相关知识】

一、水准仪的构造与功能

以 NAL30A 自动安平水准仪加以说明,如图 1 - 4 所示。

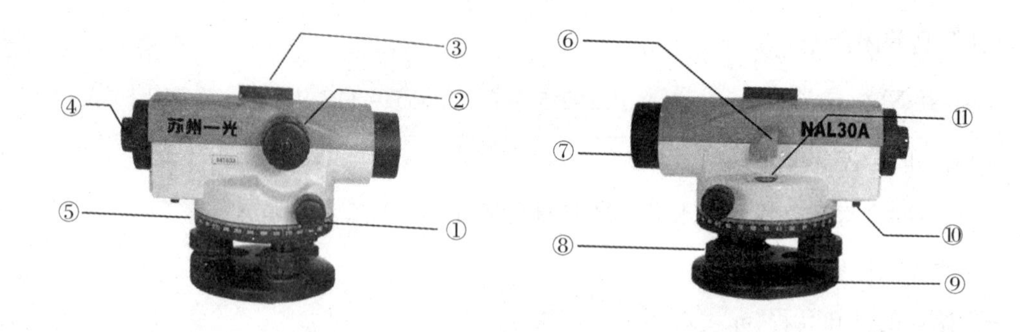

图 1 - 4　NAL30A 自动安平水准仪的构造

(一)水平微动手轮

用于微动调整望远镜水平方向。

(二)调焦手轮

转动望远镜上的调焦手轮,使不同远近的目标清晰。

(三)粗瞄准器

望远镜上的粗瞄准器是用于粗略瞄准目标的。

(四)目镜

调整目镜螺旋,使十字丝清晰。

(五)度盘

度盘注记为 0 ~ 360°,用于估算方位角,一般不采用。

(六)气泡反光镜

用于观察圆水准器气泡是否居中。

(七)物镜

物镜光心与十字丝交点的连线称为望远镜视准轴,它是瞄准目标和读数的依据。

(八)脚螺旋

调整脚螺旋,可使圆气泡居中,使仪器处于整平状态。

(九)基座

基座起支撑仪器及连接仪器与三脚架的作用。

(十)检查按钮

可检查补偿器的工作状况。把检查按钮按到底并马上松开,若标尺像摆动后的中丝一样回复原位,则补偿器处于正常工作状态,否则,重新整平仪器,使气泡居中,以免造成差错。

(十一)圆气泡

安装在基座上的圆气泡是用来指示仪器竖轴是否竖直的。本仪器的望远镜带有补偿器,补偿器由 X 形(中心对称交叉)吊丝结构及空气阻尼器组成,保证仪器可以正常工作。

二、辅助工具

(一)直尺

直尺一般为双面水准尺,如图 1-5 所示。其长度有 2 m 和 3 m 两种,且两根尺为一对,在一起使用。尺的两面均有刻画。一面为黑白相间的,称黑面尺;另一面为红白相间,称红面尺。主尺底面均由零开始,而红面尺,一根从 4.687 m 开始,另一根从 4.787 m 开始。使用双面水准尺的优点在于可以避免观测中因印象而产生的读数错误,并可进行计算校核。直尺多用于三、四等水准测量。

图 1-5　直尺

图 1-6　塔尺

图 1-7　尺垫

(二)塔尺

塔尺是由三节套接而成的,不用时把上面两节都套在最下面一节之内,其长度仅 2 m,如果把三节全部拉出可达 5 m,如图 1-6 所示。尺的底部为零点,尺上黑白格相间,每格宽度为 1 cm 或 0.5 cm,每一米和每一分米均有注记。塔尺携带方便,但在连接处常会产生误差,一般用于普通的工程测量。

(三)尺垫

尺垫为生铁铸成,一般为三角形,中央有一个突出的半圆球,突起的半球体的顶点可用于竖直水准尺和标志转点。尺垫下面有三个尖脚,以便踏入土中使其稳定,这三个尖脚的作用是防止水准尺的位置和高度发生变化而影响水准测量的精度,如图 1 - 7 所示。

三、水准测量高程计算方法

(一)高差法

如图 1 - 8 所示,已知 A 点的高程,求 B 点的高程。可在 A、B 两点上分别竖立水准尺,并在 A、B 两点之间安置一台水准仪。根据仪器的水平视线,在 A 点尺上读数,设为 a(后视读数),在 B 点尺上读数,设为 b(前视读数),$a + H_A = b + H_B$,那么,A、B 两点的高差 $h_{AB} = H_B - H_A = a - b$(高差有正负),则 B 点的高程为

$$H_B = H_A + h_{AB} \tag{1-1}$$

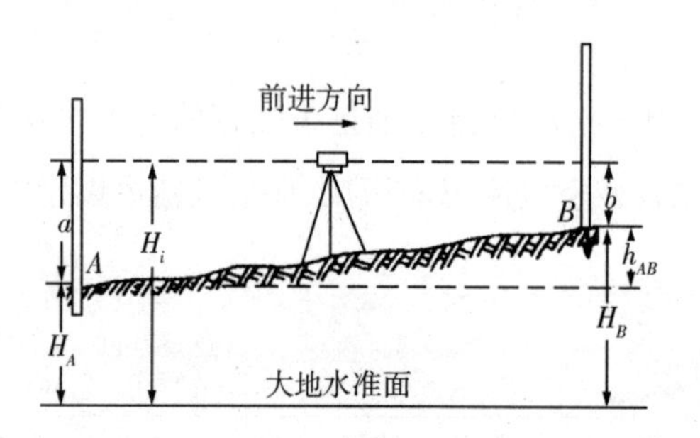

图 1 - 8　水准测量原理

(二)视线高法

通过仪器的视线高来计算 B 点的高程的方法称为视线高法,即

$$H_B = (H_A + a) - b = H_i - b \tag{1-2}$$

式中 H_i 为视线高程,其为已知 A 点的高程加上 A 点尺上的后视读数,此式适用于一个测站上有一个后视读数和多个前视读数的情况,每一个测站只有一个视线高程 H_i,分别减去各待测点上的前视读数,即可求得各点的高程。此法适于平整场地。

四、水准路线

(一)闭合水准路线

闭合水准路线指从一个已知高程水准点 BM_A 出发,经若干个高程待测点测量又回到 BM_A,如图 1 - 9所示。其高差观测值应满足 $\sum h_{理} = 0$,但由于测量误差的影响,实测高差总和不等于零,它与理论高差总和的差数即为高差闭合差,表示为

$$f_h = \sum h_{测} - \sum h_{理} = \sum h_{测} \tag{1-3}$$

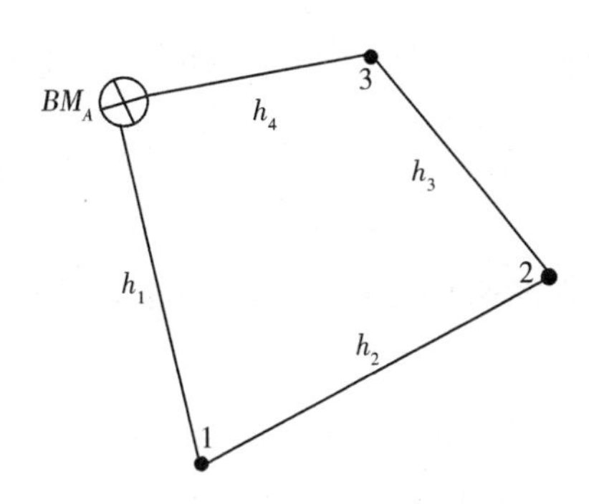

图 1-9　闭合水准路线

(二)附合水准路线

附合水准路线指从一个已知高程水准点 BM_1 出发,沿各转点连续测到另一个已知高程水准点 BM_2,如图 1-10 所示。其高差观测值应满足 $\sum h_{理} = H_{终} - H_{始}$。但由于测量存在误差,实测的高差不一定正好等于两个水准点间的高差,就会产生高差闭合差,表示为

$$f_h = \sum h_{测} - (H_{终} - H_{始}) \tag{1-4}$$

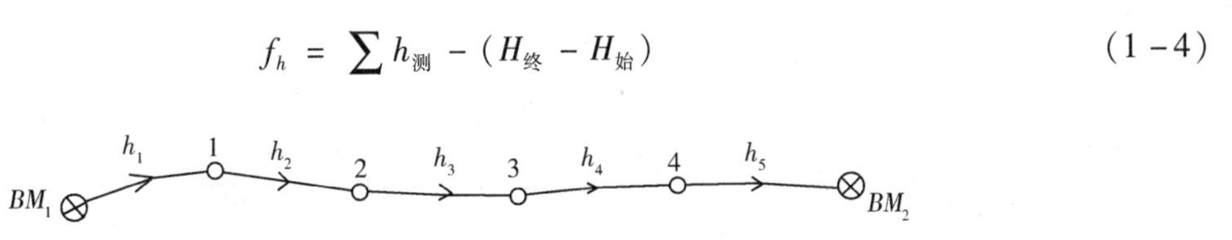

图 1-10　附合水准路线

(三)支水准路线

支水准路线指从已知高程的水准点 BM_A 出发,沿待定高程的水准点 1、2、3 进行水准测量,既不闭合又不附合的水准路线,如图 1-11 所示。其高差观测值应满足 $\left|\sum h_{返}\right| = \left|\sum h_{往}\right|$。但由于测量存在误差,理论上往测高差与返测高差的绝对值不相等,其高差闭合差为

$$f_h = \sum h_{测} - (H_{终} - H_{始}) \tag{1-5}$$

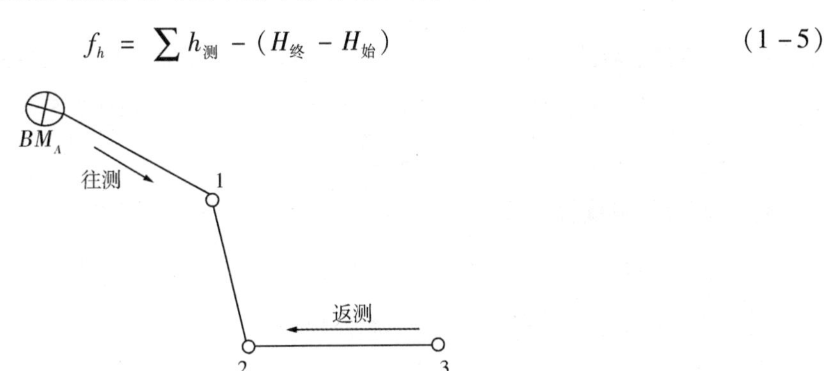

图 1-11　支水准路线

五、控制测量

(一)高程控制测量

高程控制测量的任务是精确测定控制点的绝对高程。主要方法是水准测量,用水准测量方法测定高程的控制点称为水准点,用 BM(bench mark)表示。为日后寻找使用水准点,需要将其位置绘制

成点位略图,称为点之记。地面上任一点的绝对高程(海拔高度)是以“中华人民共和国水准原点”为基础计算出来的。其水准原点高程为72.260 m。

(二)平面控制测量

平面控制测量的任务是测定控制点的平面坐标。方法主要有导线测量和全球导航卫星系统(GNSS)测量。导线测量是将测区内的控制点连接成折线,测量折线的边长和转折角,再根据起始方位角和已知点坐标,推算出各控制点的坐标。这种控制点称为导线点,由它们连接而成的折线称为导线。导线点坐标也可用全站仪和RTK直接测出。

六、测量工作的基本原则

测量在工作部署上必须遵循“从整体到局部,先控制后碎部”的原则,在测量精度上遵循“从高级到低级”的原则。即先进行整个测区的控制测量,再进行碎部测量。碎部测量是以控制点为依据测出局部地区各地物(建筑物、道路、绿地等)的平面位置和高程。根据地物点的位置绘制测区内完整的地形图。

【成果评价】

一、水准测量外业成果评价

1. 三、四等水准测量及观测应符合技术指标要求,见表1-3和表1-4。

2. 每页计算检核应符合要求(见子任务1)。

二、水准测量内业成果评价

(一)高差改正数成果评价

$$各高差改正数合计=(-3.0)+(-2.7)+(-3.4)+(-3.4)=-12.5(mm)$$

与高差闭合差$f_h=0.012\,5$ m验证,数值相等(符号相反),说明计算正确。

(二)改正高差成果评价

$$各改正后的高差合计=-0.127\,0+0.293\,8+0.212\,1-0.198\,9=+0.180\,0(m)$$

$$高差合计+高差改正数合计=+0.192\,5-0.012\,5=+0.180\,0(m)$$

若以上两项合计值相等,说明计算正确。

(三)高程计算成果评价

算出TP_2的高程为117.864 0 m后,再加上-0.198 9 m,推算出BM_3水准点高程为117.665 m,推算高程等于已知高程117.665 m,说明计算正确。

表 1－3　水准测量的主要技术要求 1

等级	路线长度/km	水准仪	水准尺	观测次数		往返较差、闭合差	
				与已知点联测	附合或闭合	平地/mm	山地/mm
三	≤45	DS_1	钢尺	往返各一次	往一次	$\pm 12\sqrt{L}$	$\pm 4\sqrt{n}$
		DS_3	双面		往返各一次		
四	≤16	DS_3	双面	往返各一次	往一次	$\pm 20\sqrt{L}$	$\pm 6\sqrt{n}$
等外	≤5	DS_3	单面	往返各一次	往一次	$\pm 40\sqrt{L}$	$\pm 12\sqrt{n}$

说明：L 为路线长度，n 为测站数

表 1－4　水准观测的主要技术要求 2

等级	仪器类型	视线长度/m	前后视距差/m	前后视距累积差/m	视线离地面最低高度/m	黑红面读数较差/mm	黑红面高差较差/mm
三	DS_1	≤100	≤2	≤5	≤0.3	≤1.0	≤1.5
	DS_3	≤75				≤2.0	≤3.0
四	DS_3	≤100	≤3	≤10	≤0.2	≤3.0	≤5.0
等外	DS_3	≤100	大致相等	—	—	—	—

【思考练习】

一、选择题

1. 水准仪正常工作应满足的条件为　（　　）

　A. 圆水准器轴平行于仪器竖轴　B. 水准管轴与望远镜的视准轴平行

　C. 十字丝的中丝垂直于仪器的竖轴　D. 前视与后视距离相等

2. 水准测量读数误差产生的影响为　（　　）

　A. 水准尺倾斜　B. 圆水准器未居中　C. 有视差　D. 估读不准确

3. 中华人民共和国水准原点的几种说法中正确的是　（　　）

　A. ±0.000 为相对标高　B. 水准原点为 72.260 m

　C. 绝对高程是从水准原点推算的　D. 它是高程控制点

4. 消除视差的方法为　（　　）

　A. 目镜调焦螺旋调好　B. 反复转动对光螺旋

　C. 前后视距相等　D. 十字丝清晰

5. 水准路线测量成果评价为　（　　）

　A. ±4 mm/km　B. ±3 mm/km　C. ±2 mm/km　D. ±1 mm/km

6. 水准路线测量精度要求为　（　　）

　A. $\sum a - \sum b = \sum h$　B. $f_{h容} = \pm 40\sqrt{L}$ mm

　C. $\sum h = H_{终} - H_{始}$　D. $f_{h容} = \pm 12\sqrt{n}$ mm

7. 水准测量高程的计算方法有 （　　）

A. 高差法　　B. 三角法　　C. 视线高法　　D. 后视减前视

8. 四等水准测量中，每一站的前后视距差不能超过 （　　）

A. 3 m　　B. 3 mm　　C. 5 m　　D. 5 mm

9. 四等水准测量中，前后视距差的累积值不能超过 （　　）

A. 3 m　　B. 6 m　　C. 5 m　　D. 10 m

10. 四等水准测量中，同一测站，同一水准尺的红、黑面中丝读数差不能超过 （　　）

A. 3 mm　　B. 6 mm　　C. 5 mm　　D. 2 mm

二、填空题

1. 高程控制测量的任务是精确测定控制点________，平面控制测量的任务是精确测定控制点________。

2. 水准仪的操作步骤依次为________、________、________、________。

3. 瞄准水准尺的程序为________、________、________、________、________。

4. 在具有一定高差的地面上选择 A 和 B。将水准仪安置于 A、B 两点________处，利用脚螺旋________仪器，转动________螺旋，使________清晰。利用________粗略瞄准后视点 A 上的________。转动________，使十字丝竖丝位于水准尺________位置，读取后视读数，并记录。按上述程序读取________读数，记两点________。

5. 双面水准尺的黑面底部的起始数均为________，而红面底部的起始数分别为________和________。

6. 在水准测量中，________尺用于三、四等水准测量；________用于普通工程测量。

7. 某规划单位提供的标高在待建建筑物附近路边的基石上，高程为 74.851 m，该点和自然地坪相差不大，而该建筑物的 ±0.000 绝对标高为 75.100 m，与规划单位给出的标高相差________ m，决定使用________确定建筑物的绝对标高为________m，将标高引测到小区围墙和已建建筑外墙上，则在该处水准尺上的读数 b 为________。

三、识图题

1. 说出下图点位的标志类型。

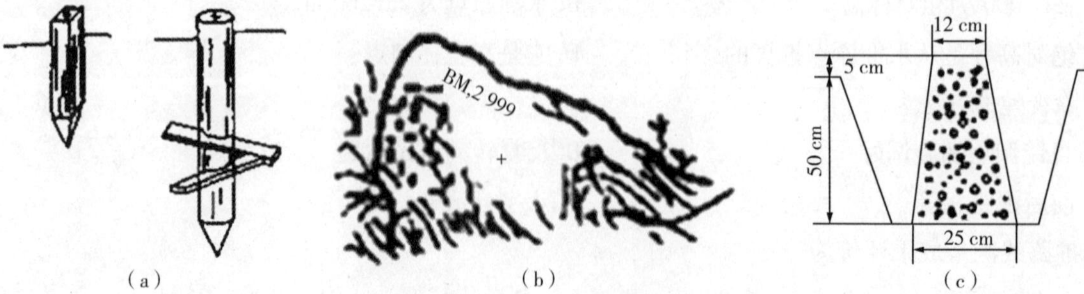

(a)　　(b)　　(c)

图 1－12　水准点位标志

2. 结合图 1－13 说出符号与数字各表示什么（H_A、H_B、h_{AB}、A、B、a_n、b_n、1、2）。

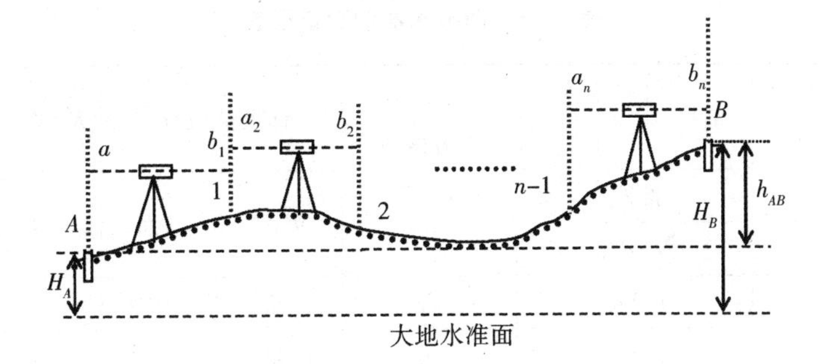

图 1－13　水准测量示意图

3. 根据图 1－14 所示，推出 B 点的高程 H_B。

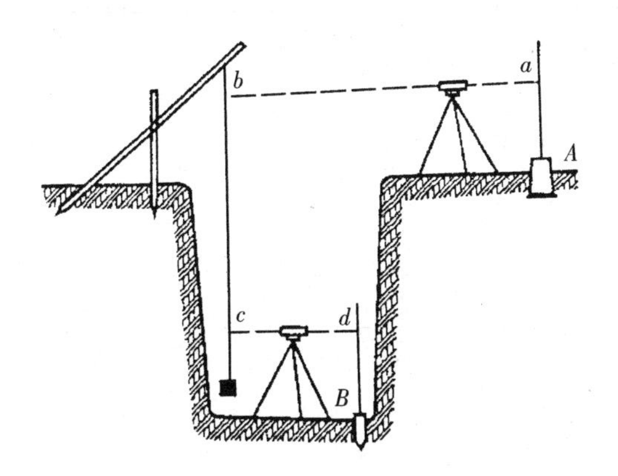

图 1－14　基坑高程引测

4. 图 1－15 为哪种水准路线？闭合差如何确定？

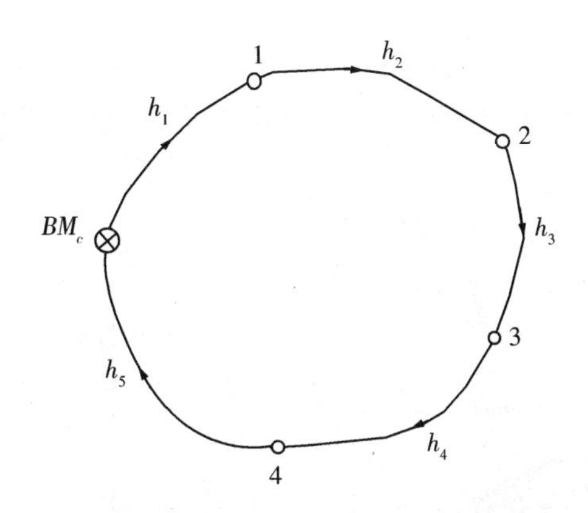

图 1－15　水准路线示意图

四、计算题

1. 在校园内，由 BM_1 经 3 个测站测到 BM_2 完成四等水准测量任务，其测量结果如表 1－5 所示，试进行测站计算与校核。

表 1－5　四等水准观测记录表

测站编号	后尺 下丝 / 上丝 后距 视距差 d/m	前尺 下丝 / 上丝 前距 $\sum d$/m	方向及尺号	标尺读数/m 黑面	标尺读数/m 红面	(K＋黑－红)/mm	高差中数/m	备注
01	0.970	1.240	后	1.220	6.010			
	1.470	1.711	前	1.459	6.147			
			后－前					
02	1.145	0.890	后	1.410	6.095			
	1.670	1.419	前	1.159	5.946			
			后－前					
								K_{01} =
03	1.208	0.437	后	1.375	6.163			4.787
	1.544	0.780	前	0.610	5.299			
			后－前					K_{02} =
								4.687
每页校核	$\sum$ 后距－$\sum$ 前距＝ 总视距＝$\sum$ 后距＋$\sum$ 前距＝ $\sum$ 后视黑、红－$\sum$ 前视黑、红＝ $\sum$(后－前)(黑、红)＝ $\sum$ 高差中数＝ 2$\sum$ 高差中数 ±0.100＝							

2. 根据图 1－16 水准路线测量结果，填表 1－6 并求出 B 点高程（要求有校核计算）。

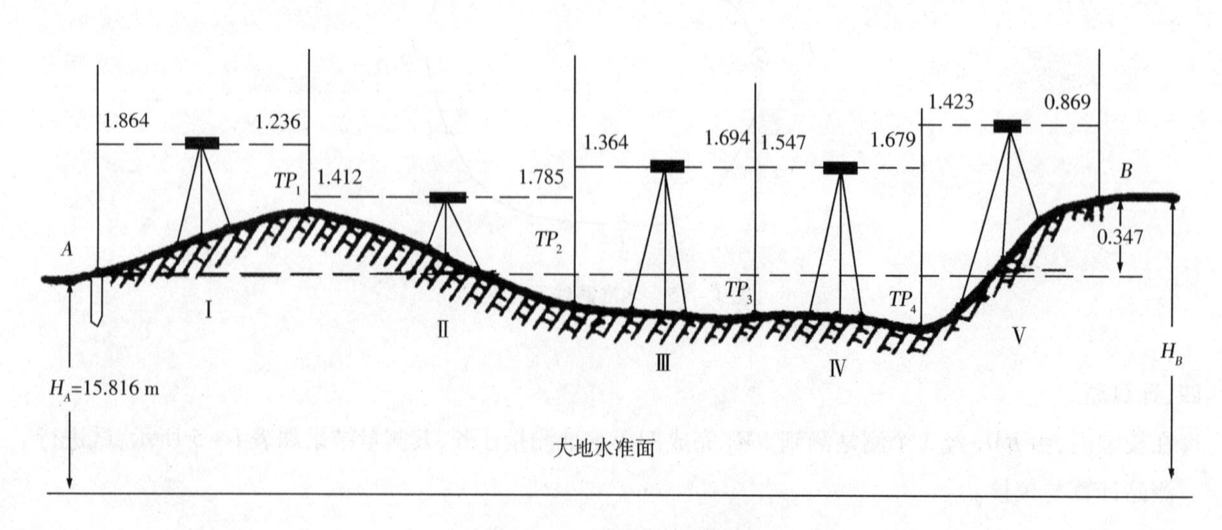

图 1－16　水准测量路线

表 1－6　水准测量记录表

测点	后视读数	前视读数	高差		高程	备注
			+	－		
A						
01						
02						
03						
04						
B						
$\sum$						
校核计算						

3. 在校园内从 BM_4 出发经过三个水准点，又回到 BM_4，其测量结果如表 1－7 所示，判断是否符合精度要求。如符合精度要求，试对测量结果进行整理。

表 1－7　闭合水准路线测量记录表

测站	点号	后视读数	前视读数	高差		高程	备注
				+	－		
Ⅰ	BM_4	1.582		0.292		146.083	已知
Ⅱ	01	1.460	1.290	0.380		146.375	
Ⅲ	02	1.057	1.080		0.575	146.755	
Ⅳ	03	1.390	1.632		0.090	146.180	
	BM_4		1.480			146.090	
$\sum$		5.489	5.482	0.672	0.665	$H_{终}-H_{始}=0.007$	
校核计算		$\sum a-\sum b=0.007$		$\sum h=0.007$			

任务 2　测区平面控制点测量

知识点:1. 熟知全站仪基本构造和平面控制点选择的原则。
2. 掌握导线测量的基本方法。
3. 掌握导线测量观测角、边长和坐标的计算方法。

技能点:1. 能正确进行平面控制点标志的建立。
2. 熟练进行全站仪安置、对中、整平、瞄准目标、记录。
3. 正确进行导线测量的内业计算,计算数据符合导线测量技术指标要求。

【引出任务】

在完成高程控制测量的条件下,进行平面控制测量。平面控制测量即求出控制点的平面坐标,采用导线测量的方法。在国家三等和四等平面控制网的基础上进行一、二、三级导线测量,为测区建立平面控制网。工作步骤是:准备工作、选点与建立标志、安置全站仪、观测导线转折角、观测导线边长、计算角值与边长、计算平差与坐标。

【任务实施】

子任务 1　通视的三个平面控制点测量(课内 4 学时)

一、准备工作

每个测量小组需要准备的仪器及工具有:全站仪 1 台、三脚架 1 个、棱镜 1 个、对中杆 1 个(附三脚架)、记录本夹 1 个、表格若干张、记号笔 1 支。

二、选点与建立标志

(一)实地选点

在测区内选择三个平面控制点(导线点),构成一个折线。

选点时应考虑的问题:地势较平坦,相邻导线点间要通视,以便测转折角和边长;点位应选在土质坚实、视野开阔处,以便保存点的标志和安置仪器,同时也便于碎部测量;导线边长应大致相等,相邻两边长度之比不要超过 3∶1;导线点要分布均匀,有足够数量,便于控制整个测区。

(二)建立标志

导线点确定后,应做好标志。若短期保存,应建立临时性标志。可用长 20 ~ 30 cm、顶面 3 ~ 6 cm 见方的木桩打入土中,桩顶钉一小铁钉表示点位;在硬质的柏油或水泥地面上,可用记号笔做好标志,并编号。

三、安置全站仪

安置全站仪之前,可对照说明书进行观测条件、仪器、单位、测距参数等的设置。

(一)仪器对中

1. 安放三脚架

在导线点(如点08)上安放三脚架,使三脚架腿等长,三脚架头位于测点上,且近似水平,三脚架腿牢固地支撑于地面之上。

2. 架设仪器

从箱中将仪器取出,放于三脚架架头上,一只手握住仪器,另一只手旋紧中心螺旋。

3. 打开激光对中器

按[ON]键开机,开机后界面如图1-17所示。按[BS]键使电子水准器显示在屏幕上,如图1-18所示。再按屏幕上右下端的左、右键,打开激光对中器,在地面上可见到一光点。调整任意两个脚架,使光点大致在测点上。

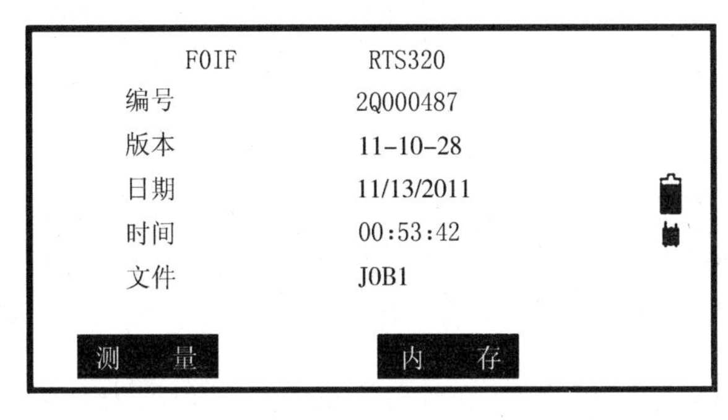

图1-17　开机显示界面

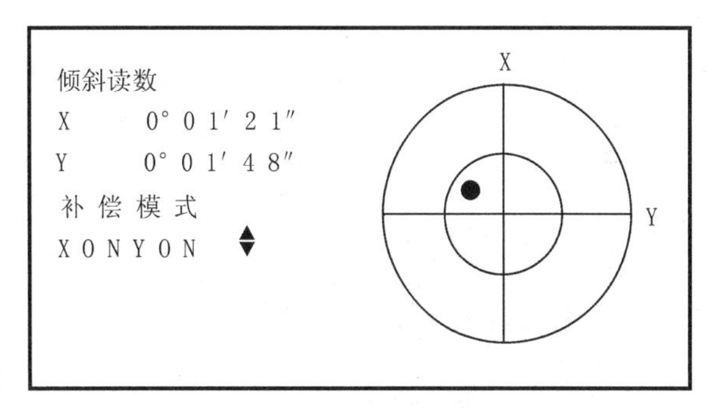

图1-18　显示电子水准器

(二)仪器整平

1. 圆水准器气泡居中

缩短离气泡最近的三脚架腿,或者伸长离气泡最远的三脚架腿,使气泡居中,此操作需要重复进行。

2. 照准部水准器气泡居中

松开水平制动螺旋,转动照准部,使长气泡平行于脚螺旋A、B的连线,旋转脚螺旋A、B,使气泡居中,气泡向左手拇指移动的方向移动,如图1-19所示。

将照准部旋转90°,使照准部水准器轴垂直于仪器脚螺旋A、B的连线,旋转脚螺旋C使气泡居中。再将照准部旋转90°,并检查气泡是否居中。

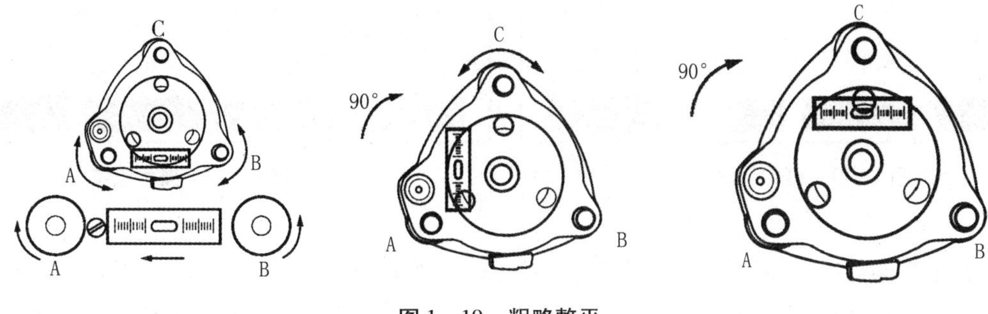

图1-19　粗略整平

（三）精确整平

调整脚螺旋，使电子气泡上下或左右移动，最后居中。此时，X（竖轴在望远镜旋转方向的倾斜值）和 Y（竖轴在垂直于望远镜旋转方向的倾斜值）方向均显示 0°00′00″，如图 1－20 所示。

检查仪器是否对中，如不对中，可稍松开中心螺旋，通过水平移动架头上的仪器，至光点精确在测点上。再次检查仪器是否整平，反复调整，最后使仪器达到精确对中和整平。

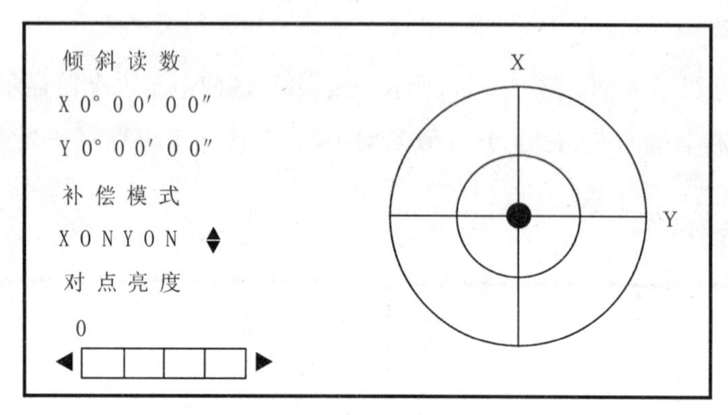

图 1－20　精确整平

四、观测导线转折角

导线转折角有左、右之分，按导线点编号方向前进，以导线为界，在前进方向左侧的角称为左角，反之，右侧的角则称为右角。一般转折角的值，通过水平角来确定。用测回法观测导线转折角（水平角），其观测步骤如下。

（一）第一测回

1. 用盘左瞄准零方向（如目标 09），并旋紧水平制动螺旋，通过转动水平微动螺旋精确照准零方向，在测量模式菜单下按［F4］（置零）键，“置零”开始闪动，如图 1－21 所示。再次按［F4］（置零）键，此时目标 09 的方向值已设置为零（0°00′00″），如图 1－22 所示，记入手簿中。

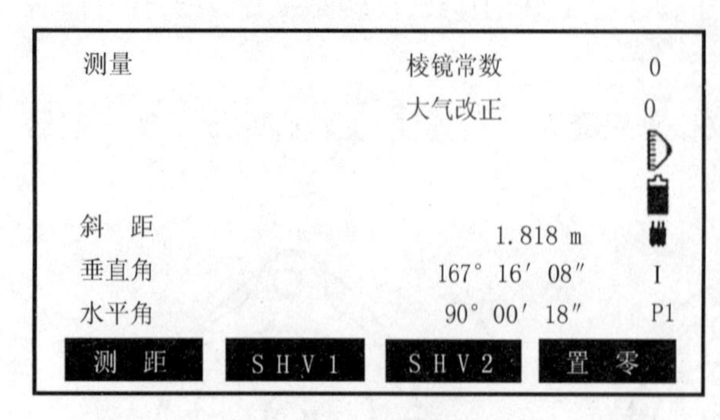

图 1－21　开始置零

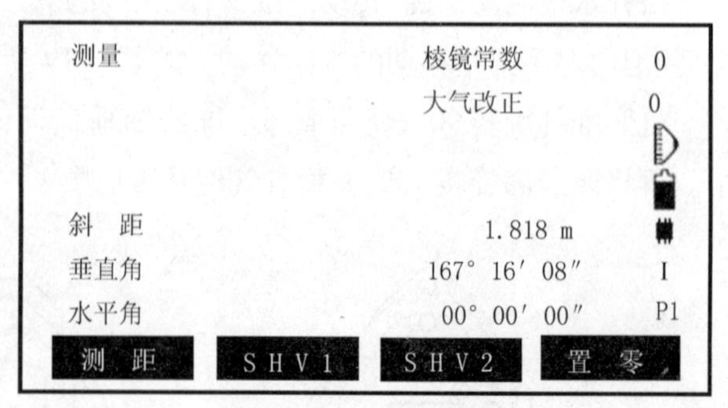

图 1－22　显示置零

2. 松开水平制动螺旋，转动照准部瞄准另一导线点（如目标 11）并水平制动，再转动水平微动螺旋精确照准，将显示屏显示的水平角度数（盘左度数 69°09′39″）记入手簿中。

3. 松开水平制动螺旋，倒镜瞄准该点并水平制动，再转动水平微动螺旋精确照准，将显示屏显示的水平角度数（盘右度数 249°09′49″）记入手簿，并计算 2C 值和该方向的半测回角值。

4. 松开水平制动螺旋，转动照准部瞄准零方向点并水平制动，再转动水平微动螺旋精确照准，将显示屏显示的水平角度数（盘右度数 180°00′05″）记入手簿，并计算 2C 值和零方向的半测回角值。

5. 检查两个方向的 2C 互差，若满足限差要求，则计算一测回角值，若不满足限差则重测。

（二）第二测回

1. 用盘左瞄准零方向并旋紧水平制动螺旋，通过转动水平微动螺旋精确照准零方向，按[Func]键进入测量模式第二页，如图 1－23 所示。

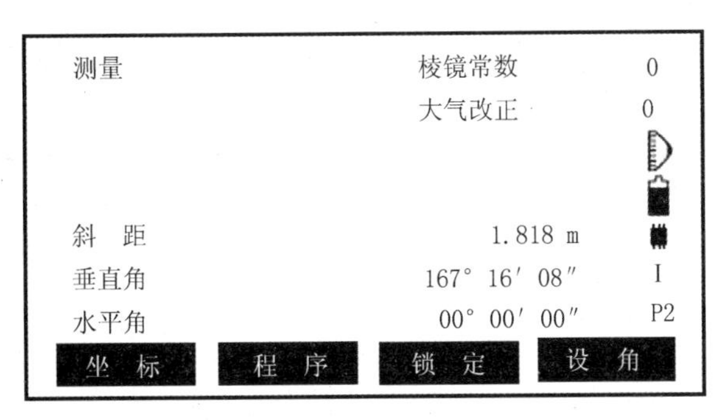

图 1－23　显示测量模式（1）

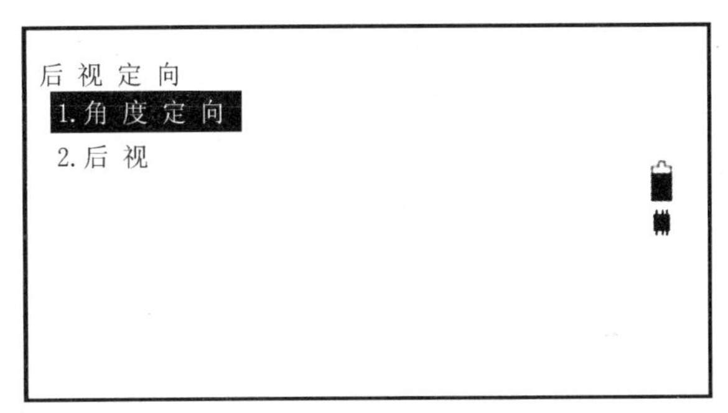

图 1－24　显示角度定向

2. 按[F4]（设角）键。通过方向键“1. 角度定向”，使其反黑显示，如图 1－24 所示，按[FNT]键确认。

3. 输入 90° 00′ 00″或其左右的值，按[FNT]键，并将该方向的数值（盘左度数）记在手簿中。

4. 重复 2～5 步骤完成第二测回的观测，将观测数据记入手簿中。

5. 对比同方向两个测回的角值互差，若在限差范围内，则水平角观测结束，否则需要重测。

五、观测导线边长

1. 在第一测回盘左位置，当仪器照准零方向（如目标 09）的棱镜中心时，进入测量模式第一页，如图 1－25 所示。按[F1]（测距）键开始该方向距离测量，测距开始后，仪器闪动显示测距模式、棱镜常数改正值、大气改正值等信息，如图 1－26 所示。一声短响后，屏幕显示出斜距、垂直角和水平角测量值，如图 1－27 所示。按[F2]（SHV2）键可使距离值在斜距、平距和高差之间切换，如图 1－28 所示。将测量值（平距）记在手簿中。

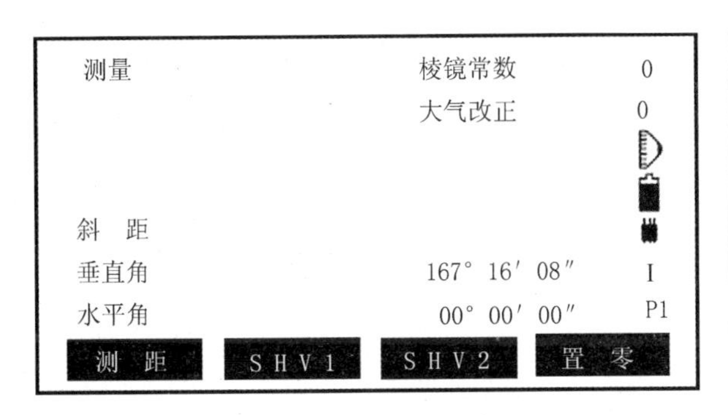

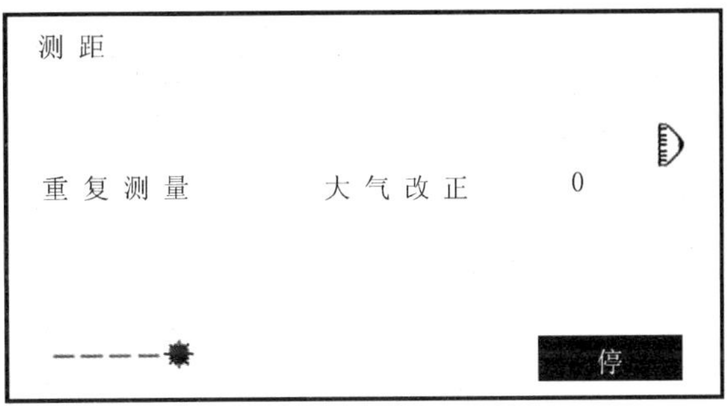

图1-25　显示测量模式(2)　　　　图1-26　开始测距

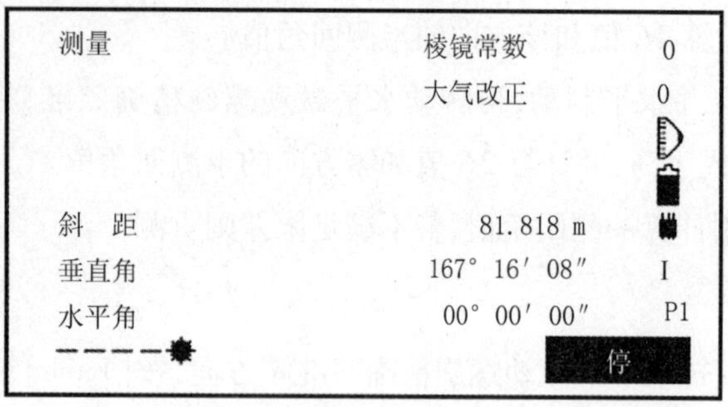

测量
棱镜常数　0
大气改正　0
斜　距　81.818 m
垂直角　167° 16′ 08″　I
水平角　00° 00′ 00″　P1
停

图1-27　显示测量值

测量
棱镜常数　0
大气改正　0
斜　距　129.858 m
平　距　129.856 m　I
高　差　7.275 m　P1
测　距
SHV1
SHV2
置　零

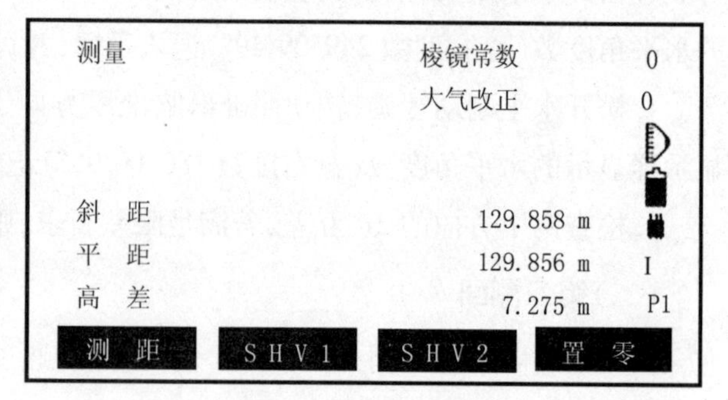

图1-28　显示切换数据

2.当转动照准部瞄准另一导线点时，照准该方向(如目标11)的棱镜中心。同上述操作，将测量值(平距)记在手簿中。

六、计算角值与边长

(一)计算水平角

1.第一测回角值

盘左位置所测的水平角值(也称上半测回角值)β_L 为：

$$\beta_L = b_L - a_L = 69°09'39'' - 0°00'00'' = 69°09'39''$$

盘右位置所测的水平角值(也称下半测回角值)β_R 为：

$$\beta_R = b_R - a_R = = 249°09'49'' - 180°00'05'' = 69°09'44''$$

$$\beta_1 = \frac{1}{2}(\beta_L + \beta_R) = \frac{1}{2}(69°09'39'' + 69°09'44'') = 69°09'42''$$

2.第二测回角值

$$\beta_L = b_L - a_L = 159°09'37'' - 90°00'00'' = 69°09'37''$$

$$\beta_R = b_R - a_R = 339°09'43'' - 270°00'15'' = 69°09'28''(\text{不够减则加上}360°)$$

$$\beta_2 = \frac{1}{2}(\beta_L + \beta_R) = \frac{1}{2}(69°09'37'' + 69°09'28'') = 69°09'33''$$

各测回平均角值：

$$\beta = \frac{1}{2}(\beta_1 + \beta_2) = \frac{1}{2}(69°09'42'' + 69°09'33'') = 69°09'38''$$

$2C$ = 盘左读数 -(盘右读数 ±180°)，$2C$ 互差为最大值与最小值之差。

(二)计算导线边长

用全站仪测量距离，一级导线采用2个测回，二、三级导线采用1个测回。测回是指照准目标1次，读数2~4次的过程。

08—09边长为129.856 m；09—10边长为96.180 m。将以上测得和计算的数据填入表1-8中。

表 1－8　导线观测手簿

测站:08　　　　　　　　　　　　　　　　观测日期:　　　年　　月　　日

	目标	读数 盘左/(° ′ ″)	读数 盘右/(° ′ ″)	2C/(″)	半测回方向值/(° ′ ″)	一测回方向值/(° ′ ″)	各测回平均方向值/(° ′ ″)	附注
水平角观测	09	0 00 00	180 00 05	-05	0 00 00 00	69 09 42	69 09 38	
	11	69 09 39	249 09 49	-10	69 09 39 44			
	09	90 00 00	270 00 15	-15	0 00 00 00	69 09 33		
	11	159 09 37	339 09 43	-06	69 09 37 28			

边长	次数	平距观测值/m	平距中数/m	边长	次数	平距观测值/m	平距中数/m
08—09	1	129.856		09—10	1	96.119	
	2	129.856			2	96.200	
	3	129.856			3	96.200	
	4	129.856			4	96.201	
			129.856				96.180

子任务 2　通视的多个平面控制点测量(课内 4 学时)

一、准备工作

每个测量小组需要准备的仪器及工具有:全站仪 1 台、三脚架 1 个、棱镜 2 个、对中杆 2 个(一个附三脚架,另一个为手持对中杆)、记录本 1 个、表格若干张、记号笔 1 支。

二、选点与建立标志

在测区内选择四个平面控制点(08、09、10、11),构成一个四边形。08 点与 07 点坐标已知,通过这两个已知点坐标求出方位角 α_{08-07},图 1－29 为闭合导线路线,各个点可通视,其他同子任务 1。

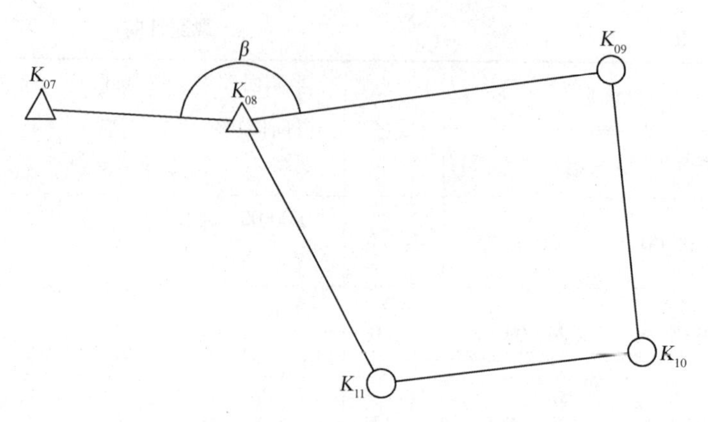

图 1－29　闭合导线路线

三、安置全站仪

将全站仪安置在 08 点，测出内角 08 后，可按顺时针方向（也可按逆时针方向）搬站，每个测站安置全站仪同子任务 1。

四、观测导线转折角

根据转折角观测步骤，分别测出连接角 β 及内角 08、09、10、11，方法同子任务 1。

五、观测导线边长

根据导线边长测量步骤，分别测出 08—09、09—10、10—11、11—08 的边长，方法同子任务 1。

六、计算角值与边长

根据观测数据，分别计算各内角、边长及方位角 α_{08-09}，参考子任务 1 有关计算，得到的数据填入图 1－30 中 B、G 和 E 栏。

子任务 3　不通视的多个平面控制点测量（课内 4 学时）

一、准备工作

每个测量小组需要准备的仪器及工具有：全站仪 1 台、三脚架 1 个、棱镜 2 个、对中杆 2 个（一个附三脚架，另一个为手持对中杆）、道钉若干、斧头 1 把、红油漆 1 瓶、小刷子 1 把、记录本夹 1 个、表格若干张、记号笔 1 支。

二、选点与建立标志

（一）实地选点

在测区内选择四个或四个以上平面控制点，与已知控制点 08 构成一个多边形。不是所有控制点都通视，保证每两个点互相通视。可收集测区内原有的地形图及控制点资料，根据测图的需要，在地形图上拟定导线点的布设路线；如没有测区的地形资料，则需要现场踏勘，根据实际情况，直接拟定导线的形式，如闭合导线或附合导线。

(二)建立标志

在硬质的柏油或水泥路面上布设点位,可将长 10 ~ 20 cm、粗 2 ~ 3 cm、顶部呈半球形且刻有“ + ”字的道钉打入地面。道钉四周用红油漆做标志,并编号。若长期保存,可采用直径 14 ~ 20 cm,长度为 30 ~ 40 cm 的普通钢筋制作,钢筋顶端应锯“ + ”字标记,距底端约 5 cm 处应弯成钩状,制成混凝土柱,埋于地下 60 cm 左右。

三、安置全站仪

同子任务 2。

四、观测导线转折角

同子任务 2。

五、观测导线边长

同子任务 2。

六、计算角值与边长

同子任务 2。

七、平差与坐标计算

将上述闭合导线所测数据,利用 Excel 制作导线自动平差计算表,其步骤如下。

1. 做表。打开 Excel,做好如图 1 - 30 所示的表格。

闭合导线坐标计算表

点号	观测右角/(° ′ ″)	观测角转换	观测角改正数	方位角	改正后方位角	平距	坐标增量		坐标增量改正数		平差后坐标/m	
							ΔX	ΔY	ΔX	ΔY	X	Y
08												
09												
10												
11												
08												
Σ												

图 1 - 30 闭合导线坐标计算 1

2. 添加已知数据。在表格中添加点号和已知点坐标。

3. 添加观测数据。在表格中添加本次观测的数据——距离和角度。注意:添加角度时一定要注意在度、分、秒之间用一个空格隔开,如图 1 - 31 所示表格。

闭合导线坐标计算表

点号	观测右角/(° ′ ″)	观测角转换	观测角改正数	方位角	改正后方位角	平距	坐标增量		坐标增量改正数		平差后坐标/m	
							ΔX	ΔY	ΔX	ΔY	X	Y
08	69 09 38										5081079.173	540307.078
				88.52416667		129.856						
09	88 33 24											
						96.18						
10	91 37 20											
						90.69375						
11	110 39 56											
						103.207						
08												
Σ												

图 1 – 31　闭合导线坐标计算 2

4. 将观测角“度、分、秒”转换成“度”数。在表格中输入“ = INT(LEFT(B4,3)) + INT(MID(B4,4,3))/60 + INT(RIGHT(B4,2))/3 600”,即可得到转换值。

5. 鼠标移至该空格右下角,直至出现实心十字,按住鼠标,下拉,完成所有观测角的换算。

6. 计算观测角的改正数(见本任务相关知识),并填入相应单元格中。

7. 计算观测边的方位角。根据观测左角的方位角计算公式:起始方位角 ±180°+观测左角。要注意得到的结果为负数和大于 360 度的情况,故采用 IF 函数来判别。公式: = IF((E4 – 180 + C5) <0,E4 – 180 + C5 + 360,IF((E4 – 180 + C5) > = 360,E4 – 180 + C5 – 360,E4 – 180 + C5))。下拉即可得所有方位角。

8. 计算角度闭合差。判断角度闭合差是否满足规范要求。角度闭合差计算见本任务相关知识。

9. 角度闭合差分配。误差分配原理:由于是等精度测量,故误差是反号平均分配到每一观测角中的,如有余数,可分配到导线中短边相邻的角上。

10. 改正后的方位角计算。公式: = IF((E4 – 180 + C5 + D5) <0,E4 – 180 + C5 + D5 + 360,IF((E4 – 180 + C5 + D5) > = 360,E4 – 180 + C5 + D5 – 360,E4 – 180 + C5 + D5))。

推导至已知边方位角时,可用方位角 ± 观测角改正数总和(左角为加,右角为减)。

11. 计算坐标增量。坐标增量为 X 增量、Y 增量。X 增量 = 平距 * COS(方位角)。要注意弧度跟度之间的转换。公式: = G4 * COS(RADIANS(F4))。Y 增量 = 平距 * SIN(方位角),公式为: = G4 * SIN(RADIANS(F4))。下拉即可得余下增量。

12. 求和。利用 SUM 函数,分别求出平距、X 增量、Y 增量的累积之和。

13. 计算坐标增量闭合差。判断导线全长闭合差是否满足规范要求。导线全长相对闭合差计算见本任务相关知识。

14. 坐标增量闭合差分配。因为坐标增量闭合差与距离是成正比的,故将其按距离成正比来反号分配为: – 闭合差 * (对应边长/边长之和)。由此得到 X 增量的改正数,公式: = – $H$15/$G$15 * G4;Y 增量的改正数,公式: = – $I$15/$G$15 * G4。

15. 计算待定点坐标。待定点坐标 = 已知坐标 + 坐标增量 + 坐标增量改正数。如图 1 – 32 所示,待定点坐标: = L5 + J6 + H6(逐步计算待定点坐标)。

闭合导线坐标计算表

点号	观测右角/(° ′ ″)	观测角转换	观测角改正数	方位角	改正后方位角	平距	坐标增量		坐标增量改正数		平差后坐标/m	
							ΔX	ΔY	ΔX	ΔY	X	Y
08	69 09 38	69.16055556	-0.001111111								5081079.173	540307.078
				88.52416667	88.52416667	129.856	3.34448057	129.8129238	-0.005163918	-0.004589114		
09	88 33 24	88.55666667	-0.001111111								5081082.512	540436.8863
				179.9675	179.9663889	96.18	-96.17998345	0.056421541	-0.003824742	-0.003399004		
10	91 37 20	91.62222222	-0.001388889								5080986.329	540436.9394
				268.3452778	268.3438889	90.69375	-2.621100792	-90.65586644	-0.003606573	-0.003205119		
11	110 39 56	110.6655556	-0.001388889								5080983.704	540346.2803
				337.6797222	337.6783333	103.207	95.47330309	-39.19863833	-0.004104181	-0.003647338		
08											5081079.173	540307.078
				88.51916667	88.52416667							
Σ		360.005	-0.005			419.93675	0.016699413	0.014840575	-0.016699413	-0.014840575		

图 1－32　闭合导线坐标计算 3

子任务 4　不通视较困难的多个平面控制点测量(课内 4 学时)

一、准备工作

同子任务 3。

二、选点与建立标志

在测区内选择三个或三个以上的平面控制点(如 *A*、*B*、1、2、*C*、*D*),构成一个附合导线(*A*、*B* 为起始两点坐标,*C*、*D* 为终点两点坐标,试确定 1、2 两点坐标),控制点所在的地势有起伏。其他同子任务 3。

三、安置全站仪

在已知控制点(如 *B*)上安置全站仪,其方法同子任务 3。

四、坐标测量

在后视点 *A* 上立棱镜,同时在待测点 1 上也立棱镜。在测站 *B* 上,全站仪经对中、整平后,进行三维坐标测量,其观测步骤如下。

(一)输入测站数据

1. 量取仪器高和目标高,记录。
2. 进入测量模式第二页,如图 1－33 所示。
3. 按[F1](坐标)键进入“坐标测量”屏幕。

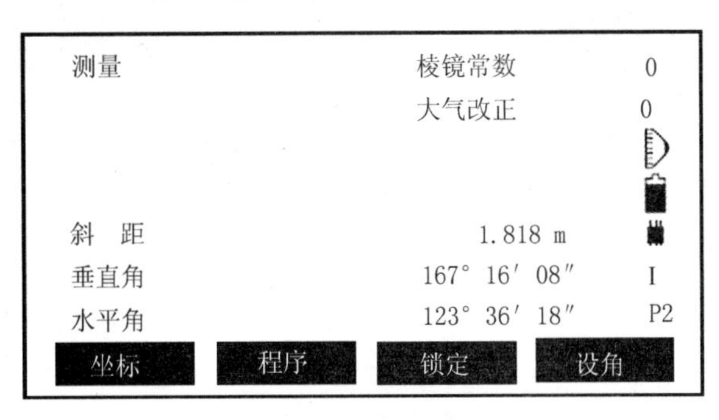

图 1－33　显示测量模式 3

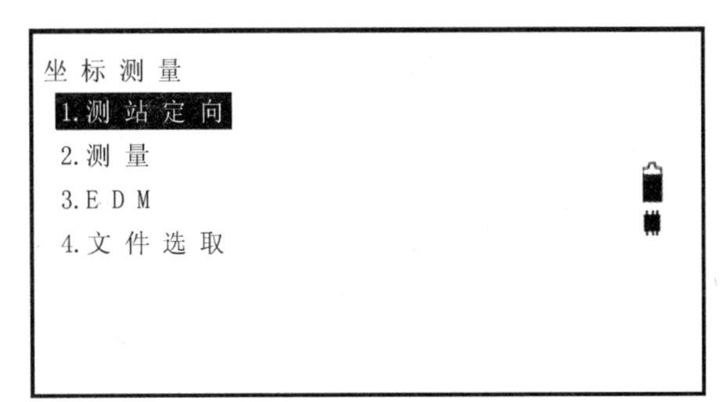

图 1－34　显示测站定向

4. 选取“测站定向”，如图 1 - 34 所示。

5. 选取“测站坐标”，如图 1 - 35 所示。

6. 输入点名、仪器高、代码、测站坐标、用户名以及天气温度和气压数据，如图 1 - 36 所示。

说明：若需要调用仪器内存中已知坐标数据，按［F1］（调取）键。此时，屏幕上显示出已知坐标数据列表，对应点号选取所需要的坐标。按［F4］（OK）键确认读入的测站数据，仪器自动进入“后视定向”菜单，如图 1 - 37 所示。

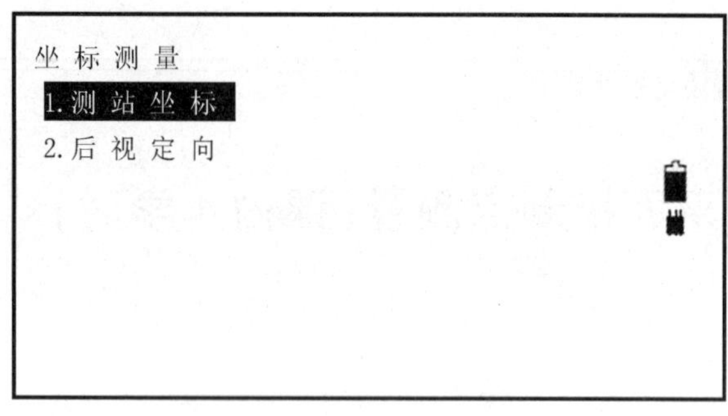

图 1 - 35　显示测站坐标

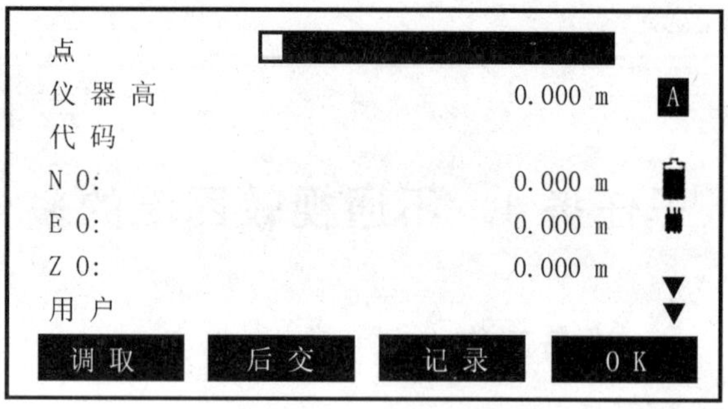

点
仪 器 高　0.000 m　A
代 码
N 0:　0.000 m
E 0:　0.000 m
Z 0:　0.000 m
用 户
调 取　后 交　记 录　O K

图 1 - 36　显示输入界面

（二）后视方位角设置

1. 在“坐标测量”屏幕下选取“测站定向”。

2. 选取“后视定向”。

3. 选取“后视”并输入后视点的坐标。若需要调用仪器内存中已知坐标数据，同上，如图 1 - 38 所示。

4. 按［F4］（OK）键确认输入的后视点数据。

5. 照准后视点（*A*），按［F4］（OK）键设置后视方位角，如图 1 - 39 所示。

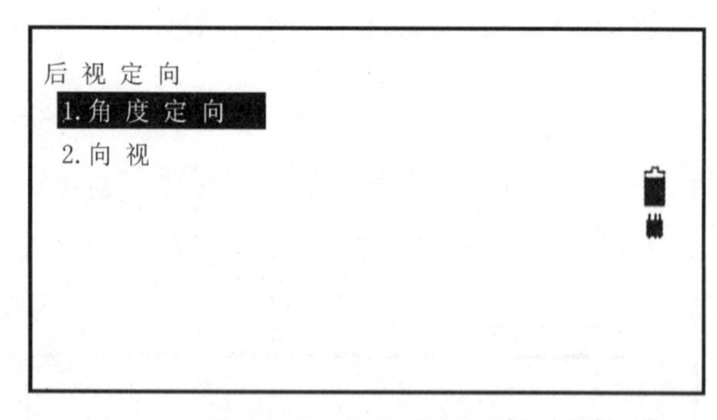

图 1 - 37　显示后视定向

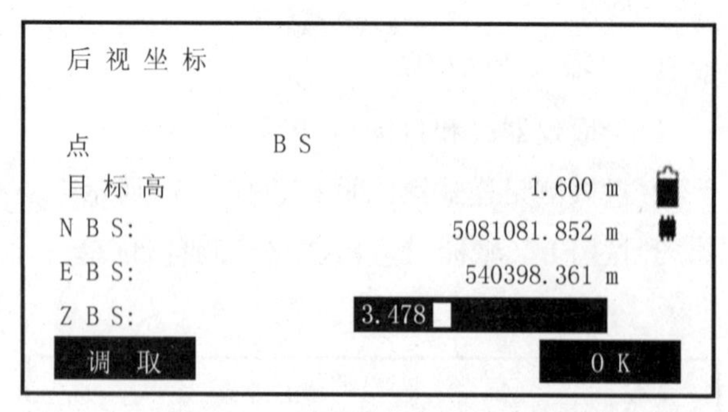

图 1 - 38　输入后视坐标

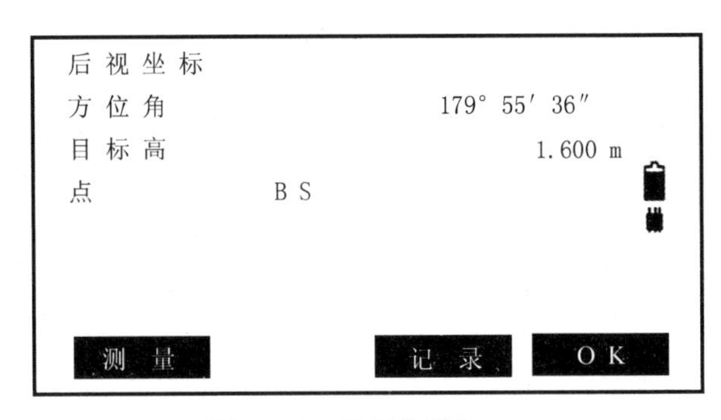

图 1－39　显示方位角

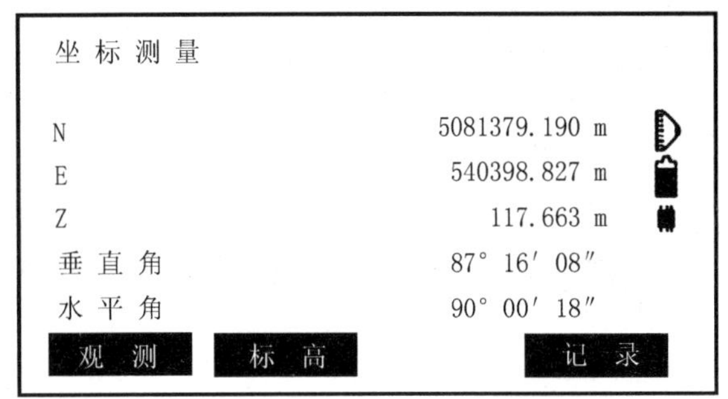

图 1－40　显示测点坐标

(三)三维坐标测量

1. 松开水平制动螺旋,转动照准部瞄准待测定的目标点(目标 01 上的棱镜),并水平制动,再转动水平微动螺旋和望远镜上的微动螺旋,精确照准棱镜的中心点。

2. 进入“坐标测量”界面。

3. 选取“测量”开始坐标测量,在屏幕上显示出所测目标 01 的坐标值,如图 1－40 所示。按[F4](记录)键,将所测的三维坐标记录下来。同时测量 B 和目标 01 之间的水平距离,记载在记录本上。

说明:观测前或观测后,按[F2](标高)键可输入目标高,此时,目标点的 Z 坐标随之更新。

4. 按[ESC]键结束坐标测量,返回“坐标测量”界面。

(四)搬站测量

1. 将全站仪搬到目标 01 上,用同样方法安置仪器。

2. 后视点 A 上的棱镜移至 B 点,目标 01 上的棱镜移至目标 02 上。

3. 按上述测量方法测出目标02 的三维坐标,同时求出目标01 与目标02 之间的水平距离,记载在记录本上。依此方法进行观测,最后测得终点 C 的坐标观测值。将以上测得的数据填入表 1－9 中相应栏中。

五、平差与坐标计算

以坐标和高程为观测值的导线近似平差计算,步骤如下。

(一)求坐标闭合差

上述附合导线测至 C 点,其坐标观测值为(x'_c,y'_c),设 C 点已知坐标为(x_c,y_c),则纵、横坐标闭合差为:

$$f_x = x'_c - x_c = 5\,081\,376.020 - 5\,081\,375.989 = 31(\text{mm})$$

$$f_y = y'_c - y_c = 540\,151.285 - 540\,151.288 = -3(\text{mm})$$

高程闭合差:

$$f_H = H'_c - H_c = 9(\text{mm})$$

导线全长闭合差:

$$f_D = \sqrt{f_x^2 + f_y^2} \approx 31(\text{mm})$$

一般用导线全长相对闭合差来衡量导线的精度。导线全长相对闭合差 K 为:

$$K = \frac{f_D}{\sum D} = \frac{0.031}{448.804} \approx \frac{1}{14\,478}$$

式中 D 为导线边长。$\frac{1}{14\,478} < \frac{1}{7\,000}$，符合精度要求。

(二)求坐标改正数

$$v_{x_i} = -\frac{f_x}{\sum D} \cdot \sum D_i$$

$$v_{y_i} = -\frac{f_y}{\sum D} \cdot \sum D_i$$

式中：

$\sum D$——导线全长；

$\sum D_i$——第 i 点之前的导线边长之和。

则 01 点坐标改正数：

$$v_{x_1} = -\frac{f_x}{\sum D} \cdot \sum D_1 = -\frac{31}{448.804} \times 201.141 \approx -14\ (\text{mm})$$

$$v_{y_1} = -\frac{f_y}{\sum D} \cdot \sum D_1 = -\frac{-3}{448.804} \times 201.141 \approx 1\ (\text{mm})$$

02 点坐标改正数：

$$v_{x_2} = -\frac{f_x}{\sum D} \cdot \sum D_2 = -\frac{31}{448.804} \times 328.79 \approx -23\ (\text{mm})$$

$$v_{y_2} = -\frac{f_y}{\sum D} \cdot \sum D_2 = -\frac{-3}{448.804} \times 328.79 \approx 2\ (\text{mm})$$

C 点坐标改正数：

$$v_{x_C} = -\frac{f_x}{\sum D} \cdot \sum D_C = -\frac{31}{448.804} \times 448.804 = -31\ (\text{mm})$$

$$v_{y_C} = -\frac{f_y}{\sum D} \cdot \sum D_C = -\frac{-3}{448.804} \times 448.804 = 3\ (\text{mm})$$

高程改正数：

$$v_{H_i} = -\frac{f_H}{\sum D} \cdot \sum D_i$$

则 01 点高程改正数：

$$v_{H_1} = -\frac{f_H}{\sum D} \cdot \sum D_1 = -\frac{9}{448.804} \times 201.141 \approx -4\ (\text{mm})$$

02 点高程改正数：

$$v_{H_2} = -\frac{f_H}{\sum D} \cdot \sum D_2 = -\frac{9}{448.804} \times 328.79 \approx -7\ (\text{mm})$$

C 点高程改正数：

$$v_{H_C} = -\frac{f_H}{\sum D} \cdot \sum D_C = -\frac{9}{448.804} \times 448.804 \approx -9\ (\mathrm{mm})$$

(三)计算各导线点坐标

$$x_i = x'_i - v_{x_i}$$

$$y_i = y'_i - v_{y_i}$$

式中：

x'_i、y'_i——第 i 点的坐标观测值。

改正后导线点的高程为：

$$H_i = H'_i - v_{H_i}$$

则 01 点坐标：

$$x_1 = 5\ 081\ 379.190 - 0.014 = 5\ 081\ 379.176$$

$$y_1 = 540\ 398.827 + 0.001 = 540\ 398.828$$

$$H_1 = 117.663 - 0.004 = 117.659$$

02 点坐标：

$$x_2 = 5\ 081\ 381.113 - 0.023 = 5\ 081\ 381.090$$

$$y_2 = 540\ 398.827 + 0.001 = 540\ 398.828$$

$$H_2 = 117.829 - 0.007 = 117.822$$

C 点坐标：

$$x_C = 5\ 081\ 376.020 - 0.031 = 5\ 081\ 375.989$$

$$y_C = 540\ 151.285 + 0.003 = 540\ 151.288$$

$$H_C = 117.566 - 0.009 = 117.557$$

将以上计算的结果填入表 1－9 的相应栏中。

表 1－9　全站仪附合导线坐标计算表

点号	坐标观测值/m			距离 D/m	坐标改正值/mm			坐标值/m			点号
	x'_i	y'_i	H'_i		v_{x_i}	v_{y_i}	v_{H_i}	x_i	y_i	H_i	
1	2	3	4	5	6	7	8	9	10	11	12
A								5 081 081.852	540 398.361	117.871	A
B								5 081 178.050	540 398.238	117.635	B
				201.141							
K_1	5 081 379.190	540 398.827	117.663		−14	+1	−4	5 081 379.176	540 398.828	117.659	K_1
				127.649							
K_2	5 081 381.113	540 271.192	117.829		−23	+2	−7	5 081 381.090	540 271.194	117.822	K_2
				120.014							
C	5 081 376.020	540 151.285	117.566		−31	+3	−9	5 081 375.989	540 151.288	117.557	C
D				$\sum D =$ 448.804							D

续表

点号	坐标观测值/m			距离 D/m	坐标改正值/mm			坐标值/m			点号
	x'_i	y'_i	H'_i		v_{x_i}	v_{y_i}	v_{H_i}	x_i	y_i	H_i	
辅助计算	$f_x = x'_C - x_C = 31\ (\mathrm{mm})$ $f_y = y'_C - y_C = -3\ (\mathrm{mm})$ $f_D = \sqrt{f_x^2 + f_y^2} \approx 31\ (\mathrm{mm})$ $K = \dfrac{f_D}{\sum D} = \dfrac{0.031}{448.804} \approx \dfrac{1}{14\ 478}$ $f_H = H'_C - H_C = 9(\mathrm{mm})$							D　C　K_2　K_1　B　A			

【相关知识】

一、全站仪的基本构造

以 RTS320R5L 全站仪加以说明，如图 1－41 所示。

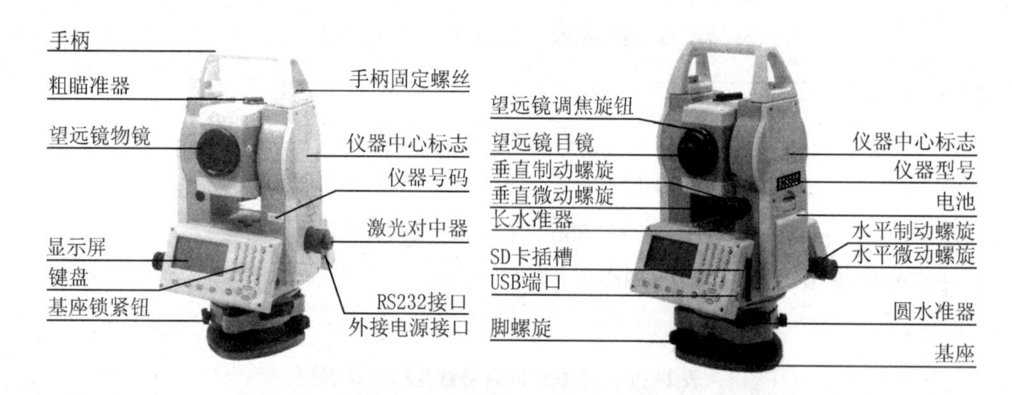

图 1－41　RTS320R5L 全站仪

（一）望远镜

望远镜由物镜、目镜、十字丝分划板、调焦螺旋、粗瞄准器等组成，用于瞄准远处的目标。

（二）水平制动与微动螺旋

用于调节水平方向的转动与微动，当制动螺旋旋紧后，才能使用微动螺旋。

（三）垂直制动与微动螺旋

用于调节望远镜垂直方向的转动与微动，当制动螺旋旋紧后，才能使用微动螺旋。

（四）水准器

有圆水准器和长水准器，粗略使仪器水平。

(五)度盘

分为水平度盘和垂直度盘,用于显示水平角和垂直角。

(六)激光对中器

用于仪器对中时使用。

(七)SD 卡插槽及 USB 端口

与计算机连接,导入外业测量数据。

(八)基座

基座由连接板和脚螺旋组成。

(九)显示屏及键盘

显示屏如图 1-42 所示,设盘左、盘右两个,方便测量,键盘功能见表 1-10。

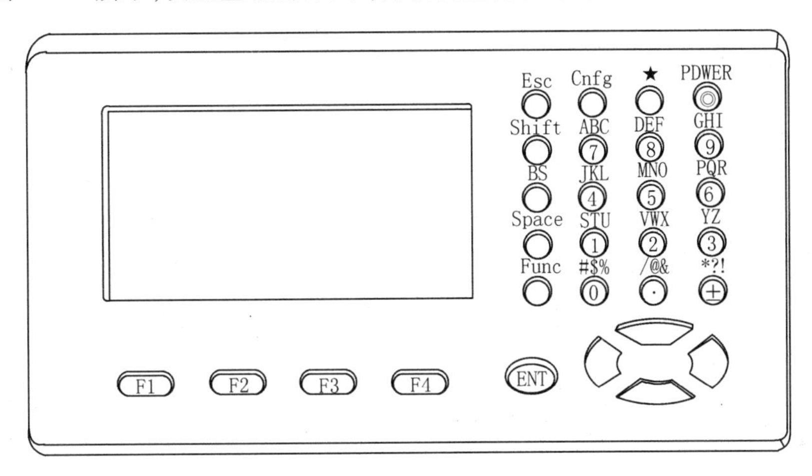

图 1-42　显示屏

表 1-10　操作键盘符号及功能

按键	名称	功能
F1 ~ F4	软键	功能参考显示屏幕最下面一行所显示的信息
9 ~ ±	数字、字符键	1. 在输入数字时,输入与按键相对应的数字 2. 在输入字母或特殊字符的时候,输入按键上方对应的字符
POWER	电源键	控制仪器电源的开/关
★	星键	用于若干仪器常用功能的操作
Cnfg	设置键	进入仪器设置项目操作
Esc	退出键	退回到前一个菜单显示或前一个模式
Shift	切换键	1. 在输入屏幕显示下,在输入字母和数字之间进行转换 2. 在测量模式下,用于测量目标的切换
BS	退格键	1. 在输入屏幕显示下,删除光标左侧的一个字符 2. 在测量模式下,用于打开电子水准器显示
Space	空格键	在输入屏幕显示下,输入一个空格

续表

按键	名称	功能
Func	功能键	1. 在测量模式下,用于软键对应功能信息的翻页 2. 在程序菜单模式下,用于菜单翻页
ENT	确认键	选择选项或确认输入的数据

二、导线布设的几种形式

(一)闭合导线

闭合导线是指从一控制点出发,最后又回到该点,组成一个闭合多边形。一般用于面积较大的独立地区的测图控制,如图1-43(a)所示。

(二)附合导线

附合导线是指从一控制点出发,最后附合到另一控制点上的导线。一般用于带状地区的测图控制,也广泛用于公路、铁路、河流等工程的勘测与施工,如图1-43(b)所示。

(三)支导线

支导线是指从一控制点出发,既不附合到另一控制点,也不回到起始点的导线。一般用于测区加密控制。支导线不具备检核条件,故支导线不宜超过3个点,如图1-43(c)所示。

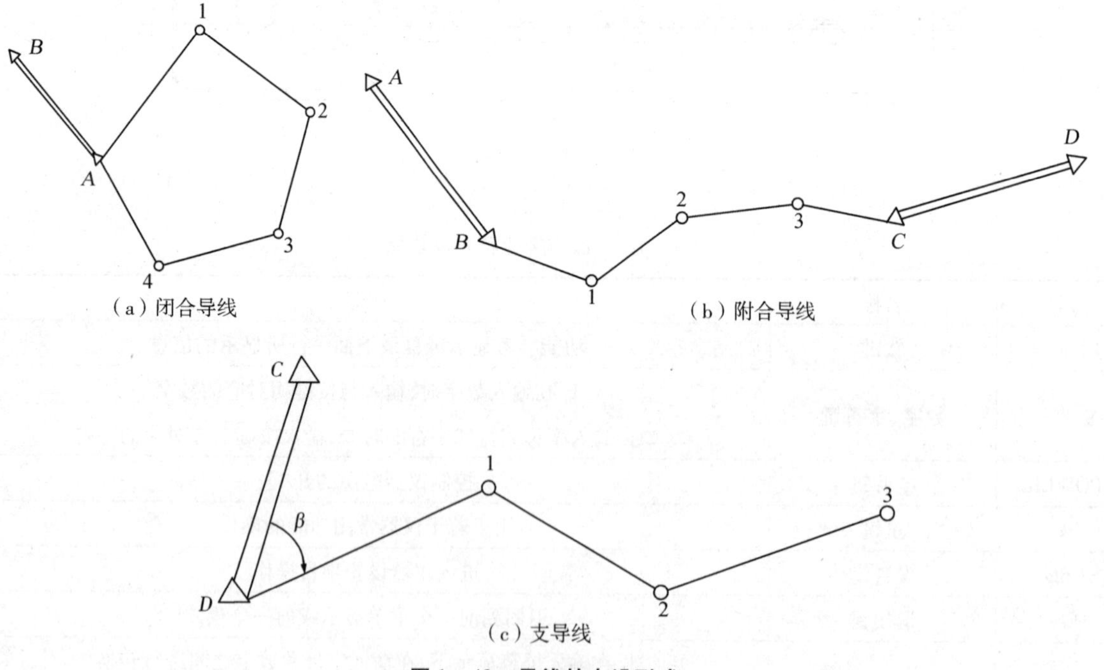

图1-43　导线的布设形式

三、水平角测量

（一）水平角的概念

水平角是相交于一点的两方向线在水平面上的垂直投影所形成的夹角，角值范围为0°～360°。

如图1－44所示，A、O、B是三个高度不同的地面点，OA与OB两条方向线所夹的水平角，即为OA和OB两方向线垂直投影在水平面p上的O_1A_1和O_1B_1所构成的夹角β。

（二）水平角测量原理

如图1－44所示，可在O点的上方任意高度处，水平安置一个带有刻度的圆盘，并使圆盘中心在过O点的铅垂线上；通过OA和OB各作一铅垂面，设这两个铅垂面在刻度盘上截取的读数分别为m和n，则水平角β的角值为

$$\beta = m - n \tag{1-6}$$

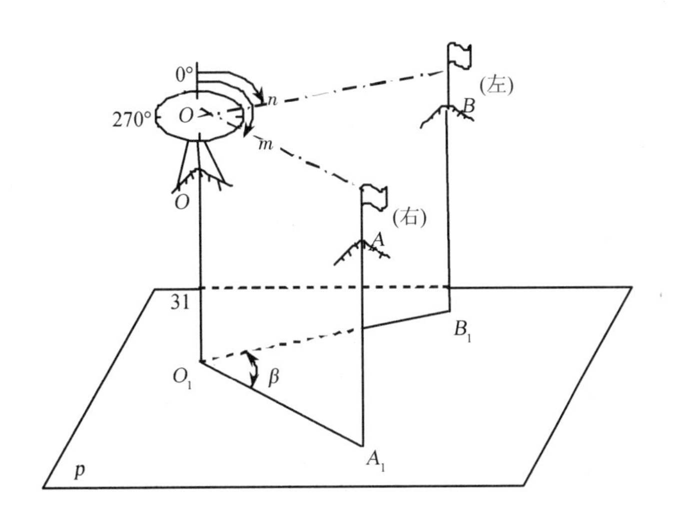

图1－44　水平角测量原理

四、导线的平差计算

（一）角度闭合差计算与调整

闭合导线一般观测内角，n边形内角和理论值$\sum\beta_{理}$应满足下列关系

$$\sum\beta_{理} = (n-2)\times 180° \tag{1-7}$$

在实际测角时，由于存在误差，实测内角和$\sum\beta_{测}$不等于理论内角和$\sum\beta_{理}$。其差值称为闭合导线的角度闭合差，以f_β表示，即

$$f_\beta = \sum\beta_{测} - \sum\beta_{理} = \sum\beta_{测} - (n-2)\times 180° \tag{1-8}$$

当$|f_\beta| < |f_{\beta容}|$时（$f_{\beta容}$可见成果评价），说明角度观测符合要求，即可进行角度闭合差调整。调整的方法是按相反的符号平均分配到各内角观测值中。

$$v_\beta = \frac{-f_\beta}{n} \tag{1-9}$$

当上式不能整除时，可将余数分配到导线中短边相邻的角上；各内角的改正数之和应等于角度闭合差，但符号相反，即 $\sum \nu_\beta = -f_\beta$。

设以 ν_β 表示各观测角的改正数，$\beta_测$ 表示观测角，β 表示改正后的角值，则

$$\beta = \beta_测 + \nu_\beta \tag{1-10}$$

附合导线的角度闭合差为

$$f_\beta = \alpha'_终 - \alpha_终 \quad (\alpha'_终 = \alpha_始 + n \times 180° + \sum \beta_测) \tag{1-11}$$

（二）坐标方位角推算

根据已知边坐标方位角（见相关知识）和调整后的角值，可按方位角的计算公式求出导线各边坐标方位角。

如图 1－45 所示，设 01、02、03 为导线点，01—02 边的方位角 α_{12} 为已知，导线点 02 的左角为 $\beta_左$，现在来推算 02—03 边的方位角 α_{23}。

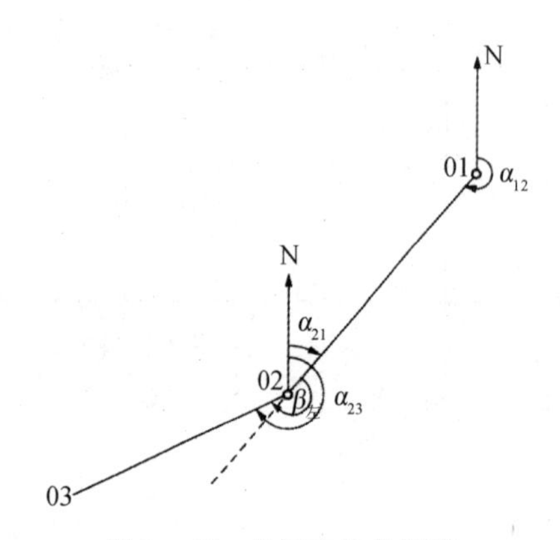

图 1－45　坐标方位角推算

从图中可以看出

$$\alpha_{23} = \alpha_{12} - 180° + \beta_左$$

当用右角推算方位角时，可以推出

$$\alpha_{23} = \alpha_{12} + 180° - \beta_右$$

根据方位角的取值范围为 0°～360°的定义，若推算出的方位角大于 360°，则减去 360°；小于 0°时，则加上 360°。

根据上述推导，得到导线坐标方位角的一般推算公式为

$$\alpha_前 = \alpha_后 \pm 180°{}^{+\beta_左}_{-\beta_右} \tag{1-12}$$

式中：

$\alpha_前$、$\alpha_后$——相邻导线边的前、后边坐标方位角（° ′ ″）；

β——观测角（° ′ ″）。

当 $\alpha_后 < 180°$时，180°前取“＋”号；当 $\alpha_后 > 180°$时，180°前取“－”号。

（三）坐标增量计算

坐标增量即是从一个导线点到另一个导线点的坐标增加值。坐标增量有纵坐标增量 Δx 与横坐

标增量 Δy。坐标增量是利用导线边的边长与坐标方位角求得的,如图1-46所示,导线边01—02的距离为D,其方位角为α,则从01点到02点的坐标增量为

$$\Delta x = D \cdot \cos\alpha \tag{1-13}$$

$$\Delta y = D \cdot \sin\alpha \tag{1-14}$$

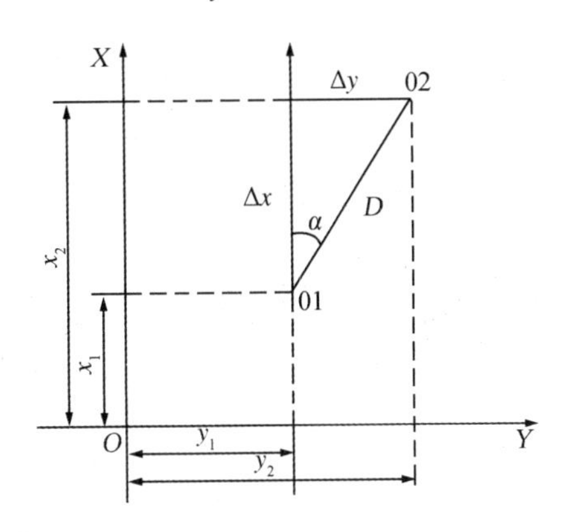

图1-46 坐标增量计算

(四)坐标增量闭合差计算与调整

1. 坐标增量闭合差计算

根据闭合导线的定义,闭合导线各边纵、横坐标增量的代数和应等于零。

$$f_x = \sum \Delta x_{测} \tag{1-15}$$

$$f_y = \sum \Delta y_{测} \tag{1-16}$$

但由于测角和量距都不可避免有误差存在,因此根据观测结果计算的$\sum \Delta x_{测}$和$\sum \Delta y_{测}$都不等于零,其值即为纵、横坐标增量的闭合差f_x、f_y。如图1-47所示,f_x和f_y的存在使得闭合多边形出现了一个缺口,起点1和终点1′没有重合,设11′的长度为f_D,称为导线的全长闭合差,而f_x和f_y正好是f_D在纵、横坐标轴上的投影长度。所以

$$f_D = \sqrt{f_x^2 + f_y^2} \tag{1-17}$$

附合导线的坐标增量闭合差为

$$f_x = \sum \Delta x_{测} - (x_{终} - x_{始}) \tag{1-18}$$

$$f_y = \sum \Delta y_{测} - (y_{终} - y_{始}) \tag{1-19}$$

2. 导线精度的衡量

导线全长闭合差f_D的产生,是由于测角和量距中有误差存在,一般用相对闭合差来衡量导线的精度,如图1-47所示。设导线的总长为$\sum D$,则导线全长相对闭合差K为

$$K = \frac{f_D}{\sum D} = \frac{1}{\sum D / f_D} \tag{1-20}$$

参考导线测量技术要求,如达不到精度要求,应查明原因进行补测或重测。

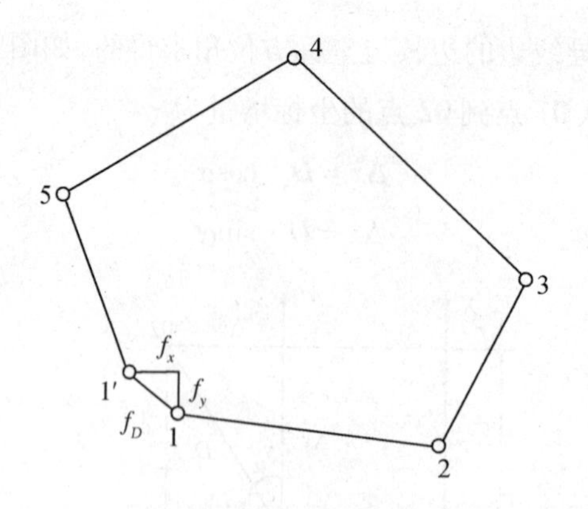

图1-47　导线全长闭合差

3. 坐标增量闭合差的调整

如果导线的精度符合要求，即可将增量闭合差进行调整。坐标增量闭合差的调整原则是：将f_x和f_y以相反的符号按与边长成正比的方式分配到各边的坐标增量上，并将残余的不符值分配到长边的坐标增量之中。设$V_{\Delta x_i}$、$V_{\Delta y_i}$分别为纵、横坐标增量的改正数，即

$$V_{\Delta x_i} = -\frac{f_x}{\sum D}D_i \tag{1-21}$$

$$V_{\Delta y_i} = -\frac{f_y}{\sum D}D_i \tag{1-22}$$

式中：

$\sum D$——导线边长总和(m)；

D_i——导线某边长(m)，$i=1,2,3,\cdots,n$。

为计算校核，所有坐标增量改正数的总和应等于坐标增量闭合差，而符号相反，即

$$\sum V_{\Delta x} = V_{\Delta x_1} + V_{\Delta x_2} + V_{\Delta x_3} + \cdots + V_{\Delta x_n} = -f_x \tag{1-23}$$

$$\sum V_{\Delta y} = V_{\Delta y_1} + V_{\Delta y_2} + V_{\Delta y_3} + \cdots + V_{\Delta y_n} = -f_y \tag{1-24}$$

改正后的坐标增量应为

$$\Delta x' = \Delta x_i + V_{\Delta x_i} \tag{1-25}$$

$$\Delta y' = \Delta y_i + V_{\Delta y_i} \tag{1-26}$$

(五)坐标推算

用改正后的坐标增量，就可以从导线起点的已知坐标依次推算出其他导线点的坐标，即

$$x_i = x_{i-1} + \Delta x_{i-1,i} \tag{1-27}$$

$$y_i = y_{i-1} + \Delta y_{i-1,i} \tag{1-28}$$

五、测量误差

(一)测量误差的分类

观测者、仪器和外界条件是产生测量误差的主要因素，统称为观测条件。观测条件相同的观测称

为等精度观测；相反，则称为不等精度观测。测量工作中，由于观测者、仪器与工具、外界条件的影响，同一量的各观测值与其理论值之间存在差异，将这种差异称为测量误差。测量误差按其对观测成果影响的性质，可分为系统误差和偶然误差。

1. 系统误差

在相同观测条件下，对某量进行一系列的观测，如果误差出现的大小和符号表现一致，或按一定的规律变化，这种性质的误差就称为系统误差。

例如，用一把名义为 50 m 长，而实际长度为 50.015 m 的钢尺丈量距离，每丈量一尺段就要少量 15 mm。该 15 mm 误差在数值上和符号上都是固定的，且随尺段的倍数的变化呈积累性。

系统误差具有积累性，对测量成果影响较大，但它具有一定规律性，一般可以采用对观测结果加改正数、对仪器进行检验与校正、选择适当的观测方法来消除或减小误差。

2. 偶然误差

在相同的观测条件下，对某量进行一系列的观测，误差的大小和符号从表面上看，都没有什么规律性，但就整体而言具有一定的统计规律，这种性质的误差称为偶然误差。例如：瞄准目标时，可能偏左或偏右，便产生照准误差；在水准尺上读数，可能产生估读误差等。

在观测中，偶然误差是不可避免的。为提高观测成果的质量，常用多次观测结果的算术平均值作为最后观测结果。另外，在测量工作中，有时还可能出现错误，也称作粗差，如瞄准目标不正确、读错读数等。在测量结果中不允许错误出现。

（二）衡量精度的标准

1. 中误差

在相同的观测条件下，取各观测值真误差平方和的平均值作为评定观测质量的标准，称为中误差，以 m 表示，即

$$m = \pm\sqrt{\frac{\Delta_1^2 + \Delta_2^2 + \cdots + \Delta_n^2}{n}} = \pm\sqrt{\frac{[\Delta\Delta]}{n}} \tag{1-29}$$

式中：

$[\Delta\Delta]$ ——真误差的平方和；

n ——观测次数。

由上式可知，中误差只是一组真误差的代表值，其大小反映了该组观测值精度的高低。常把中误差称为观测值的中误差。

2. 容许误差

在一定观测条件下，偶然误差的绝对值不应超过的限值，称为容许误差（限差）。在现行的工程规范中，为确保测量结果质量，常以两倍中误差作为偶然误差的容许误差。

$$\Delta_{容} = 2m \tag{1-30}$$

如果某个观测值的偶然误差超过了容许误差，就可以认为该观测值含有粗差，应舍去不用或返工重测。

3. 相对误差

在某些测量情况下,中误差、容许误差还不能完全反映出观测值的精度高低。例如:在距离丈量中,用钢尺丈量距离,分别为 150 m 和 200 m,若观测值的中误差都是 ±0.01 m,由式(1-31)可知,前者相对误差为 1/15 000,后者相对误差为 1/20 000。显然后者精度要高于前者。因此,相对误差能客观反映实际测量的精度。

相对误差是中误差的绝对值与相应观测值之比,并化为分子为 1 的分数,即

$$K = \frac{|m|}{D} = \frac{1}{\frac{D}{|m|}} \tag{1-31}$$

(三)算术平均值

设对某未知量进行了 n 次等精度观测,观测值分别为 L_1 , L_2 ,…,L_n,则该量的算术平均值为

$$x = \frac{L_1 + L_2 + \cdots + L_n}{n} = \frac{[L]}{n} \tag{1-32}$$

若该量的真值为 X ,其相应的真误差为 $\Delta_1, \Delta_2, \cdots, \Delta_n$,则根据真误差定义,得

$$\Delta_n = L_n - X$$

将上式两边取和并除以 n ,得

$$\frac{[\Delta]}{n} = \frac{[L]}{n} - X$$

根据偶然误差的抵消性, $\lim\limits_{n \to \infty} \frac{[\Delta]}{n} = 0$,即可得出 $x = X$。

由此可知,当观测次数 n 无限增大时,算术平均值趋近于真值。但实际测量工作中,观测次数是有限的,通常取算术平均值 x 作为观测的最后结果。

(四)观测值的中误差

在实际工作中,通常采用算术平均值 x 与观测值 L_i 之差的改正数 ν_i 来计算误差。

由改正数和中误差的定义推导,得出观测值的中误差为

$$m = \pm \sqrt{\frac{[\nu\nu]}{n-1}} \tag{1-33}$$

根据算术平均值和线性函数,得出算术平均值的中误差为

$$M = \pm \sqrt{\frac{m^2}{n}} = \pm \frac{m}{\sqrt{n}} \tag{1-34}$$

由上式可见,算术平均值的中误差是观测值的中误差的 $1/\sqrt{n}$ 。这说明算术平均值的精度比观测值的精度要高,观测次数越多,精度越高。在实际测量中,不能单纯靠增加观测次数来提高测量成果的精度,可以通过使用精度较高的仪器、加强观测者的技能或在较理想的外界条件下来提高单次观测的精度。

例如:用全站仪等精度观测某角度 6 次,试求观测值的中误差和算术平均值的中误差,如表 1-11 所示。

表 1－11　观测值计算表

观测值	改正数 v	vv	计算
65°32′20″	－1.8″	3.24	$m=\pm\sqrt{\frac{[vv]}{n-1}}=\pm\sqrt{\frac{27.14}{6-1}}=\pm2.33(″)$ $M=\pm\frac{m}{\sqrt{n}}=\pm\frac{2.33}{\sqrt{6}}=\pm0.95(″)$
65°32′18″	－0.2″	0.04	
65°32′21″	－2.8″	7.84	
65°32′19″	－0.7″	0.49	
65°32′16″	2.3″	5.29	
65°32′15″	3.2″	10.24	
$x=[L]/n=65°32'18.2''$	$[v]=0$	$[vv]=27.14$	

【成果评价】

一、测角成果评价

1. 水平角观测，其归零差和 $2C$ 互差应符合主要技术要求，如表 1－12 所示。

2. 角度闭合差应小于容许值，如超限，应返工重测，如表 1－13 所示。

二、测距成果评价

导线边长采用光电测距法，其一测回和各测回较差应符合主要技术要求，如表 1－14 所示。

三、导线坐标测量成果评价

采用全站仪导线测量，导线全长相对闭合差应符合主要技术要求，如表 1－13 所示。

表 1－12　水平角观测的主要技术要求

等级	仪器精度等级	半测回归零差/(″)	一测回内 $2C$ 互差/(″)	各测回同一归零方向值较差/(″)
一级及以下	2″级仪器	12	18	12
	6″级仪器	18	—	24

表 1－13　导线测量的主要技术要求

等级	测图比例尺	导线长度/m	平均边长/m	往返丈量较差相对误差	测角中误差/(″)	导线全长相对闭合差	测回数		角度闭合差/(″)
							2″级仪器	6″级仪器	
一级	—	2 500	250	1/20 000	±5	1/10 000	2	4	$\pm10\sqrt{n}$
二级	—	1 800	180	1/15 000	±8	1/7 000	1	3	$\pm16\sqrt{n}$
三级	—	1 200	120	1/10 000	±12	1/5 000	1	2	$\pm24\sqrt{n}$
图根	1∶500	500	75	1/3 000	±20	1/2 000	—	1	$\pm60\sqrt{n}$
	1∶1 000	1 000	110						
	1∶2 000	2 000	180						

说明：(1) 表中 n 为测站数；

(2) 当测区测图的最大比例尺为 1∶1 000 时，一、二、三级导线的导线长度、平均边长可适当放长，但最大长度不应大于表中规定相应长度的 2 倍

表 1-14　光电测距的主要技术要求

平面控制网等级	仪器精度等级	每边测回数		一测回读数较差/mm	单程各测回较差/mm
		往	返		
一级	10 mm 级仪器	2	—	≤10	≤15
二、三级	10 mm 级仪器	1	—	≤10	≤15

说明：(1)测回是指照准目标一次，读数 2~4 次的过程；

(2)困难情况下，边长测距可采用不同时间段测量代替往返观测

【思考练习】

一、选择题

1. 测量误差产生的原因有　(　　)

A. 仪器误差　B. 风力影响　C. 人为误差　D. 外界条件

2. 衡量精度的标准有　(　　)

A. 中误差　B. 容许误差　C. 相对误差　D. 偶然误差

3. 关于测距仪器的几种说法中正确的是　(　　)

A. 20 mm 级仪器　B. 1 mm 级仪器　C. 5 mm 级仪器　D. 10 mm 级仪器

4. 全站仪包括光电测距仪、电子经纬仪和　(　　)

A. 坐标测量仪　B. 电子水准仪　C. 数据处理系统　D. 读数感应器

5. 用全站仪进行距离或坐标测量前，需要设置正确的大气改正数和　(　　)

A. 温度　B. 湿度　C. 棱镜常数　D. 乘常数

6. 如某全站仪的标称精度为 ±3 mm + 2 ppm × D，则用此全站仪测量 2 km 长的距离，其误差的大小为　(　　)

A. ±3 mm　B. ±7 mm　C. ±5 mm　D. ±6 mm

7. 用全站仪进行点位放样时，如棱镜高和仪器高输入有误，则对放样点的平面位置　(　　)

A. 无影响　B. 有影响

C. 盘左有影响，盘右无影响　D. 盘左无影响，盘右有影响

8. 导线测量的外业工作是　(　　)

A. 选点、测角、量边　B. 距离测量、高程测量、角度测量

C. 选点、埋石、绘草图　D. 测水平角、测竖直角、测斜距

9. 观测附合导线的转折角，一般采用的方法是　(　　)

A. 测回法　B. 三角高程法　C. 两次仪器高法　D. 红黑面法

10. 闭合导线的角度闭合差与　(　　)

A. 导线的几何图形无关　B. 导线各内角和的大小有关

C. 导线的几何图形有关　D. 导线各内角和的大小无关

二、填空题

1. 附合导线测量可广泛用于________、________、________等工程的勘测与施工。
2. 导线布设的形式有________、________ 和________ 。
3. 望远镜由________、________、________、________、________等组成，用于瞄准________。
4. 2″级仪器是指一测回水平方向________标称为________的测角仪器。5 mm 级仪器是指当测距长度为________时，由________仪器的标称精度公式计算的测距中误差为________的仪器。
5. 系统误差是在相同观测条件下，对某量进行一系列的________，误差出现的________和________表现一致，或按一定的规律变化。
6. 在相同的观测条件下，对某量进行一系列的观测，误差的________和______无规律性，但就整体而言具有一定的________规律，这种误差称为________差。如：瞄准目标时的________，水准尺上的________等。
7. 中误差是在相同观测条件下，做一系列的________，并以各个真误差的________的平均值的________作为评定观测质量的标准。在工程规范中，通常以________作为偶然误差的容许值。

三、计算题

1. 在校园运动场改造工程中，需要测量某两边的水平角，选用测回法完成如下测量任务，如表 1－15 所示。试进行水平角计算，并说明是否符合技术指标要求（$2C$ 互差为 18″，各测回较差为 24″）。

表 1－15　水平角观测（测回法）记录表

测站	目标	盘左读数/(° ′ ″)	盘右读数/(° ′ ″)	2C/(″)	半测回角值/(° ′ ″)	一测回角值/(° ′ ″)	各测回平均角值/(° ′ ″)	备注
O	A	0 00 30	180 00 36		0 00 00			
	B	125 08 16	305 08 24					
O	A	90 00 30	270 00 42		0 00 00			
	B	215 08 18	35 08 24					

2. 在校园内从 K_2 出发经过 01 和 02 两个控制点，最后附合到 K_3，其测量结果如表 1－16 所示，根据坐标和高程观测值进行平差计算。

表 1－16　全站仪附合导线三维坐标计算表

点号	坐标观测值/m			距离 D/m	坐标改正值/mm			坐标值/m			点号
	x'_i	y'_i	H'_i		v_{x_i}	v_{y_i}	v_{H_i}	x_i	y_i	H_i	
1	2	3	4	5	6	7	8	9	10	11	12
K_5								5 081 175.581	5 401 96.882	118.061	K_5
K_6								5 081 174.278	540 271.7777	117.957	K_6
01	5 081 079.143	540 307.739	118.170	101.746							01
02	5 080 947.897	540 356.126	118.199	139.944							02
K_7	5 080 823.093	540 360.657	118.265	124.830				5 080 823.081	540 360.642	118.299	K_7
K_8				$\sum D=$				5 080 777.981	540 271.175	118.296	K_8
辅助计算	$f_x = x'_c - x_c =$ $f_y = y'_c - y_c =$ $f_D = \sqrt{f_x^2 + f_y^2} =$ $K = \frac{f_D}{\sum D} =$ $f_H = H'_c - H_c =$							绘附合导线简图:			

3. 五边形的各内角如图 1－48 所示，1—2 边的坐标方位角为 30°，计算其他各边的坐标方位角。

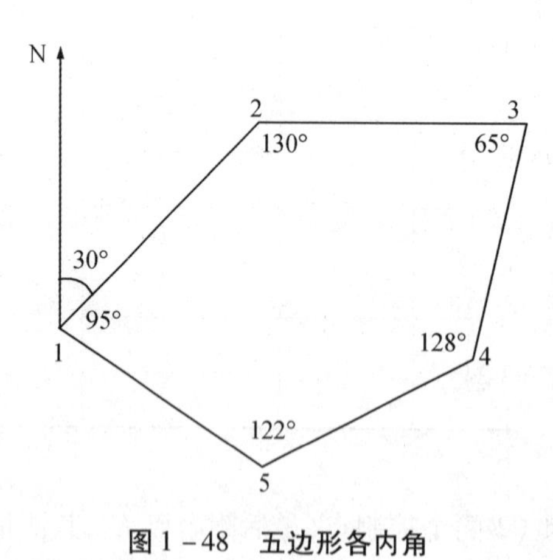

图 1－48　五边形各内角

4. 已知 1—2 边的坐标方位角为 65°，求 2—3 边的正坐标方位角及 3—4 边的反坐标方位角，如图 1－49所示。

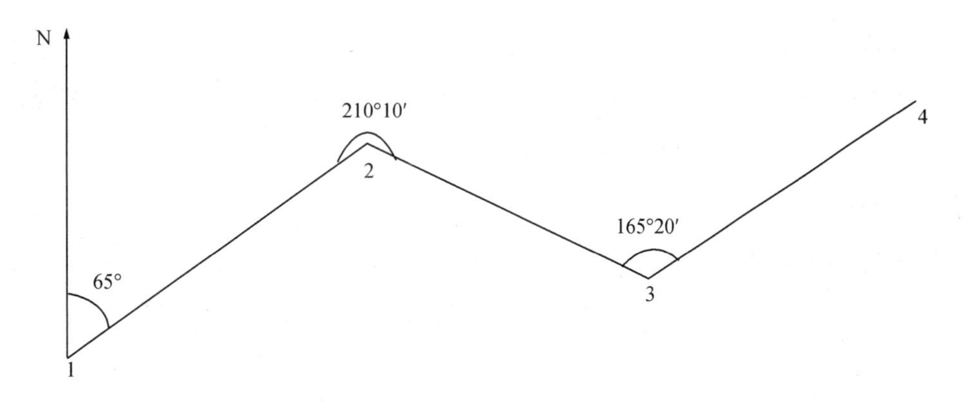

图 1-49　坐标方位角

任务 3　测区碎部点测量

知识点：1. 明确 RTK 接收机构造、功能及附属配件。

2. 掌握地物和地貌的特征。

3. 掌握地形图和平面图的特征。

技能点：1. 能正确选择地物和地貌的特征点，并按要求架设棱镜。

2. 熟练进行全站仪安置、对中、整平，以及三维坐标测量、数据记录。

3. 正确进行测站检核和归零差检查。

4. 正确用 RTK 对地物点进行外业采集。

【引出任务】

在测区内完成高程控制测量和平面控制测量的条件下，可将测区划分为几个"作业区"，将代表地物和地貌的几何形状的特征点（碎部点）的平面位置和高低测量出来，即点的平面坐标和高程（或称三维坐标）。利用全站仪或 RTK，在测区采用数字测记法采集数据，即外业采集数据，室内计算机成图。外业采集数据工作步骤是：准备工作、作业区划分、设站与检核、测量碎部点三维坐标、现场画草图。

【任务实施】

子任务 1　地势较平坦的一个测站碎部点测量（课内 4 学时）

一、准备工作

（一）仪器与工具

每个测量小组需要准备的仪器及工具有：全站仪 1 台、三脚架 1 个、棱镜 2 个、对中杆 2 个（一个附三脚架，另一个为手持对中杆）、记录本夹 1 个、碳素笔 1 支、A4 纸若干。

(二)人员安排

一个作业小组可配备:测站1人,镜站1~3人,领尺员(绘图员)2人。根据地形情况,镜站可用单人或多人。领尺员负责画草图和室内成图,是核心成员。

二、作业区划分

在测区较大时,通常以道路等明显线状地物为界,将测区划分为几个作业区,由作业小组分块测绘。分区的原则是各区之间的地物尽可能不相关,并各自测绘各区边界的路边线,以便内业编绘。

三、设站与检核

在作业区选择一个已知控制点,安置全站仪,经对中、整平后,进行测站设置。步骤是:(1)启动全站仪,对仪器的有关参数进行设置,如外界温度、大气压、反射棱镜常数等。同时量取仪器高。(2)输入或调用测站点、后视定向点坐标,进行定向并复测后视点,也可复测第三个已知点,将测量值与已知坐标值相比较,要求二者差值在限差以内,否则需要找出原因,主要是检查已知点和定向点的坐标是否输错、仪器设备是否出现故障等。

四、测量碎部点三维坐标

测站定向检查合格后,即可开始坐标数据采集。一般先测量周边的房屋及构筑物的特征点,其次是道路及其他地物特征点。将三维坐标值按照编号记录下来。全站仪坐标测量方法见前文中的坐标测量。

五、现场画草图

根据测站周边地物分布情况,现场绘出各种地物位置草图,以供进行编辑处理。"草图法"要求外业工作时,绘图员标注出所测的是什么地物(属性信息)及记下所测点的点号(位置信息),在测量过程中和测量员及时联系,使草图上标注的某点点号和全站仪里记录的点号一致,而在测量每一个碎部点时不用在电子手簿或全站仪里输入地物编码。

子任务2　地势较平坦的多个测站碎部点测量(课内4学时)

一、设站与检核

在作业区内,完成一个测站周边地物特征点坐标测量后,根据现场实际情况,可按照顺时针或逆时针方向搬站测量,进行多个测站碎部点测量。若已知控制点通视条件较差或不便于架设仪器,可选择通视良好的地点安置全站仪,一般采用加密控制点的方法测出点的坐标,然后设站与检核。加密控制点最多不超过3个点,否则误差过大,影响测量精度。设站与检核方法同上。

二、测量碎部点三维坐标

设站与检核完成后,可对周边地物特征点进行坐标数据采集。测量碎部点三维坐标方法同上。

三、现场画草图

在一个测站所绘的地物草图基础上,进行多个测站地物草图的绘制,同时注意草图上地物特征点的编号应与所测地物特征点三维坐标编号相统一。

子任务3　地势有起伏的多个测站碎部点测量(课内4学时)

一、准备工作

(一)仪器与工具

每个测量小组需要准备的仪器及工具有:RTK基准站和移动站各1台、三脚架1个、手簿1个、伸缩式碳纤维杆1个、40 cm支撑杆1个、记录本夹1个、碳素笔1支、A4纸若干。

(二)人员安排

一个作业小组可配备:基站1人,镜站1~3人,领尺员2人。

二、设置基准站

在测区适当位置安装基准站。选择基准站应考虑的问题:周围便于安置和操作仪器,视野开阔,视场内障碍物的高度角不宜超过15°;远离电视台、电台、微波站等大功率无线电发射源,其距离不小于200 m,远离高压输电线和微波无线电信号传送通道,其距离不得小于50 m;附近不应有强烈反射卫星信号的物体,如大型建筑物等;避免人为的碰撞或移动,应远离人群以及交通比较繁忙的地段。

设置基准站的基本操作过程:

首先架好脚架,安装基座。然后取出主机,按电源键开机。检查主机是不是外挂基准站模式,如不是,设外挂基准站模式。再拧上支撑杆,把主机安装在基座上,拧紧螺丝。

取出多用途电缆线,将主机插分数据口与GDL电台差分数据口相连,记住红点对红点。取出电台发射天线,连接好,再升高。发射天线越高,信号传播得越远。取出连接器,拧紧。把它安装到架好的基座上,拧紧螺丝。把发射天线的连接线接到电台上,拧紧接头。注意保护电台与天线。接好后,将多用途电缆线红黑两个夹子分别与蓄电池正负极相连,接好后,打开电源开关,电源灯就亮了。按通道更改键可以进行电台通道的切换,我们这里选择五通道。电台底部有调功率的按钮,可上下拨动。“H”代表高功率,“L”代表低功率。基准站接收到四颗卫星后,电台的TX灯会闪烁,表示电台已发送差分数据,基准站已经设置完成。

在软件主界面点击“关于”出现注册软件、注册仪器、电池电量、关于仪器、关于软件五个子菜单,如图1-50所示。

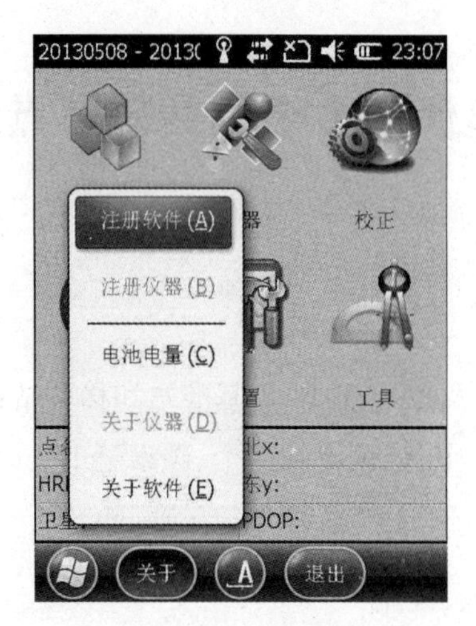

图 1－50　子菜单

“关于”菜单是用来显示 SurPad 软件信息和系统运行信息的。

点击“注册软件”，可查看软件注册信息，如果软件没有注册或注册码已过期，可输入注册码进行注册，如图 1－51 所示。

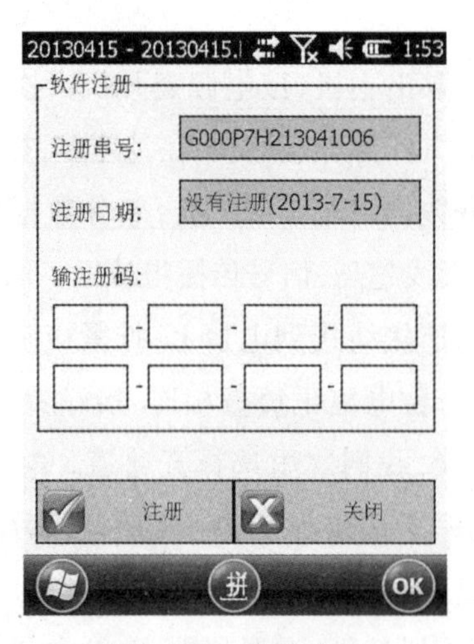

图 1－51　软件注册

点击“注册仪器”，可查看 RTK 仪器注册信息，如果仪器没有注册或注册码已过期，可输入注册码进行注册，如图 1－52 所示。

图 1－52　仪器注册

“仪器注册”是对 RTK 主机进行注册，注册时需要接收机与手簿在联机状态下进行。

点击“仪器/ 工作模式”，进入工作模式选择界面，如图 1－53 所示。

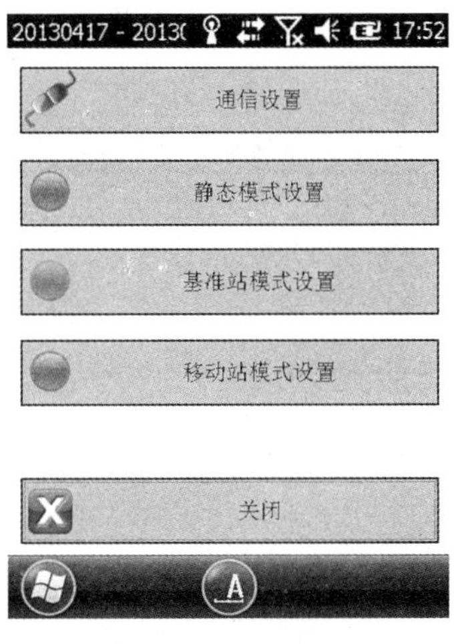

图 1－53　工作模式选择界面

点击“基准站模式设置”，如图 1－54 所示。

图 1－54　模式设置

设置启动模式,如图 1-55 所示。

图 1-55　启动模式

设置选项模式,如图 1-56 所示。选择基站发送的差分数据格式及是否记录静态数据。

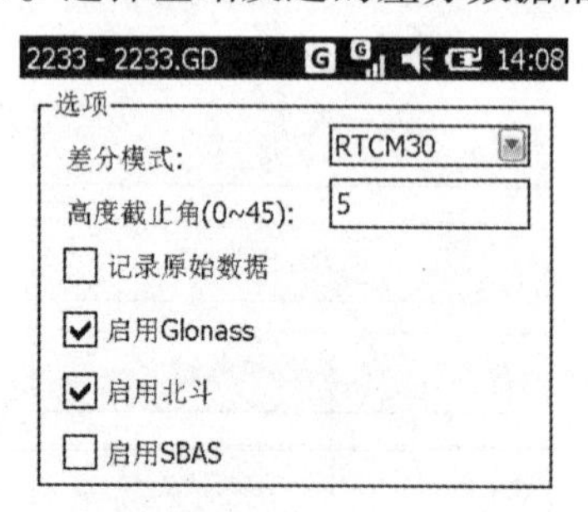

图 1-56　选项模式

设置数据链模式,如图 1-57 所示。

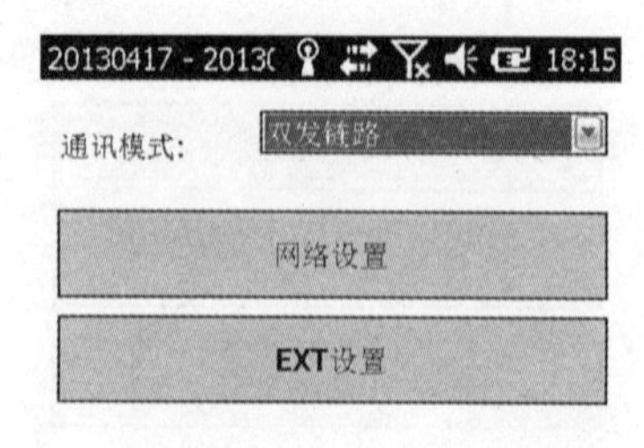

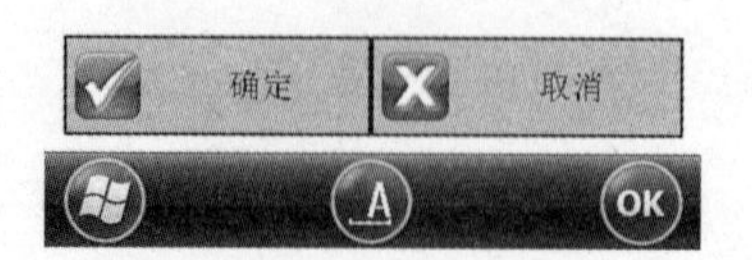

图 1-57　数据链模式

在数据链中有五种模式可以选择:网络、内置电台、外置电台、双发链路、无数据链。在手簿连接主机的状态下可以点选这几种模式来改变主机的数据链。网络连接设置如图 1－58 所示。我们此处设置的网络为基站模式,基站连接服务器成功之后,移动站要连接此基站时,使用基站的机身号。

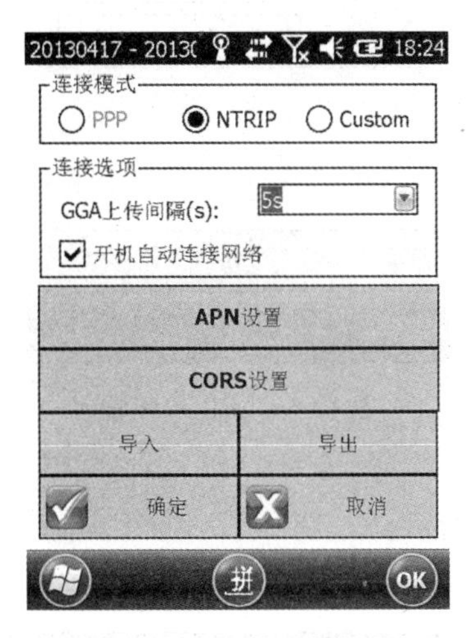

图 1－58　网络连接设置

首先进行连接模式设置,架设基站服务器软件要求选择一种连接模式,默认为“NTRIP”模式,设置 GGA 上传到服务器的时间间隔,开机是否自动连接网络。网络 APN 设置如图 1－59 所示。

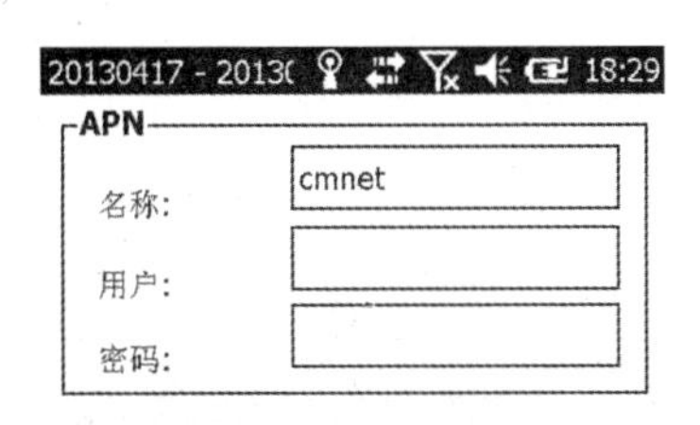

图 1－59　APN 设置

网络 CROS 设置如图 1－60 所示。

此界面用于设置基站架设的服务器的 IP 地址和端口号。

图 1－60　CROS 设置

内置电台连接设置如图 1－61 所示。

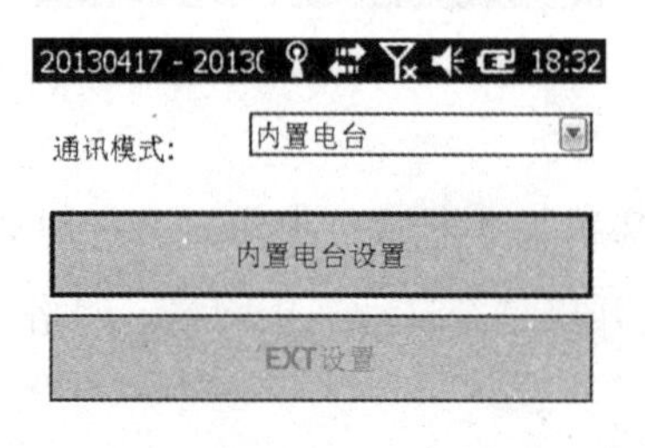

图 1－61　内置电台连接设置

内置电台设置如图 1－62 所示。

图 1－62　电台设置

外置电台连接设置如图 1－63 所示。

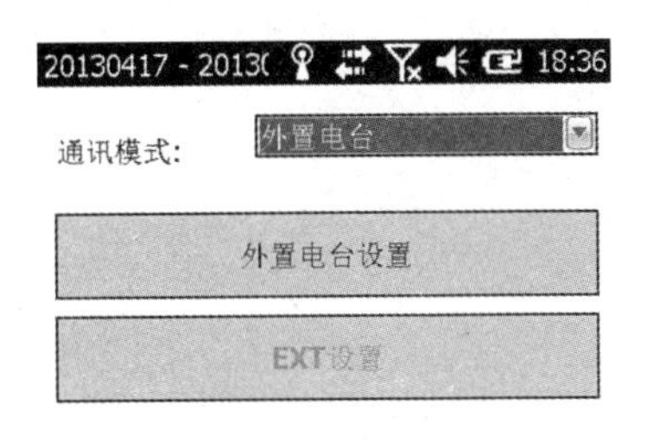

图 1－63　外置电台连接设置

端口设置如图 1－64 所示。

图 1－64　端口设置

三、设置移动站

首先拿出主机，将主机安装到拉伸式天线杆上，拧紧。拿出天线，安装到主机上。拿出 730 手簿，安装到手簿托盘上，套好背带，并拧紧。按“I”键开机，检查主机是否为移动站电台模式，如不是，将其调为移动站电台模式，按“F”键查看状态，进行蓝牙连接。

点击“移动站模式设置”，如图 1－65 所示。注：和主机连接后，主机显示的必须是移动站模式，我们通过网络模块上网接收网络差分信号。

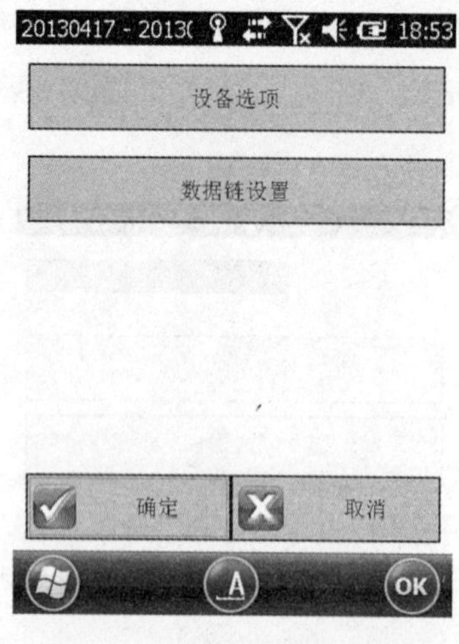

图1-65　移动站模式设置

点击“设备选项”，如图1-66所示，参照基站中的相关设置。

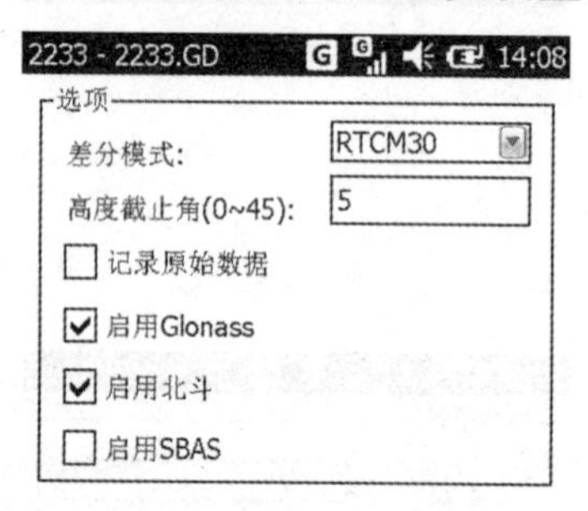

图1-66　选项

点击“数据链设置”,如图1-67所示。

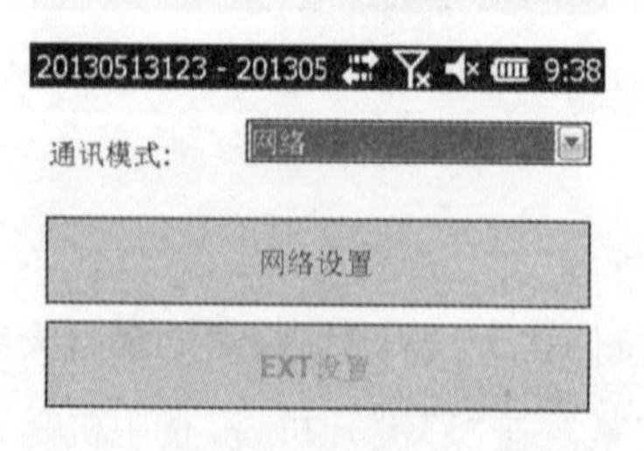

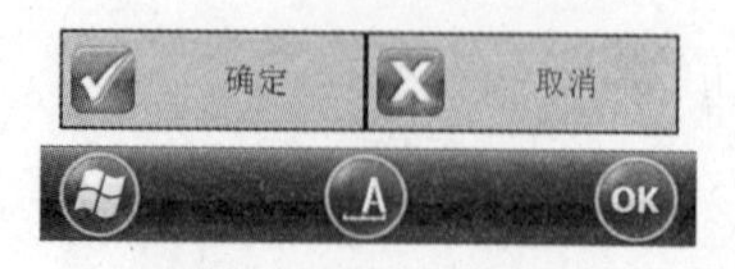

图1-67　数据链设置

点击“网络设置”,如图 1 - 68 所示。

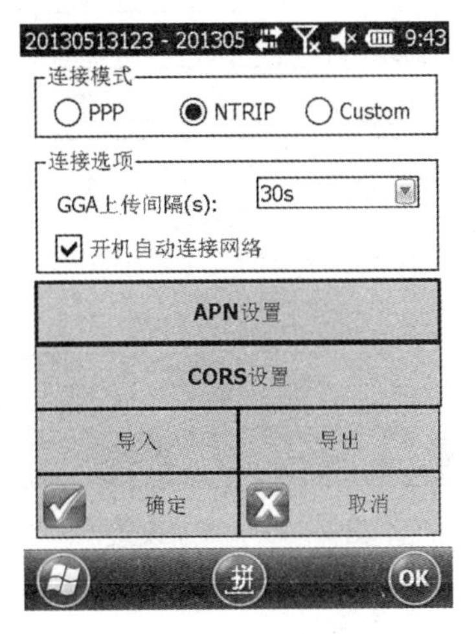

图 1 - 68　网络设置

点击“导入”,如图 1 - 69 所示。

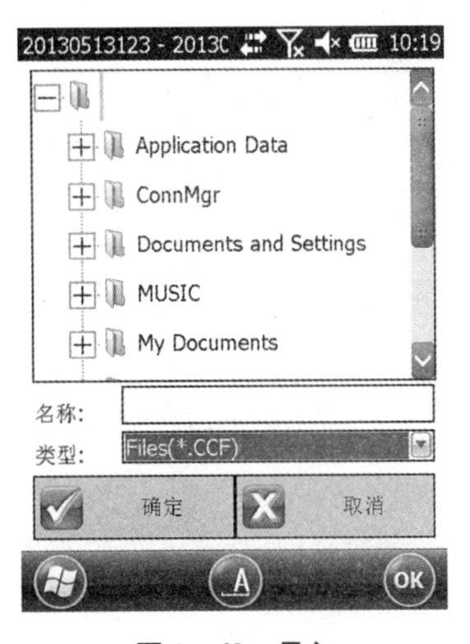

图 1 - 69　导入

文件格式可以为 Files(＊. CCF)格式。默认的是 NTRIP 协议,点击“APN 设置”,如图 1 - 70 所示。

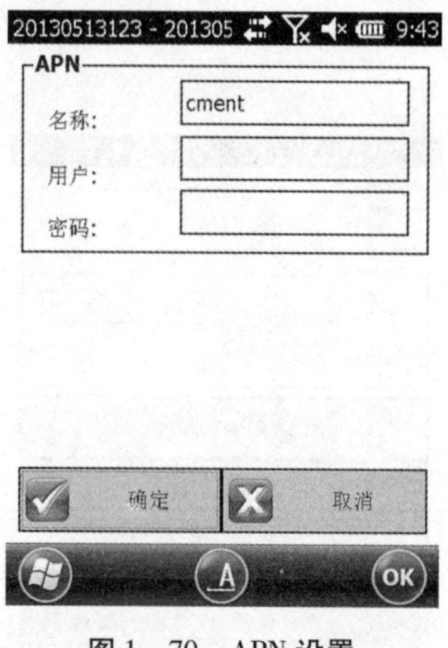

图 1－70　APN 设置

点击“CORS 设置”，此时设置所要连接 CORS 服务器的 IP 及端口、CORS 账户（若服务器有账号限制则需要输入许可），如图 1－71 所示。

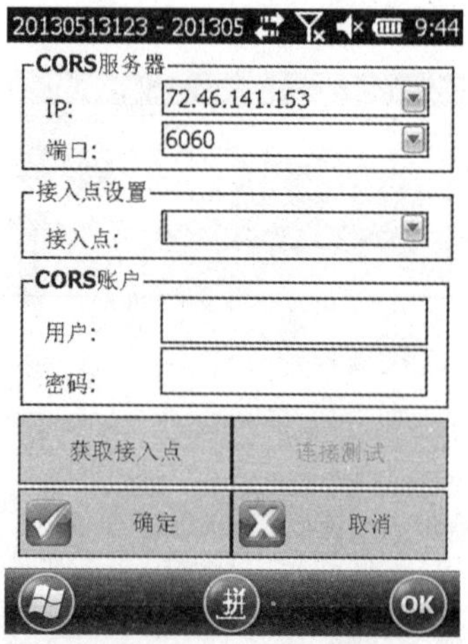

图 1－71　CORS 设置

在知道接入点的情况下，选择手动输入或是自动获取均可，点击“获取接入点”即可自动获取，获取成功之后选择指定的接入点，点击“确定”，如图 1－72 所示。

图1－72　获取接入点

配置:点击“配置”出现子菜单,如图1－73所示。

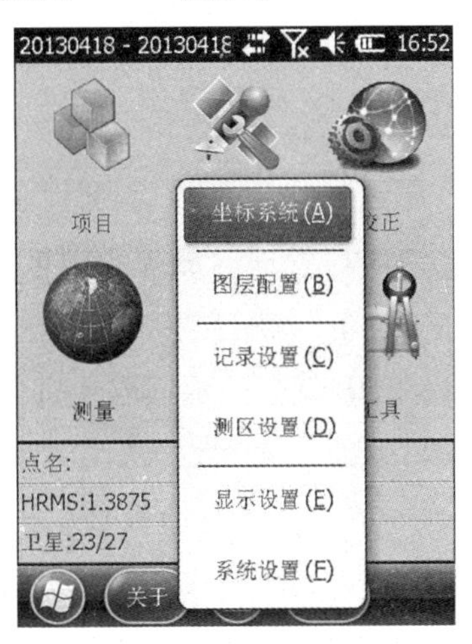

图1－73　子菜单

点击“坐标系统”,出现参数设置界面,可设置坐标系统的各种参数,如图1－74所示。

图1－74　参数设置

点击“导入”可导入其他工程的参数文件,如图1-75所示。

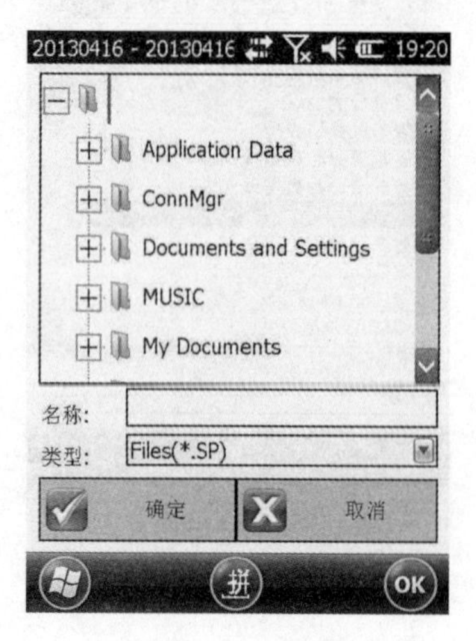

图1-75 导入

(一)手薄与主机蓝牙连接

点击“设置控制面板”,双击“设备属性”,就会弹出“蓝牙设备管理器”。或者是双击桌面蓝牙图标,也会弹出“蓝牙设备管理器”。点击“串口管理”,删掉手簿被占用的端口,点击“蓝牙设备”,找到我们的仪器编号。如果没有,点击“扫描设备”,就会找到我们的仪器编号,点击“串口服务”,选择端口,点击“OK”键确认。然后双击SurPad2.0,就会显示读取主机信息。由于端口不一致,读取主机信息失败。点击“配置”,设置端口,将端口调为7,再次点击“确定”,读取主机信息,屏幕显示单点解,蓝牙连接成功。点击“电台设置”,将电台通道切换为5,收取基端差分数据,屏幕显示固定解。

在软件主界面,单击“仪器”出现子菜单,如图1-76所示。仪器子菜单中包含通讯设置、工作模式、数据链设置、测距仪设置、GPS状态、数据链状态、电池电量、重新定位。

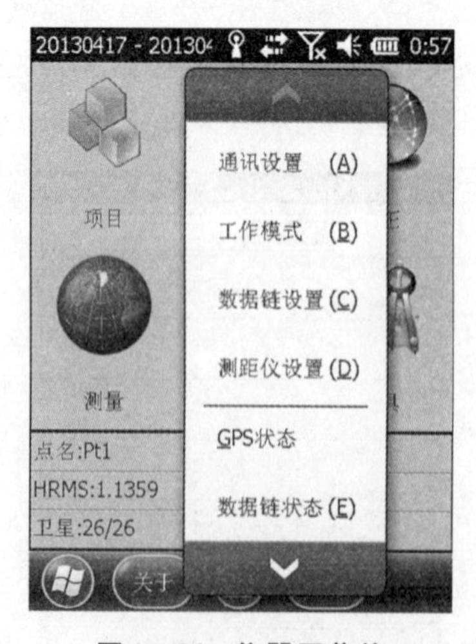

图1-76 仪器子菜单

点击“通讯设置”，如图 1－77 所示。

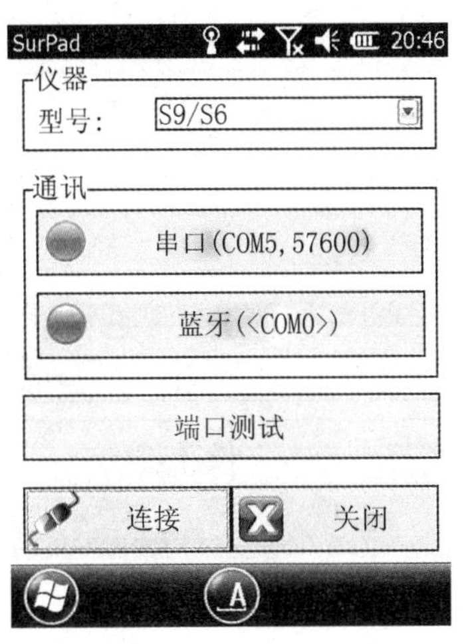

图 1－77　通讯设置

在通讯设置界面选择“串口”连接，如图 1－78 所示。

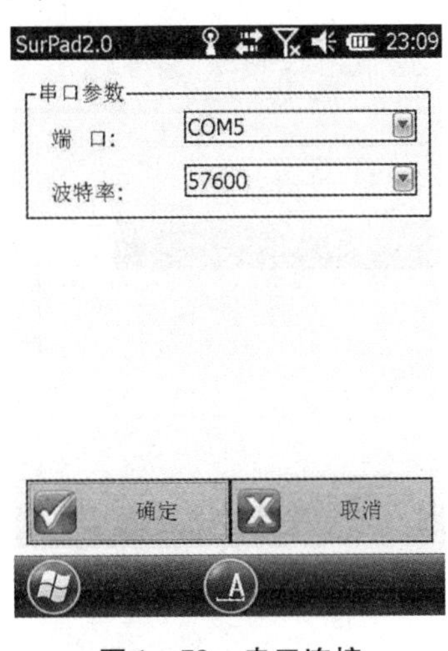

图 1－78　串口连接

一般情况下端口号和波特率使用默认配置即可，点击“确定”。在通讯设置界面选择“蓝牙”连接，如图 1－79 所示。

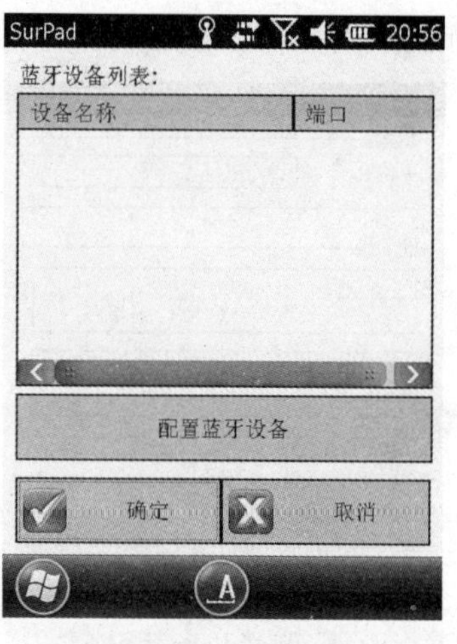

图 1－79　蓝牙连接

点击“配置蓝牙设备”，如图 1－80 所示。

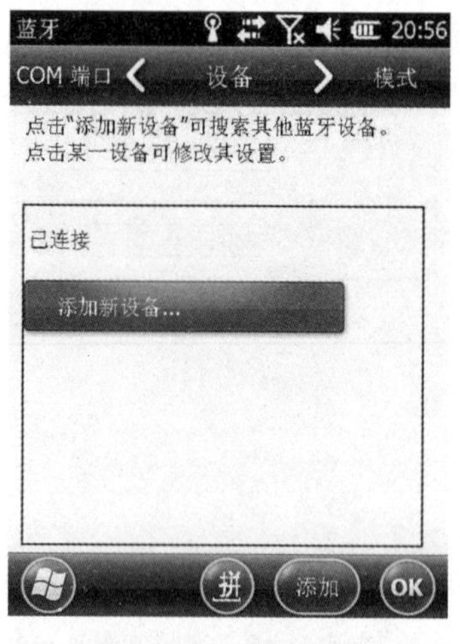

图 1－80　蓝牙设备

点击“添加新设备”，如图 1－81 所示。

图 1－81　选择新设备

选择需要连接的设备，点击"下一步"，如图 1－82 所示。

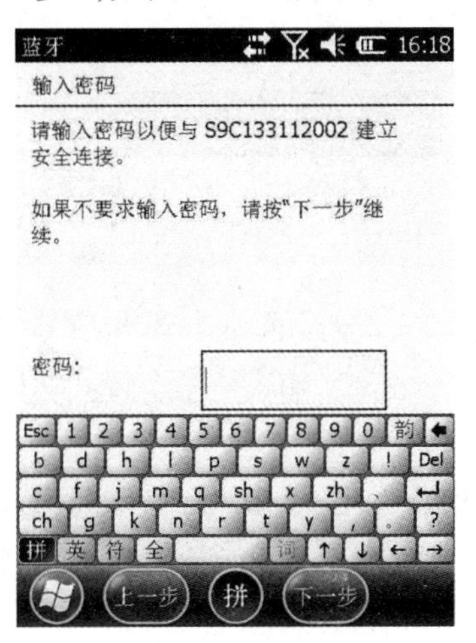

图 1－82　连接设备

输入蓝牙密码(默认密码为 1234)，点击"下一步"，如图 1－83 所示，然后点击"完成"。

图 1－83　输入密码

选择"COM 端口/新建发送端口"，选中配对的设备点击"下一步"，建立虚拟通讯端口，如图 1－84 所示。不同型号设备可使用的端口号可能不同，一般 COM0、COM4、COM7、COM8、COM9 端口可用。配置完成后点击"完成"。

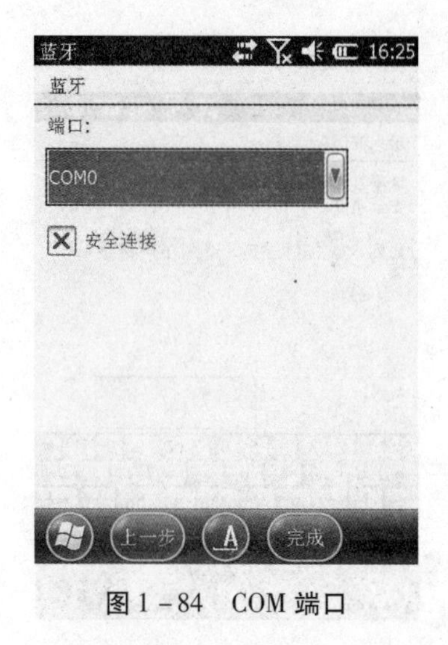

图 1－84　COM 端口

选择已配对端口的设备，点击“确定”，然后进行蓝牙连接，如图 1－85 所示。

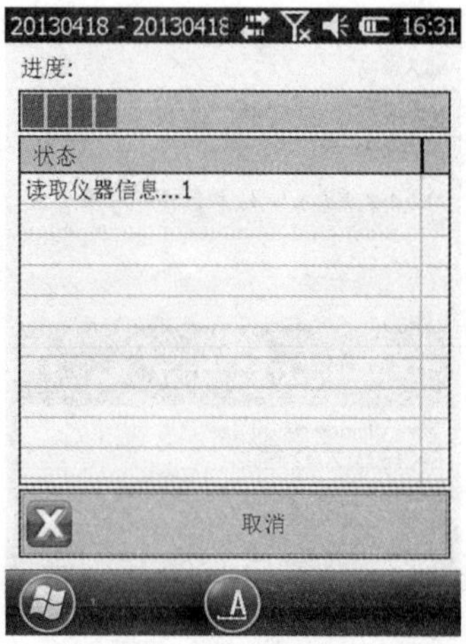

图 1－85　读取信息

连接成功后将自动返回通讯设置界面，点击“端口测试”，如图 1－86 所示。

图 1－86　端口测试

通讯连接成功后,“端口测试”才可以使用。

注:若想删除蓝牙端口,应先从“COM 端口”中删除指定设备,然后从“设备”中删除配对设备,操作不当可能会对使用蓝牙造成影响。

(二)参数计算

打开 SurPad2.0,读取主机信息,显示固定解,读取成功。点击“工程”,新建工程,命名工程,点击“确定”。然后进行工程设置,编辑坐标系统。点击“编辑”,增加我们想要的坐标系统、参数系统名,注意中央子午线的填写,点击“OK”键确认,完成坐标系的建立。

去已知点采集原始坐标,然后求参数。先测第一个已知点的原始坐标,把移动站架在已知点上,使水准气泡居中。测量界面显示固定解,按“A”采集,更改点名,天线高输入当前的杆高,按“OK”键确认。观测点的坐标存在于坐标管理库里。到下一个已知点,将仪器站立在已知点上,采用同样的操作,完成采集。双击“B”键,我们就可以查看两个已知点的坐标数据,有了两个已知点,我们就可以进行参数计算了。退到主界面,选择输入,求转换参数。点击“增加”,输入由甲方提供的第一个已知点的平面坐标和高程,点击“确定”。从坐标管理库里选点,选择第一个点的原始坐标,点击“确定”。采用同样的办法,增加第二个已知点的坐标,输入其平面坐标和高程,点击“确定”。做好后,点击“保存”,予以命名,点击“应用”;在配置一栏,点击“工程设置”,浏览、水平、查看等参数设置好后,退回到主界面,选择测量→点测量,在点测量界面,完成后续的测量工作。

在软件主界面,点击“校正”进入校正界面,如图 1-87 所示。

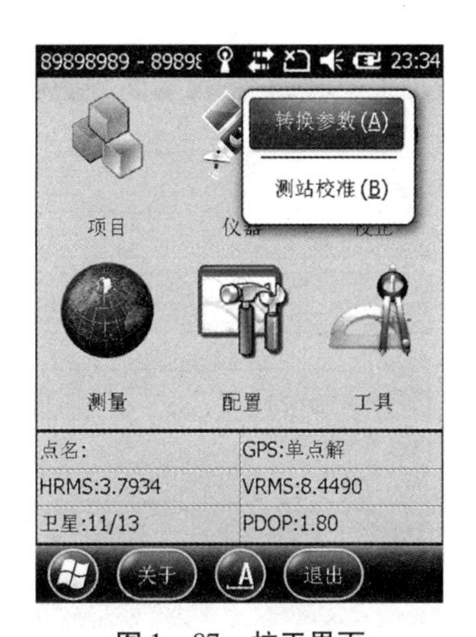

图 1-87　校正界面

求转换参数的做法:假设我们利用 A、B 这两个已知点来求转换参数,那么首先要有 A、B 两点的 GPS 原始记录坐标、测量施工坐标。A、B 两点的 GPS 原始记录坐标的获取有两种方式:一种是布设静态控制网,采用此种方式布设时,后处理软件的 GPS 原始记录坐标;另一种是 GPS 移动站在没有任何校正参数起作用的 Fixed 转台下记录的 GPS 原始坐标。其次在操作时,先在坐标库中输入 A 点的已知坐标,之后软件会提示输入 A 点的原始坐标,然后再输入 B 点的已知坐标和 B 点的原始坐标,录入完毕并保存(保存文件为 *.cot 文件),然后可自动计算出四参数或七参数和高程拟合参数。

四参数是同一个椭球内不同坐标系之间进行转换的参数。需要特别注意的是:参与计算的控制点原则上要用两个或两个以上的点,控制点等级的高低和分布直接决定了四参数的控制范围。经验上,四参数理想的控制范围一般都在20~30平方千米以内。

进入转换参数界面,如图1-88所示。

图1-88　**转换参数界面**

界面中可以看到点名、北坐标、东坐标、高程、纬度、经度、大地高、水平精度、高程精度、使用水平、使用高程。点击“增加”出现的界面如图1-89所示。

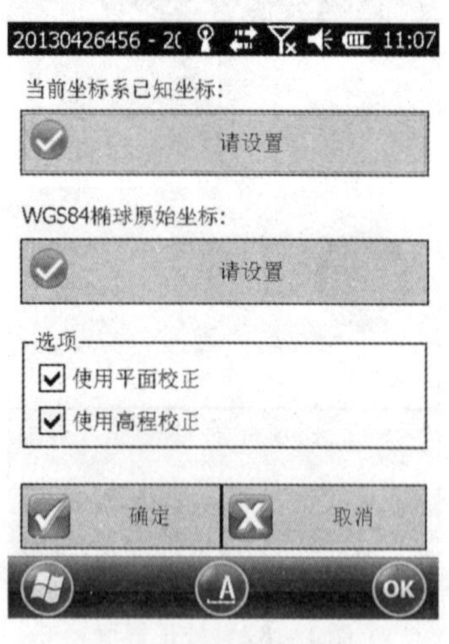

图1-89　**增加界面**

输入第一个点当前坐标系中坐标,如图1-90所示。

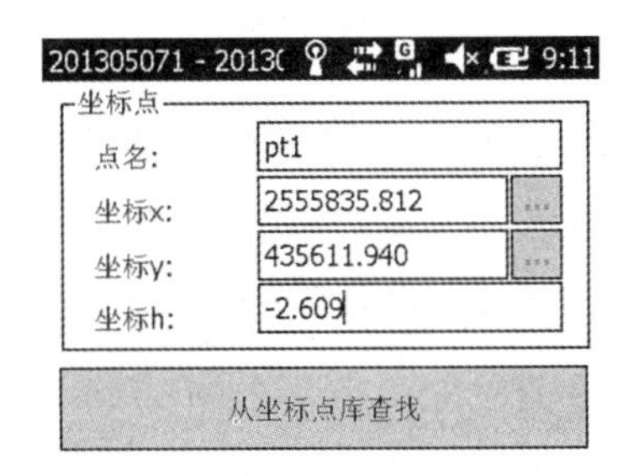

图 1 - 90　输入第一个点坐标

输入第一个点的 WGS84 原始椭球坐标，如图 1 - 91 所示。

图 1 - 91　原始椭球坐标

输入第二个点当前坐标系中坐标，如图 1 - 92 所示。

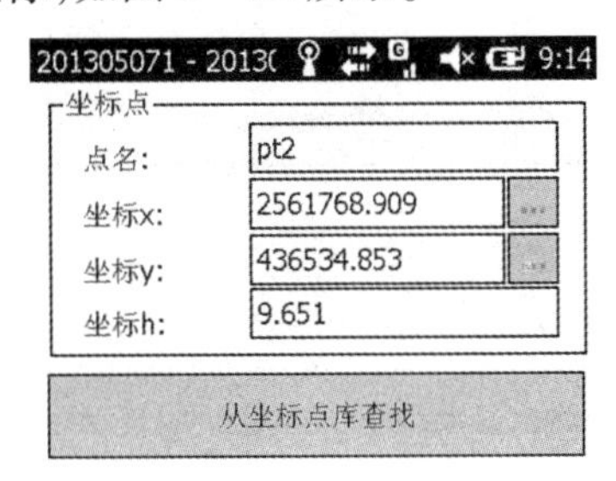

图 1 - 92　输入第二个点坐标

GPS 接收机输出的数据是 WGS84 经纬度坐标，需要转化为测量施工坐标，这就需要软件进行坐标转换参数的计算和设置，求转换参数就是完成这一工作的主要工具，也是测量中最重要的一步，其结果直接影响测量结果的准确度和精度。在求转换参数之前，移动站要达到固定解状态。

在此增加控制点（一个已知点的平面坐标对应一个 WGS84 大地坐标），可以计算各类转换参数。我们可以直接从坐标点库中选择已知坐标，计算各类转换参数。点击“选项”，出现如图 1－93 所示界面。

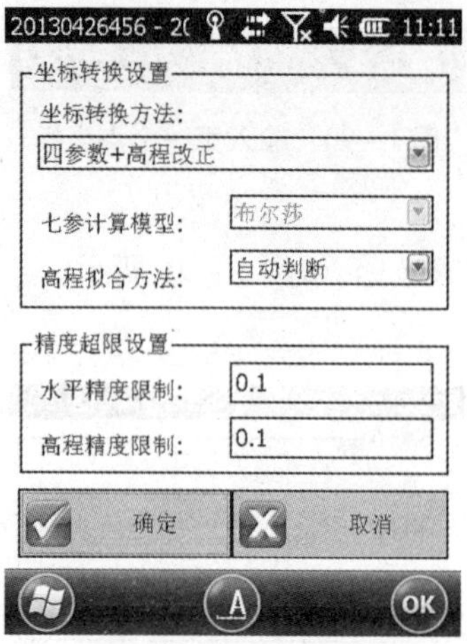

图 1－93　选项界面

输入第二个点的 WGS84 椭球坐标，如图 1－94 所示。

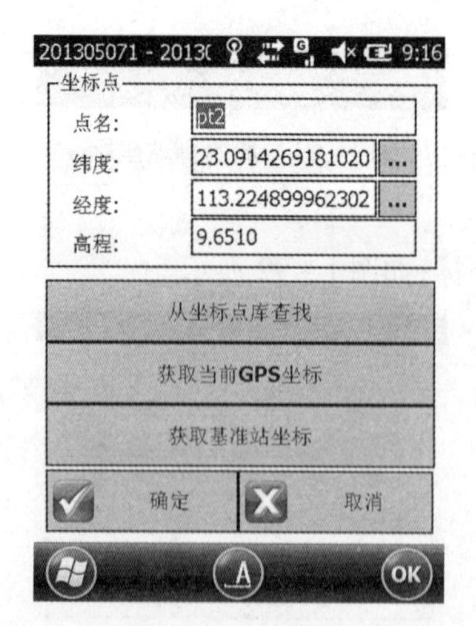

图 1－94　第二个点的 WGS84 椭球坐标

返回到参数计算界面，点击“计算”，在弹出的对话框中点击“确定”，如图 1－95 所示。

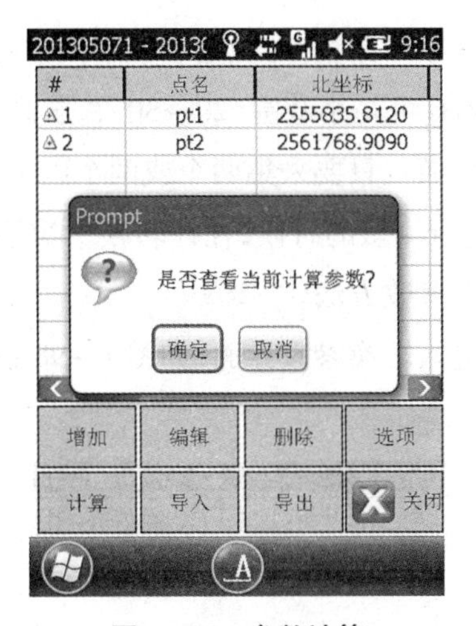

图 1 – 95　参数计算

在坐标系统中查看到四参数的计算结果，如图 1 – 96 所示。

图 1 – 96　四参数计算

在点击“关闭”计算对话框时，弹出“确定将求出的坐标转换参数赋值给当前工程吗?”，点击“确定”，如图 1 – 97 所示。

图 1 – 97　转换参数

一共有三种坐标转换方法:四参数+高程改正、七参数+四参数+高程改正、七参数。

使用四参数方法进行 RTK 的测量可在小范围(20~30平方千米)内使测量点的平面坐标及高程的精度与已知的控制网之间配合好,而且只要采集两个或两个以上地方的坐标点就可以了,但是在大范围(比如几十至几百平方千米)进行测量的时候,往往转换参数不能在部分范围内起到提高平面和高程精度的作用,这时候就要使用七参数方法。

我们举出七参数的计算例子:进入转换参数界面,如图1-98所示。

图1-98　转换参数界面

设置点名、坐标、高程、纬度、经度等。我们需要设置三个点,在当前坐标系中设置,如图1-99所示。

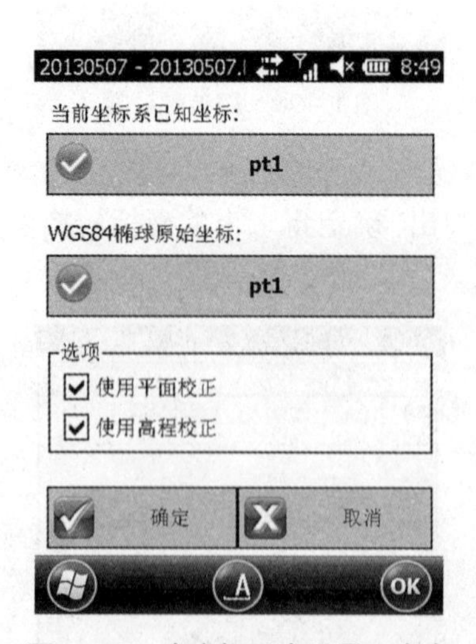

图1-99　在坐标系中设置三个点

我们设置三个点作为示例,如图1-100所示。

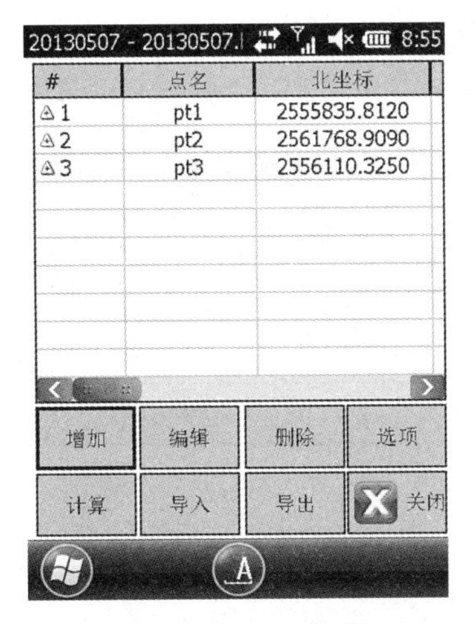

图 1 - 100　三个点坐标

点击“计算”，出现界面如图 1 - 101 所示。

图 1 - 101　计算参数

点击“确定” 即可得出结果，再点击“关闭”，出现界面如图 1 - 102 所示。

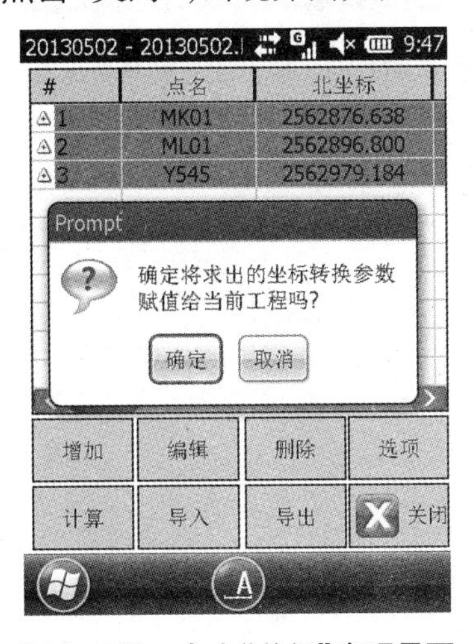

图 1 - 102　点击“关闭”出现界面

点击"确定",最后我们当前的工程即用现在的坐标参数。测站校准界面如图 1－103 所示。

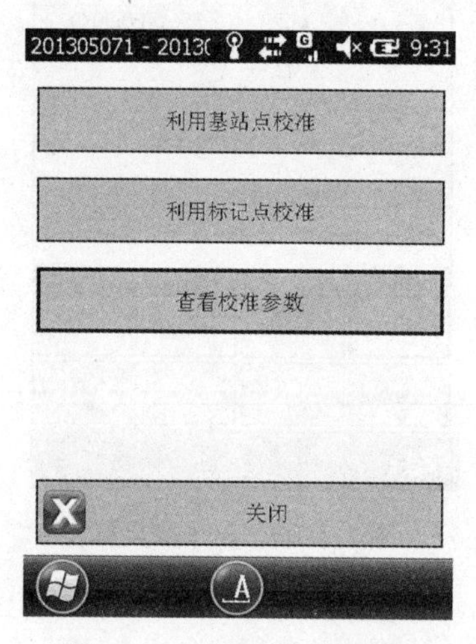

图 1－103　测站校准界面

"利用标记点校准":利用换站前已经采集过的坐标点进行校准。"利用标记点校准"界面如图 1－104所示。

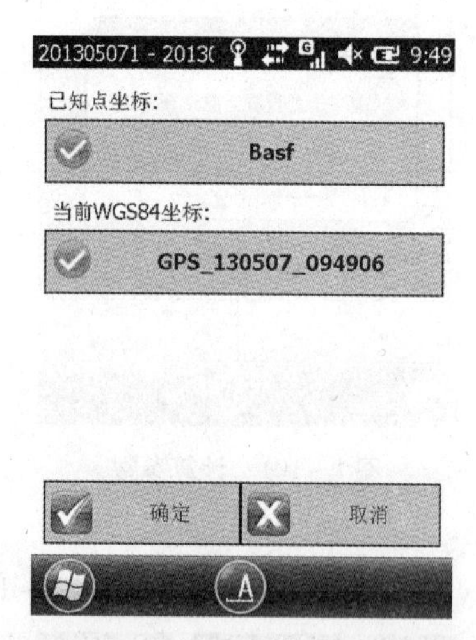

图 1－104　"利用标记点校准"界面

选择标记点的平面坐标和 WGS84 坐标,如图 1－105、1－106 所示。

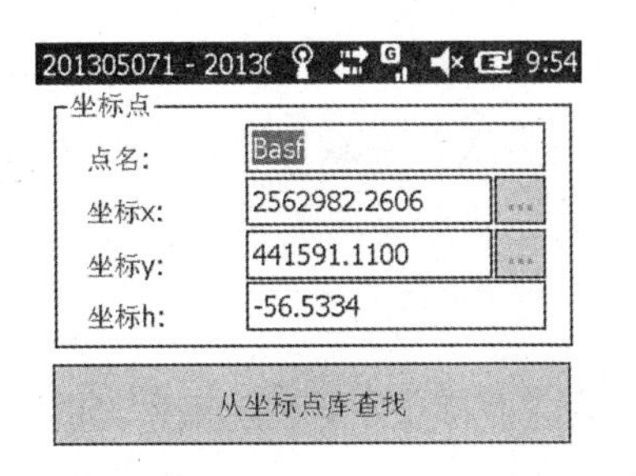

图 1－105　平面坐标

图 1－106　WGS84 坐标

计算的标记点校准参数如图 1－107 所示。

图 1－107　标记点校准参数

测站校准需要在已经打开转换参数的基础上进行。校正参数一般是用在求完转换参数而基站进行过开关机操作，或是有工作区域的转换参数可以直接输入的时候，校正校准产生的参数实际上是使用一个公共点计算两个不同坐标的“三参数”，在软件里称为校正参数。

网络模式下的点对点操作流程：

1. 基准站设置

我们先把手机卡插到电池仓的手机卡槽上，按下去扣紧，注意卡槽缺口朝向，然后安装好。把电池安装回去，再扣上电池盖子，按开机键打开主机，查看主机工作状态是否为基准站网络模式，注意按好网络小天线，拧紧。接上转换器，把基准站固定在基座上，拧紧。然后用手簿进行与主机的连接设置，进行手簿与主机蓝牙的连接。打开 SurPad2.0，选择配置→端口设置，将端口改为 8。读取主机信息，然后进行网络设置，点击“增加”，名称改为“dian”，方式为 EAGLE 模式，地址默认为 58.248.35.130，端口 6060，用户名 1133，密码 123，接入点输入基准站仪器编号名，点击“确定”。配置完毕后，点击“确定”。点击“连接”，初始化网络成功。GPRS 连接，连接网络成功，选择“确定”。

2. 移动站设置

已将手机卡放到主机当中，拿出碳纤杆，接好主机，将其拧紧。将碳纤杆升到合适的位置，拿出网络小天线，安装到主机上，拧紧。在对中杆上安装手簿托架，拿出手薄，安装在托架上，调整好位置，套上手簿背带，拧紧，组装完毕。

3. 手簿与主机蓝牙连接

进行手簿与主机蓝牙连接，打开 SurPad2.0，选择配置→端口设置，将端口改为 7，蓝牙连接成功。选择配置→网络设置，移动站的设置与基准站的设置是一样的。点击“确定”，点击“连接”，弹出网络连接窗口，等待，直至显示连接网络成功。待基准站和移动站搜星足够多、稳定后，且测量界面显示达到固定解，即可工作了。

（三）碎部点测量

点击测量快捷键：

Send 键：代表地形点采集，按一次采集，按两次存储。

左软键：代表控制点采集，按一次采集，按两次存储。

右软键：代表快速点采集，按一次采集，按两次存储。

相机键和 End：代表连续点采集，按一次采集，按两次存储。

点击“测量/点测量”，如图 1 - 108 所示。

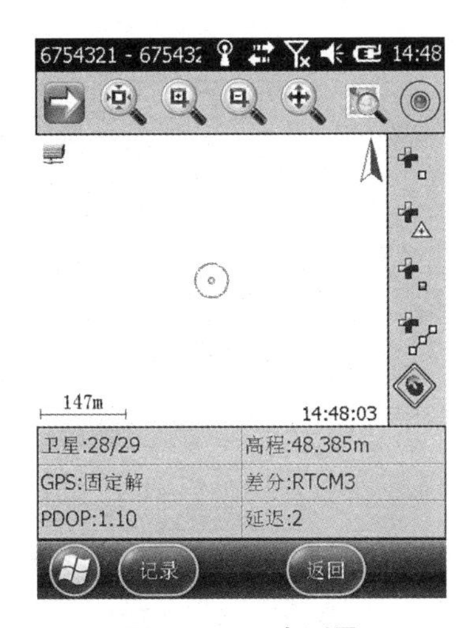

图 1－108　点测量

在点测量界面中,上面的工具栏功能:扩展按钮、全图显示、放大、缩小、移动、图层查看、测量点居中。扩展工具栏功能:扩展按钮、经纬度及平面坐标查看、GPS 信息查看、仪器设置、图层设置、屏幕取点、屏幕量算。右边的工具栏功能:采集地形点、采集控制点、采集快速点、采集连续点、采集设置。

下面的状态栏中包含点名、位置、卫星、状态、差分、延迟、PDOP、HRMS、VRMS、时间、其他。在位置中我们可以清楚地知道纬度、经度、椭球高、北坐标、东坐标、高程。在"其他"中我们可以看到平距、斜距、高差、航向、速度。

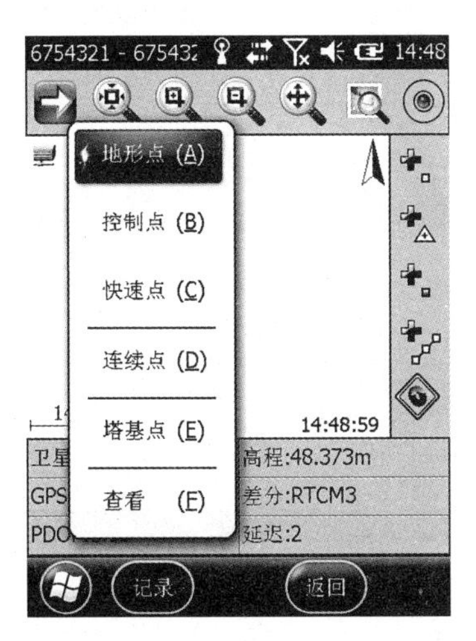

图 1－109　记录

点击"记录",出现地形点、控制点、快速点、连续点、查看等子菜单,如图 1－109 所示,点击"地形点"如图 1－110 所示。

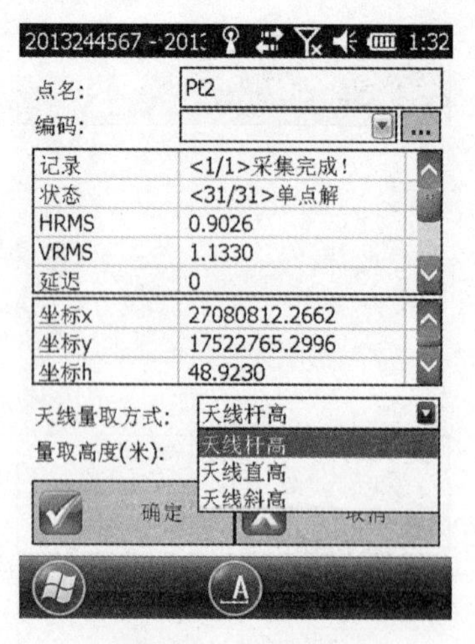

图 1 – 110　地形点

点击“控制点”,如图 1 – 111 所示。

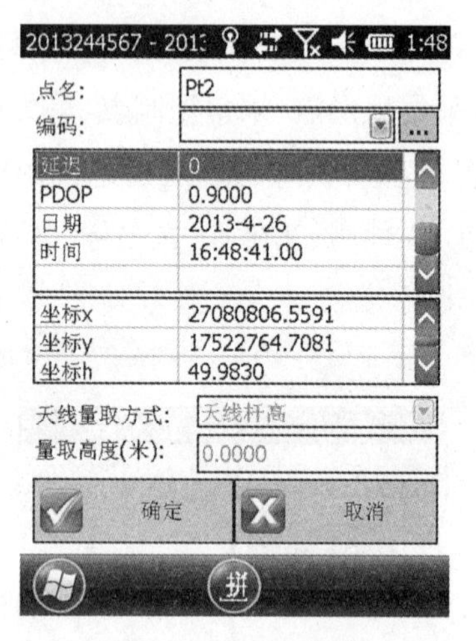

图 1 – 111　控制点

点击“快速点”,如图 1 – 112 所示。

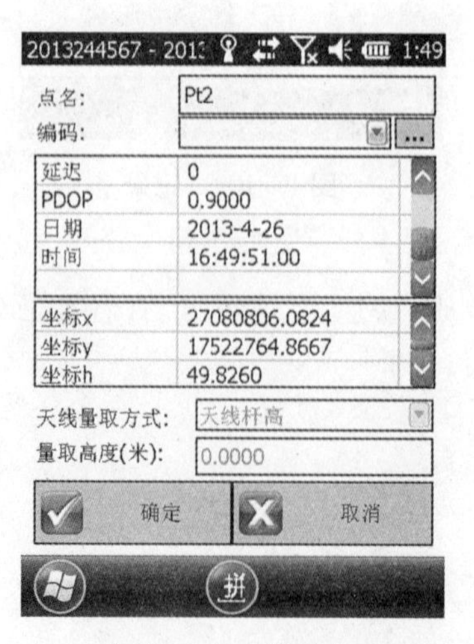

图 1 – 112　快速点

点击“连续点”，如图 1－113 所示。

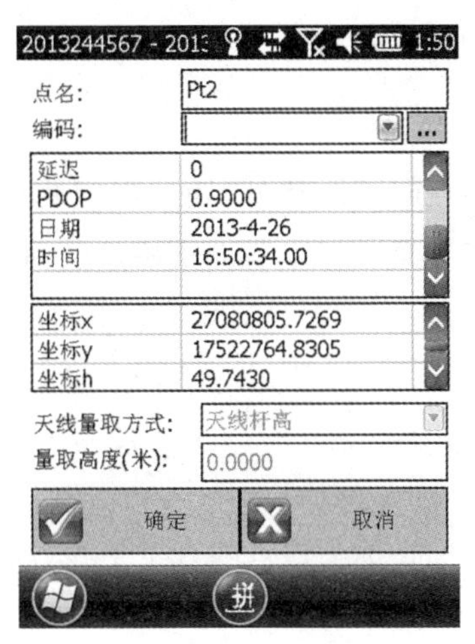

图 1－113　连续点

按照不同类型来采集 GPS 定位点，如果条件不符合，会在中间列表框用红色显示出来。

四、现场画草图

方法同子任务 1。

【相关知识】

一、地物与地貌

（一）地物

地物指地表面的固定性物体（包括自然形成和人工建造的）。例如：居民点、道路、江河、树林、建筑物等。在图上，地物一般用规定的符号表示。

（二）地貌

地貌是地球表面各种形态的总称。在工程测量上，它指地面高低起伏的形态，故也称为地形。在图上，地貌一般用等高线表示。

在测量时，应选择一些能代表地物和地貌的几何形状的特征点（称为碎部点），测出这些点的平面坐标和高程，根据测量数据，按一定的比例标出点的位置，最后将有关点相连，绘出图形。

二、平面图与地形图

（一）平面图

测量时只表示地物的平面位置，不表示地貌的形态，即将地面上地物沿铅垂线方向投影到水平面上，并按一定比例缩绘而成的图，称为平面图。当测区面积不大时，可将地球表面当成平面看待，而不考虑地球曲率的影响，如建筑区总平面图。

（二）地形图

在图上不仅表示出房屋、道路、河流等一系列地物的平面位置，又用等高线和规定符号等表示出地面上各种高低起伏的地貌形态特征的图，称为地形图。通过地形图，我们不仅可以全面了解整个地区的地形情况，而且可以得到方向、距离、角度和高程等数据。因此，在各项工程规划设计、工程项目踏查与调查中，地形图是不可缺少的重要资料。

三、直线定向

在地形图测绘中，除了确定点与点间的距离外，还要确定两点所连直线的方向（即两点平面位置的相对关系）。一条直线的方向是根据某一基本方向来确定的，确定一条直线与基本方向之间的夹角关系的工作，称为直线定向。

（一）基本方向种类

1. 真子午线方向（真北方向）

地面上一点的真子午线的切线方向，称为该点的真子午线方向。它是用天文测量方法确定的。

2. 磁子午线方向（磁北方向）

磁针在地球磁场的作用下，自由静止时磁针轴线所指的方向，称为磁子午线方向。它可用罗盘仪测定。

3. 坐标纵轴方向（坐标北方向）

通过地面上一点平行于该点所处的平面直角坐标系的纵轴方向，称为坐标轴纵方向。

上述三种基本方向，总称“三北方向”。要确定某直线与基本方向的关系，只要在直线上任意一端量出该直线与基本方向之间的夹角就可以了。

（二）直线方向的表示方法

在测量工作中，常采用方位角或象限角来表示直线的方向。

1. 方位角

由标准方向北端起，在顺时针方向与某一直线所夹水平角，称为该直线的方位角。方位角的角值为0°～360°。如图1－114所示，直线OA、OB、OC、OD的方位角分别为30°、150°、210°、330°。

由于采用基本方向的种类不同，直线的方位角有如下三种：

（1）真方位角

由真北方向起算的方位角，用A表示。

（2）磁方位角

由磁北方向起算的方位角，用A_m表示

（3）坐标方位角

由坐标北方向起算的方位角，用A_α表示。

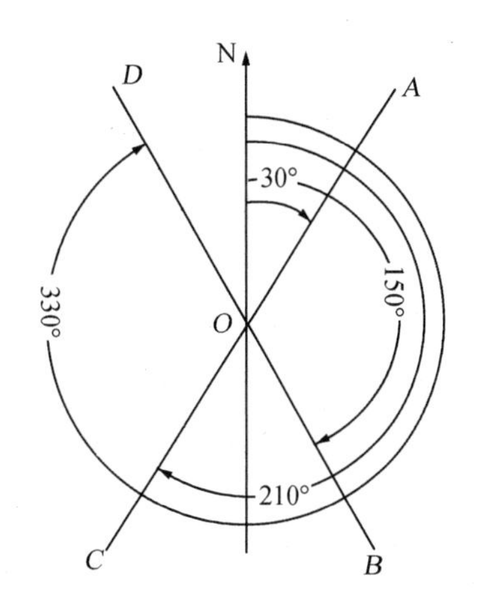

图 1－114　直线方位角角值范围

2. 正、反坐标方位角的关系

一条直线的坐标方位角，由于起始点的不同而存在着两个值，如图 1－115 所示，α_{12}表示 A_1 A_2方向的坐标方位角，α_{21}表示 A_2 A_1方向的坐标方位角。α_{12}和 α_{21}互称为正、反坐标方位角。

如果称 α_{12}为直线 A_1A_2的正坐标方位角，则 α_{21}为直线 A_1A_2的反坐标方位角；反之，若把 α_{21}称为直线 A_2A_1的正坐标方位角，则 α_{12}就为直线 A_2A_1的反坐标方位角。

从图中可以看出，正、反坐标方位角的关系是相差 180°，即

$$\alpha_{正} = \alpha_{反} \pm 180° \tag{1-35}$$

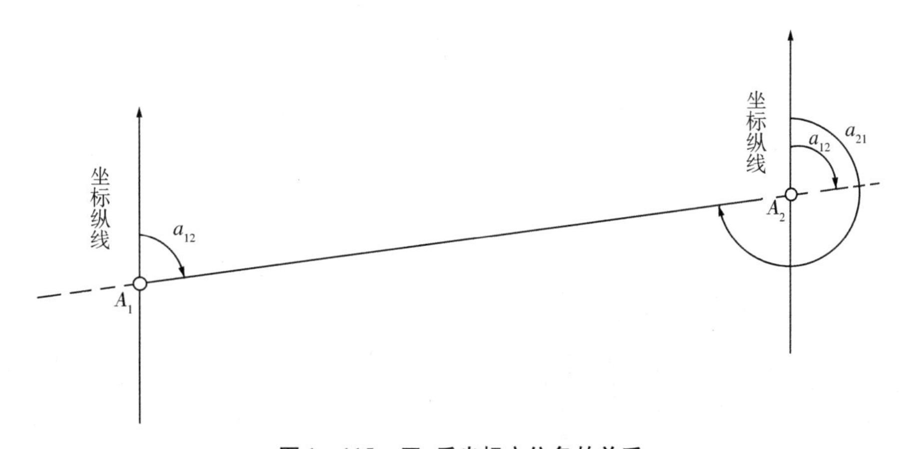

图 1－115　正、反坐标方位角的关系

3. 象限角

从基本方向线的北端或南端起，到某一直线所夹的水平锐角，称为该直线的象限角，以 R 表示。象限角的角值范围在 0°～90°之间。用象限角表示直线的方向，不但要写出角值的大小，而且还要在角值之前注明直线所处的象限名称。

如图 1－114 所示，直线 OA、OB、OC、OD 的象限角分别为北东 30°或 NE30°、南东 30°或 SE30°、南西 30°或 SW30°、北西 30°或 NW30°。方位角和象限角的换算见表 1－17。

表 1－17　方位角与象限角之间的换算关系

象限		根据方位角 α 推算象限角 R	根据象限角 R 推算方位角 α
编号	名称		
Ⅰ	北东(NE)	$R=\alpha$	$\alpha=R$
Ⅱ	南东(SE)	$R=180°-\alpha$	$\alpha=180°-R$
Ⅲ	南西(SW)	$R=\alpha-180°$	$\alpha=R+180°$
Ⅳ	北西(NW)	$R=360°-\alpha$	$\alpha=360°-R$

四、思拓力 S10 接收机

(一)接收机基本构造

S10 是一款半径 14 cm、高 14 cm 毫米级测量接收机。它配备全星系接收天线,侧面有内置蓝牙和 WiFi 天线。它由顶盖、橡胶圈和主体部分组成,如图 1－116 所示。顶盖内置有 GNSS 天线,橡胶圈的作用主要是抗跌落和冲击。接收机前面板包含 2 个按键和 7 个指示灯,如图 1－117 所示。接收机背面有电池槽、SIM 卡槽和 Micro SD 卡槽以及复位键。

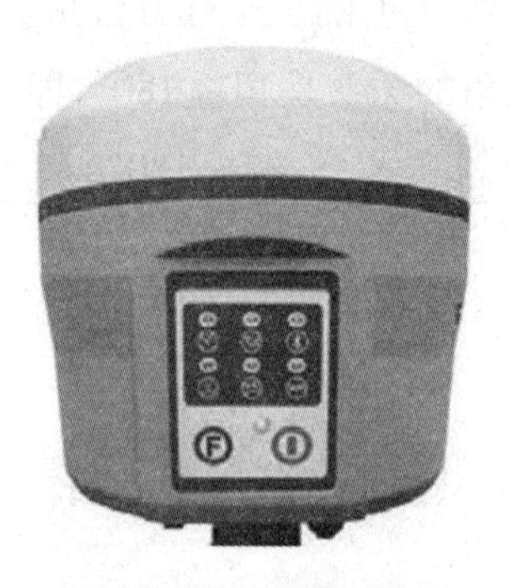

图 1－116　S10 接收机

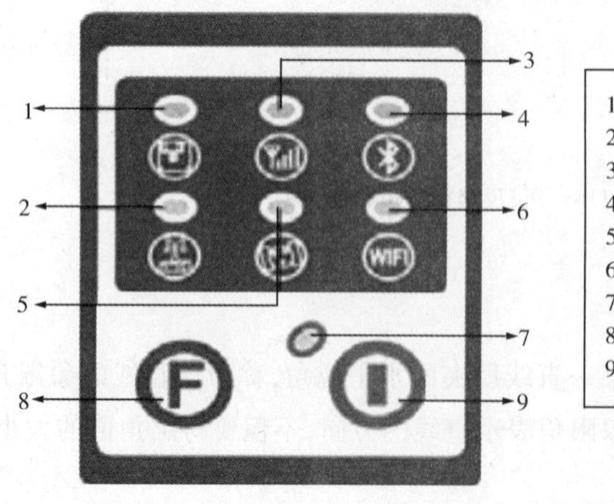

图 1－117　前面板

接收机的接口如图 1 – 118、1 – 119 所示。五芯 LEMO 接口用于连接外接电源和外置电台，七芯 LEMO 接口用于数据通信(可用于接收机与电脑、手簿之间的数据通信)。图 1 – 120 为电台 UHF 天线接口,图 1 – 121 为网络天线接口。电池安装和电池释放如图 1 – 122、1 – 123 所示。

图 1 – 118　五芯 LEMO 接口

图 1 – 119　七芯 LEMO 接口

图 1 – 120　UHF 天线接口

图 1 – 121　网络天线接口

图 1 – 122　电池安装

图 1 – 123　电池释放

S10 采用了推弹式可快速拆卸电池,按压住电池,向左推动卡扣,即可取出电池。

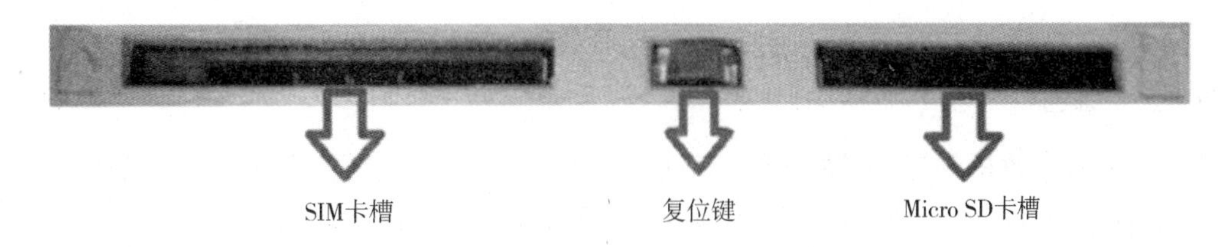

图 1 – 124　背面卡槽

按照 SIM 卡和 Micro SD 卡安装示意图，将卡插入卡槽；按压复位键，即可对接收机进行强制关机，如图 1－124 所示。

提示：接收机网络制式为联通 3G（WCDMA），当您采用网络模式进行工作时，需要插入 SIM 卡。

（二）指示灯

1. 蓝牙指示灯（蓝色）

当接收机与手簿通过蓝牙连接时，蓝牙指示灯将被点亮并显示蓝色，如图 1－125 所示。

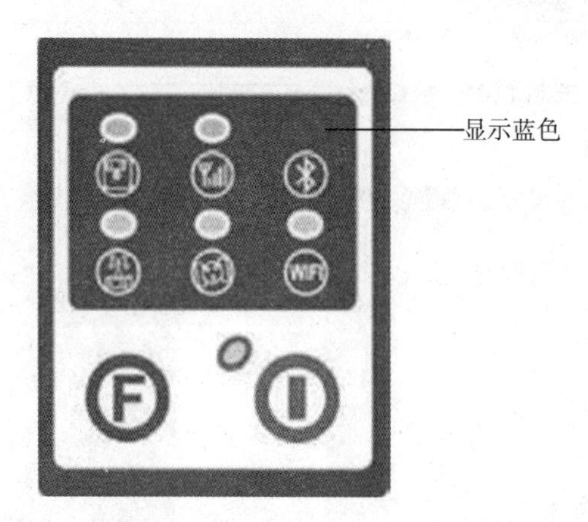

图 1－125　蓝牙指示灯

2. WiFi 指示灯（绿色）

当 WiFi 开启时，WiFi 指示灯显示为绿色；当 WiFi 关闭时，WiFi 指示灯不亮，如图 1－126 所示。

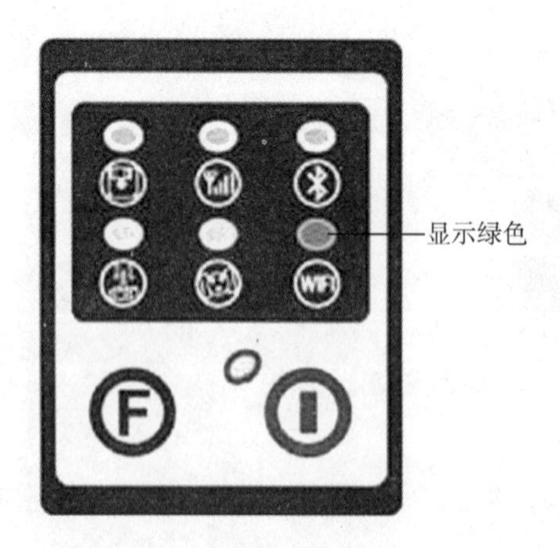

图 1－126　WiFi 指示灯

3. 卫星灯（绿色）

该指示灯显示接收机锁定卫星的颗数。当接收机锁定一颗以上卫星时，该灯将每隔 30 秒开始闪烁一个循环，其中闪烁的次数就是该接收机锁定卫星的颗数，如图 1－127 所示。

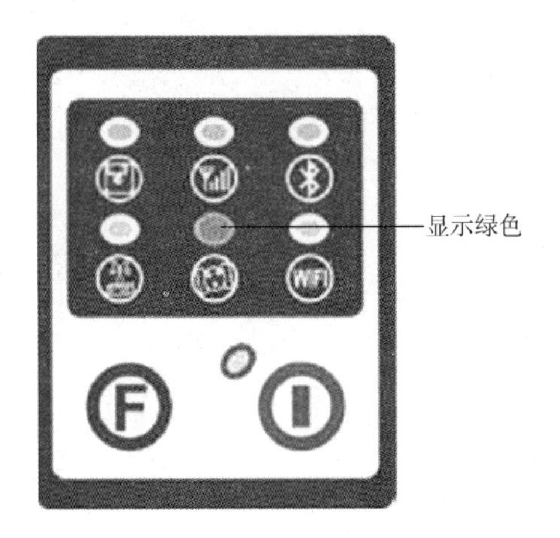

图 1－127　卫星灯

4. 静态指示灯(绿色)

当接收机被设置为静态工作模式时,指示灯将被点亮,并显示为绿色,当接收机开始采集静态数据时,该指示灯将根据设置的采集间隔闪烁,如图 1－128 所示。

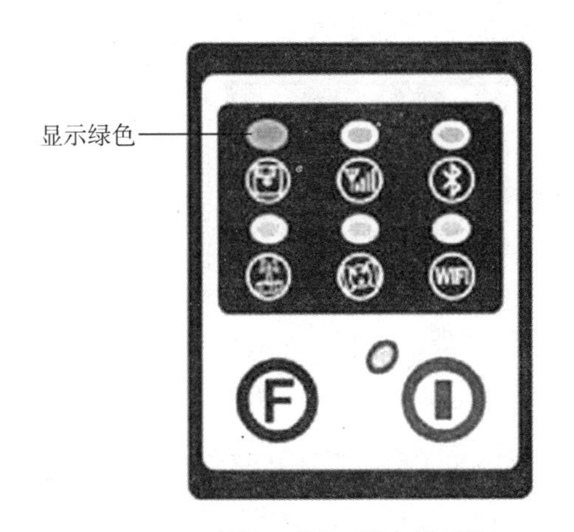

图 1－128　静态指示灯

5. 内置电台指示灯(绿色)

当接收机在内置电台工作模式下时,该绿色指示灯将被点亮。当接收机开始传输或者接收数据时,该灯将开始间隔闪烁,如图 1－129 所示。

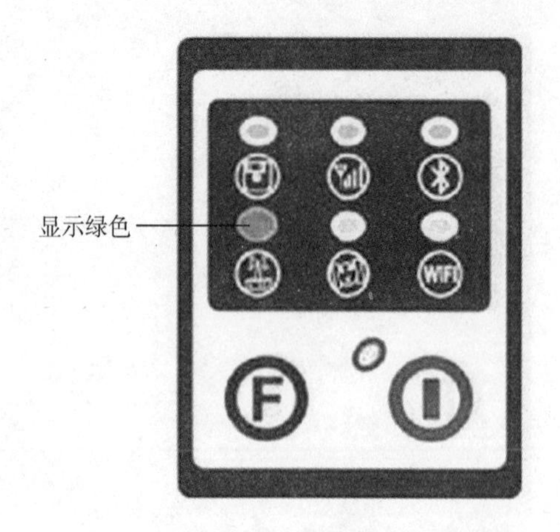

图 1－129　内置电台指示灯

6. 网络指示灯(绿色)

当接收机在网络工作模式下时,指示灯被点亮并显示绿色。当接收机在网络模块下开始不间断地接收或者传输数据时,该指示灯间隔闪烁,如图 1－130 所示。

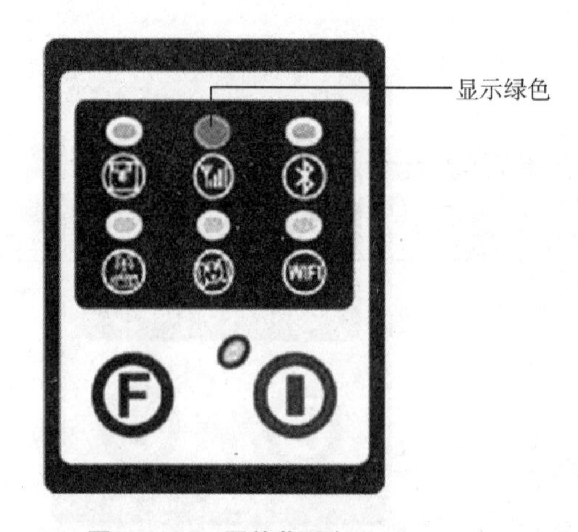

图 1－130　网络指示灯

7. 外接指示灯(红色)

当使用外接作为接收机数据链的传输方式时,红色指示灯将被点亮。当接收机开始不间断地接收或者传输数据时,该指示灯将会间隔闪烁(接收机在移动站模式下接收数据,在基站模式下发射数据),如图 1－131 所示。

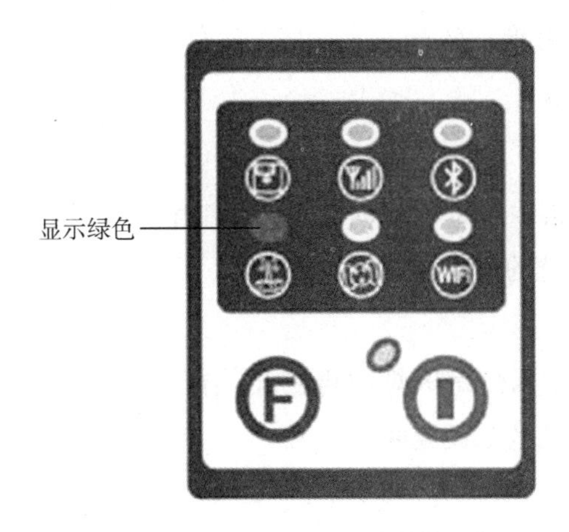

图 1－131　外接指示灯

8. 电源指示灯(绿色/红色)

绿色:电源供电充足时;红色:电量低于 20% 时;红色闪烁:电量低于 10%,且蜂鸣器每分钟一次三声连响。通常状况下,当该灯显示红色时,接收机的内置电源还可以继续工作大约一个小时。该指示灯为内置电源和外接电源共用的指示灯,当接收机连接外接电源时,该指示灯将自动显示为外接电源的工作状况,如图 1－132 所示。

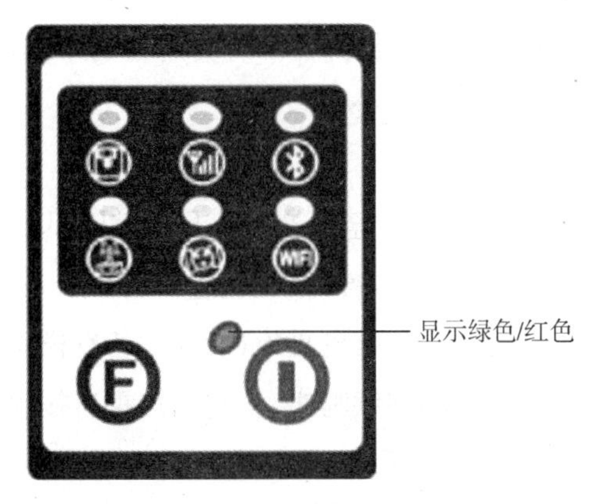

图 1－132　电源指示灯

(三)按键及设置模式

1. F 键

F 键为功能键,该功能键可以切换接收机的不同工作模式(静态模式、基站模式和移动站模式),以及设置数据链传输状态(电台、外接或者网络),轻按该键还可以播报当前主机状态。

切换工作模式和数据链状态:在接收机空闲状态下,同时按住功能键和开关机键,直到所有的指示灯同时间隔闪烁,此时语音播报选择工作模式并松开两键;然后每按一次功能键,接收机在三个工作模式之间切换,按开关机键确认当前接收机的工作模式。语音播报选择数据链,每按一次功能键,接收机就会在各种数据链之间切换。按开关机键确认当前接收机的数据链;语音播报是否开启 WiFi;轻按功能键选择开启或关闭该功能,并按开关机键进行确认。语音播报“设置成功”。最后轻按功能键,语音播报当前接收机的工作模式及数据链状态。

手动设置工作模式的操作方法如下:

[静态模式]

同时按住 I 键 + F 键,直至所有指示灯都闪烁时再松开,语音提示“选择工作模式”,然后按 F 键来切换选择静态模式,按 I 键确认所选的静态模式。

[基站模式]

同时按住 I 键 + F 键,直至所有指示灯都闪烁时再松开,语音提示“选择工作模式”,然后按 F 键来切换选择基站模式,按 I 键确认所选的基站模式。

[移动站模式]

同时按住 I 键 + F 键,直至所有指示灯都闪烁时再松开,语音提示“选择工作模式”,然后按 F 键来切换选择移动站模式,按 I 键确认所选的移动站模式。

2. I 键

I 键为开关键,此键的主要功能是开关机和确认功能。

开机:当主机为关机状态时,轻按 I 键听到一声蜂鸣,接收机将开启并进入初始化状态,接着响三声蜂鸣,接收机开机成功,语音播报当前接收机状态。

关机:当主机为开机状态时,长按 I 键直至语音播报“是否关闭设备”, 按 I 键确认,伴随着一段蜂鸣声,接收机将关机。

自检:该程序主要是提前预知接收机各个模块是否正常工作。接收机自检部分包括 GPS、电台、网络、WiFi、蓝牙以及传感器共 6 个部分。

具体操作如下:

接收机在开机状态下,长按 I 键直至语音播报是否关闭设备,然后松开,继续长按 I 键直到听到一声蜂鸣声,语音播放开始自检后松开按键,接收机进入自检状态(新机最好自检一次)。

自检过程大约持续 1 分钟。在接收机自检过程中,若有模块自检失败,语音播报当前模块自检失败,模块指示灯会持续闪烁,蜂鸣器连续鸣叫,直到用户重启接收机。如果出现该现象,请联系当地经销商。如果各个模块的指示灯亮而不闪,并且会有语音播报各个模块正常工作(比如“自检 GPS 成功”),则表示各个指示灯所代表的模块能正常工作。接收机在全部自检完成 5 秒钟后自动重启,并开始正常工作。

注意:经过自检后,接收机内置电台的频率将会回到出厂设置,如有需要请联系当地经销商进行更改频率,以配合您的使用。

(四)硬件介绍

P7 手簿是一款专门为外业工作而设计的手簿,坚固耐用,具备很好的防水、防尘、防摔能力。各组件名称及功能如图 1-133、1-134、1-135、1-136 和表 1-18、1-19、1-20、1-21所示。

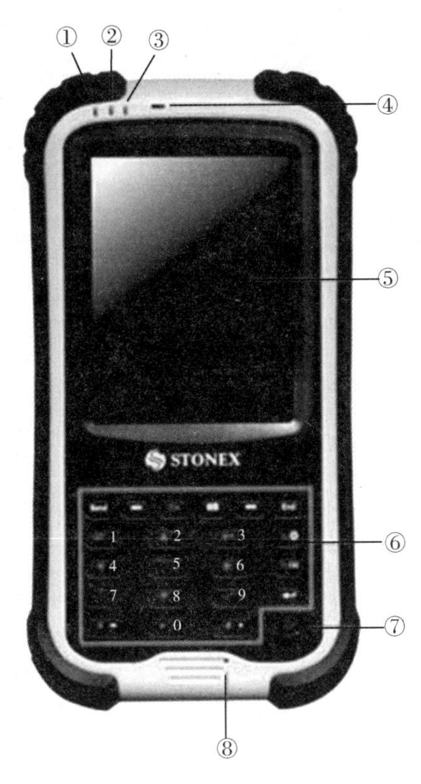

图 1 – 133　P7 手簿外形(一)

表 1 – 18　各组件的功能(一)

编号	组件	说明
①	充电/开机指示灯	红色表示开机起动
		充电时绿灯闪烁表示正在充电
		橙色表示电池充满
②	GPS 指示灯	绿色表示 GPS 功能开启
③	无线通信指示灯	蓝色代表蓝牙功能开启
		绿色表示电话功能开启
④	听筒	提供通话时的听筒功能
⑤	触摸屏	显示画面并且对触碰做出反应
⑥	键盘	包含数字键和特殊功能键
⑦	电源键	打开或关闭设备电源
⑧	麦克风	用来录音
		提供通话时的话筒功能

表 1－19 操作键盘的功能

<table>
<tr><th>编号</th><th>组件</th><th colspan="2">说明</th></tr>
<tr><td rowspan="7">①</td><td>数字键</td><td colspan="2">输入数字(另外用于特定机型的拨打电话功能)</td></tr>
<tr><td rowspan="6">特殊功能键</td><td colspan="2">当 Fn 锁定时,提供红色图标所代表的功能</td></tr>
<tr><td>▲◀▶▼</td><td>在屏幕或菜单中执行上下左右移动功能</td></tr>
<tr><td>⇥</td><td>移至下一个输入字段</td></tr>
<tr><td>←</td><td>在字符输入字段往前删除一个字符</td></tr>
<tr><td rowspan="2">☀</td><td>调高屏幕的亮度。到最高等级</td></tr>
<tr><td>时则循环到最低等级</td></tr>
<tr><td>②</td><td>Send 送出键</td><td colspan="2">拨接电话</td></tr>
<tr><td>③</td><td>左/右软键</td><td colspan="2">执行画面左下角或右下角出现的指令</td></tr>
<tr><td>④</td><td>Fn 功能键</td><td colspan="2">打开或关闭数字键的另一种功能。在默认状态下,Fn 并未锁定(打开)。锁定时,Fn图标会出现在标题栏里面</td></tr>
<tr><td rowspan="2">⑤</td><td rowspan="2">相机键</td><td colspan="2">打开相机程序</td></tr>
<tr><td colspan="2">相机程序使用中为快门键</td></tr>
<tr><td rowspan="2">⑥</td><td rowspan="2">End 结束键</td><td colspan="2">结束通话或回绝电话</td></tr>
<tr><td colspan="2">由其他程序返回 Today 界面</td></tr>
<tr><td>⑦</td><td>Start 开始键</td><td colspan="2">打开“开始”菜单</td></tr>
<tr><td>⑧</td><td>ESC 键</td><td colspan="2">退出当前打开的菜单或程序</td></tr>
<tr><td>⑨</td><td>Action 动作键</td><td colspan="2">确认选择,功能类似键盘上的 Enter 键</td></tr>
</table>

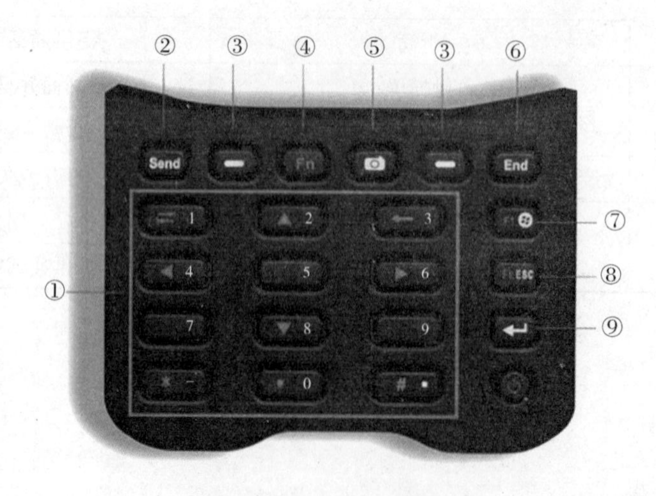

图 1－134 P7 操作键盘

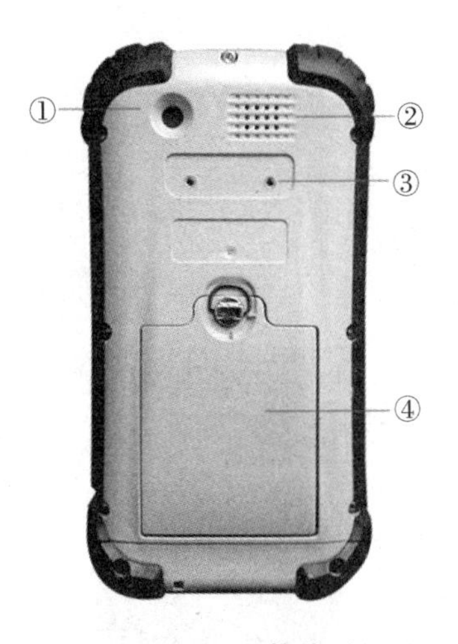

图 1－135　P7 手簿外形(二)

表 1－20　各组件的功能(二)

编号	组件	说明
①	相机镜头	用来拍照或录像
②	扬声器	发出声音
③	提带孔	提带固定于此
④	电池盖	内为电池所在位置

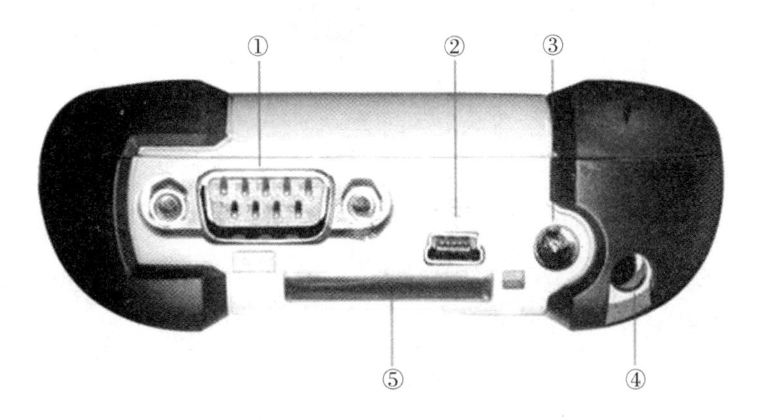

图 1－136　P7 手簿外形(三)

表 1－21　各组件的功能(三)

编号	组件	说明
①	序列端口	提供 D－Sub 9 针脚 RS232 功能
②	USB OTG(Host & Client)接口	用来连接 USB 缆线
③	电源接口	用来连接电源适配器
④	笔针孔	用来放置触控屏幕用的笔针
⑤	提带孔	提带固定于此

（五）附属配件

1. 外置电台

具备高低两种功率工作模式，用户可自由切换，如图 1－137、1－138 所示。

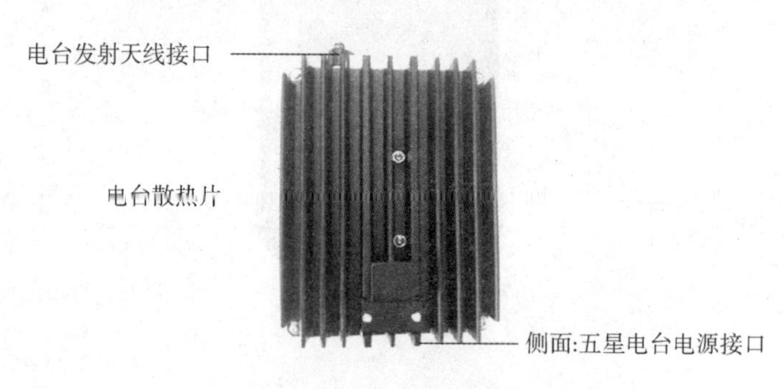

图 1－137　电台正面

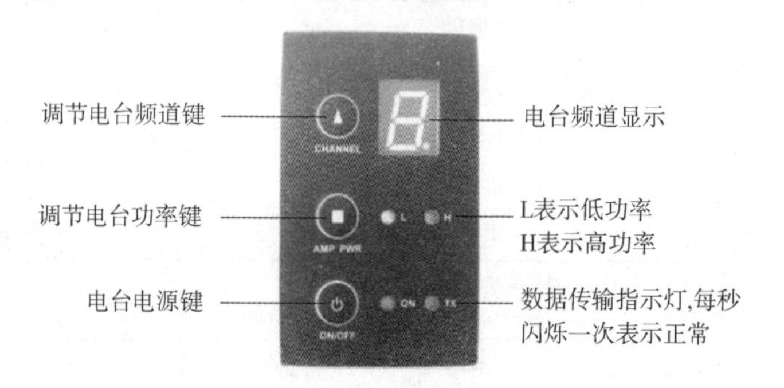

图 1－138　电台按键指示灯

外置电台采用一个可覆盖整个频率范围（430～450 MHz）的内置电台，如通道 1 的频率为 438.125 MHz，通道 2 的频率为 440.125 MHz，通道 3 的频率为 441.125 MHz，通道 4 的频率为 442.125 MHz，通道 5 的频率为 443.125 MHz，通道 6 的频率为 444.125 MHz，通道 7 的频率为 446.125 MHz，通道 8 的频率为 447.125 MHz。

2. 内置电池

标准配置中，每个接收机标配两块带 SN 码的电池，如图 1－139 所示。电池为锂离子电池（11.1V，3 400 mAH；37.7 Wh），技术工艺和性能方面都优于镍镉或者镍氢电池，无记忆效应，且在不使用时不具有自放电功能。

图 1－139　锂电池

3. 充电器和适配器

配有一个充电器和一个适配器，如图 1－140 所示。充电器可以同时充两块电池。当电池处于充电状态时，指示灯显示红色；当充满电时，显示绿色。当充电器连接电源时，红色电源指示灯（POWER 灯）将被点亮。当充电器温度过高时，温度指示灯（TEMP 灯）将显示红色，以示警告。

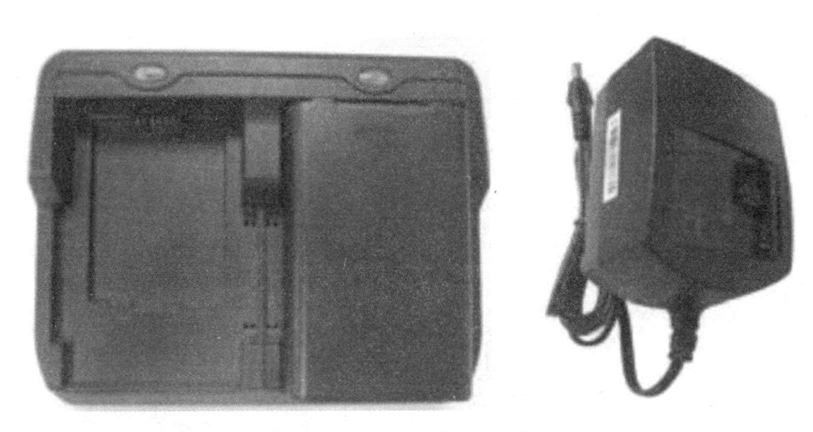

图 1－140　充电器和适配器

4. 天线

（1）接收机采用 2.15 dBi 全向天线，它是带有发射和接收功能的内置电台天线，如图 1－141 所示。该天线轻便，耐磨，非常适合野外测量。配备的内置电台天线频率范围为 410～470 MHz。

图 1－141　内置电台天线

（2）接收机采用 2 dBi 的全向 GSM/WCDMA/EVDO 接收/发射天线，如图 1－142 所示。该天线频率范围为 824～960 MHz 和 1 710～1 880 MHz。该天线轻便、耐磨，非常适合野外测量，长度为 20 cm。

图 1－142　GSM/WCDMA/EVDO 天线

使用接收机进行测量的过程中，可能会用到高增益 5 dBi 的全向发射天线，其可作为基站外置电台发射天线，如图 1－143 所示。该天线长度约 1 m，使用时可用伸缩式对中杆或者三脚架固定。该天线被架设得越高，发射信号覆盖面积越大。

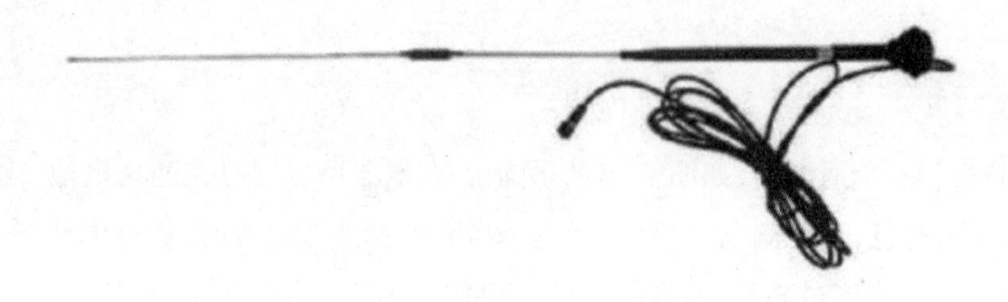

图 1－143　外置电台天线（非比例示意图）

5. 七芯/USB/串口电缆（LM. GK205. ABL）

这是一个多功能通信电缆，用于连接接收机和 PC，可用于传输静态数据、更新固件及注册码，如图 1－144 所示。

图 1－144　七芯/USB/串口

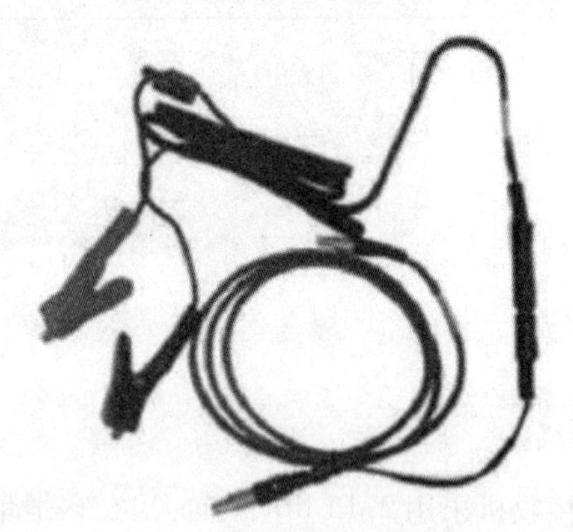

图 1－145　外接电源电缆

6. 外接电源电缆（LM. GK185. ABL＋LM. GK224. AAZ）

此电缆线可用来连接外接电源（红黑夹子），给接收机（小五芯 LEMO 头）和外置电台（大五芯 LEMO 头）供电，如图 1－145 所示。

7. 其他附件

2.45 m 伸缩式碳纤杆，25 cm 的玻璃钢支撑杆，手簿托架，基座对点器，连接器，卷尺，校准 mini 转台，释放器，量高片，如图 1－146、1－147、1－148 所示。

图 1－146　伸缩式碳纤杆

图 1－147　校准 mini 转台

图 1－148　释放器

【成果评价】

一、地物点平面位置的评价

地形图图上地物点相对于邻近图根点的点位中误差和邻近地物点间距中误差不应超过表 1－22 的规定。当测图单纯为城市规划或一般用途时，可选用表 1－22 中括号内的指标。

表 1－22　地物点平面位置精度

地区分类	比例尺	点位中误差/m	邻近地物点间距中误差/m
城镇、工业建筑区、平地、丘陵地	1∶500	±0.15(±0.25)	±0.12(±0.20)
	1∶1 000	±0.30(±0.50)	±0.24(±0.40)
	1∶2 000	±0.60(±1.00)	±0.48(±0.80)
困难地区、隐蔽地区	1∶500	±0.23(±0.40)	±0.18(±0.30)
	1∶1 000	±0.45(±0.80)	±0.36(±0.60)
	1∶2 000	±0.90(±1.60)	±0.72(±1.20)

二、高程注记点的高程评价

高程注记点相对于邻近图根点的高程中误差不应大于相应比例尺地形图基本等高距的 1/3。困难地区放宽 0.5 倍。

以中误差作为衡量精度标准，二倍中误差作为允许误差。

三、仪器设置与测站定向评价

1. 仪器对中偏差不大于 5 mm。

2. 以较远一测站点（或其他控制点）标定方向（起始方向），另一测站点（或其他控制点）作为检核，算得检核点平面位置误差不大于$0.2M \times 10^{-3}$(m)，M为比例尺分母。

3. 检查另一测站点(或其他控制点)的高程，其较差不应大于1/6等高距。

4. 每站数据采集结束时应重新检测标定方向，检测结果不应超出上述步骤2、3所规定的限差，否则其检测前所测碎部点的结果必须重新计算，检测不应少于两个碎部点。

四、对草图绘制的评价

1. 绘制草图时，采集的地物地貌，原则上符合GB/T 7929—1995之规定，对于复杂的图式符号可以简化或自行定义。但数据采集时所使用的地形码，必须与草图绘制的符号相对应。

2. 在草图上，必须标注所测点的编号，且标注的测点编号应与数据采集记录中测点编号严格一致。

3. 草图上地形要素之间的相互位置必须清楚、正确。

4. 在地形图上注记的各种地物名称、地物属性等，在草图上也应标注清楚。

【思考练习】

一、选择题

1. 全球导航卫星系统GNSS ( )

A. 美国：GPS　B. 中国：北斗　C. 俄罗斯：Glonass　D. 欧洲：Galileo

2. 在工程测量上表示直线的方向的为 ( )

A. 坐标纵轴　B. 坐标方位角　C. 真方位角　D. 磁方位角

3. 关于地形图的几种说法，以下正确的是 ( )

A. 地物用规定的符号表示　B. 地貌用等高线表示

C. 反映地物的平面位置　D. 反映地面高低起伏变化

4. 在RTK基站设置时，关于数据链的模式可以选择 ( )

A. 网络　B. 内置电台　C. 外置电台　D. 以上说法都对

5. 地形图上的地物符号可以分为 ( )

A. 比例符号　B. 半比例符号　C. 非比例符号　D. 注记符号

6. RTK的功能键可以切换的接收机的工作模式是 ( )

A. 静态模式　B. 基站模式　C. 移动站模式　D. 电台模式

7. RTK工作中，参数选择可分为 ( )

A. 四参数　B. 三参数　C. 七参数　D. 二参数

二、填空题

1. 测量时，将地面上________沿铅垂线方向投影到________，并按一定比例________而成的图，称为________。在图上不仅表示出房屋、道路、河流等一系列地物的________，又用________和________等表示出地面上各种高低起伏的地貌________的图，称为________。在各项工程规划设计、工程项目踏查与调查中，________是不可缺少的重要资料。

2. 由基本方向北端起，在顺时针方向与已知直线所夹水平角，称为该直线的________。其角值变化范围是________。

3. 方位角有________和________之分,二者角度相差________。
4. 在作业区选择一个已知________,安置全站仪,经________、________后,进行________设置。
5. 在室外架设 RTK,首先架好________,安装________。然后取出________,按电源键________。检查主机是不是外挂________模式,如不是,设外挂________模式。再拧上________,把主机安装在________上,拧紧螺丝。
6. RTK(思拓力 S10)附属配件有________,________,________,________,________,________,其他附件有________,________,________,________,________,________,________,________。
7. 用全站仪数字化测图时,外业数据采集是先________,然后进行________。在测站________,经________和________后,进入________模式,经测站________合格后,再进行________坐标测量。
8. 移动站设置,首先拿出________,将主机安装到________上拧紧。拿出天线,安装到________上。拿出 730 手簿,安装到________上,套好________,并拧紧。按________键开机,检查主机是否为________模式,如不是,将其调为________模式,按________键查看状态,进行蓝牙连接。

任务 4　用 CASS 软件数字化成图

知识点:1. 理解比例尺的类型和比例尺的精度。
2. 掌握地物和地貌在图上的表示方法。
3. 掌握等高线的概念和特点。

技能点:1. 能正确认识各种地物和地貌的符号。
2. 用 CASS 软件正确进行数据传输、平面图绘制、等高线绘制。
3. 正确进行地物和地貌的编辑与图形整饬输出。

【引出任务】

在测区内,利用全站仪或 RTK 完成外业数据采集之后,需要在室内用 CASS 软件进行计算机成图。其工作步骤是:准备工作、测量数据输出、测区平面图绘制、测区等高线绘制、图形的编辑与整饬输出。

【任务实施】

子任务 1　测区平面图绘制(课内 4 学时)

一、准备工作

每个测量小组需要准备的设备及工具有:计算机 1 台(附 CASS10.0 软件)、绘图桌 1 个、测区草图若干张、全站仪 1 台(内存有本组外业采集数据)、数据线 1 根。

二、测量数据输出

数据通讯的作用是完成电子手簿或带内存的全站仪与计算机两者之间的数据相互传输。南方公司开发的电子手簿的载体有 PC－E500、HP2110、winMG(测图精灵)。

(1)将全站仪通过适当的通信电缆与计算机连接好。

(2)移动鼠标至“数据通讯”项的“读取全站仪数据”项,该处以高亮度(深蓝)显示,按左键,出现如图 1－149 所示的对话框。

图 1－149 全站仪内存数据转换的对话框

(3)根据不同仪器的型号,设置好通讯参数,再选取好要保存的数据文件名,点击“转换”。

如果想将以前传过来的数据(比如用超级终端传过来的数据文件)进行数据转换,可先选好仪器类型,再将仪器型号后面的“联机”选项取消。这时你会发现,通讯参数全部变灰。接下来,在“通讯临时文件”选项下面的空白区域填上已有的临时数据文件,再在“CASS 坐标文件”选项下面的空白区域填上转换后的 CASS 坐标数据文件的路径和文件名,点“转换”即可。

注意:若出现“数据文件格式不对”提示时,有可能是以下的情形:①数据通讯的通路问题,电缆型号不对或计算机通讯端口不通;②全站仪和软件两边通讯参数设置不一致;③全站仪中传输的数据文件中没有包含坐标数据,这种情况可以通过查看“tongxun. $ $ $ ”来判断。

三、测区平面图绘制

“草图法”在内业工作时,根据作业方式的不同,可分为“点号定位”“坐标定位”“编码引导”几种方法。“点号定位”法作业流程如下:

(一)定显示区

定显示区的作用是:根据输入坐标数据文件的数据大小定义屏幕显示区域的大小,以保证所有点可见。

首先,移动鼠标至“绘图处理”项,按左键,即出现如图 1－150 所示的下拉菜单。

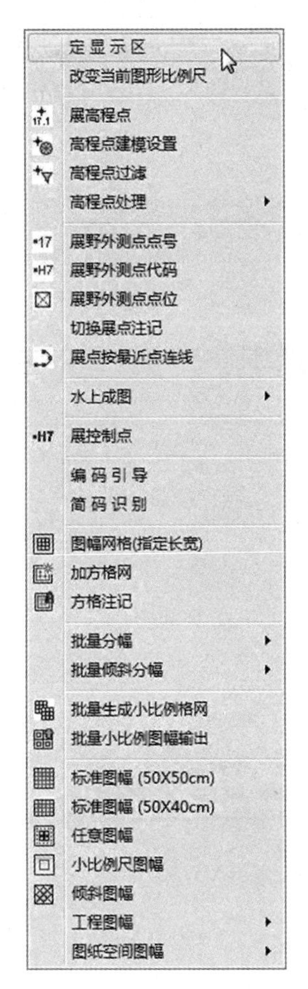

图 1－150　“绘图处理”下拉菜单

然后选择“定显示区”项，按左键，即出现一个对话框如图 1－151 所示。

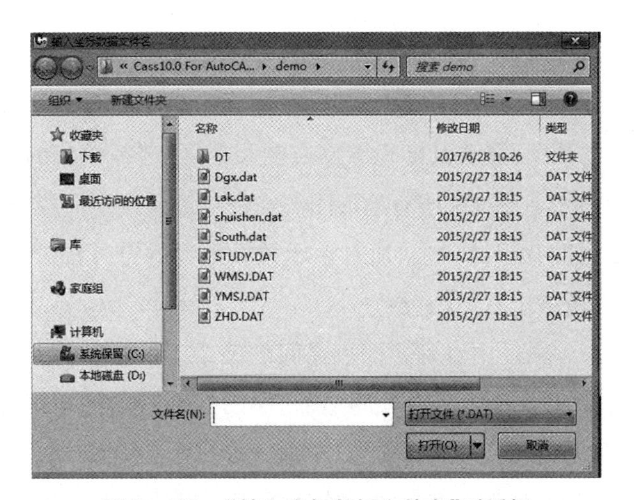

图 1－151　“输入坐标数据文件名”对话框

这时，需要输入碎部点坐标数据文件名。可直接通过键盘输入，如在“文件(N)：”(即光标闪烁处)输入“C：\CASS10.0\DEMO\YMSJ.DAT”后再移动鼠标至“打开(O)”处，按左键。也可参考 Windows 系统选择打开文件的操作方法操作。这时，命令区显示：

最小坐标(米)$X=5\ 080\ 659.369$, $Y=540\ 249.557$

最大坐标(米)$X=5\ 080\ 846.743$, $Y=540\ 429.764$

(二)选择测点点号定位成图法

移动鼠标至屏幕右侧菜单区之"坐标定位/点号定位"项,按左键,即出现如图1-152所示的对话框。

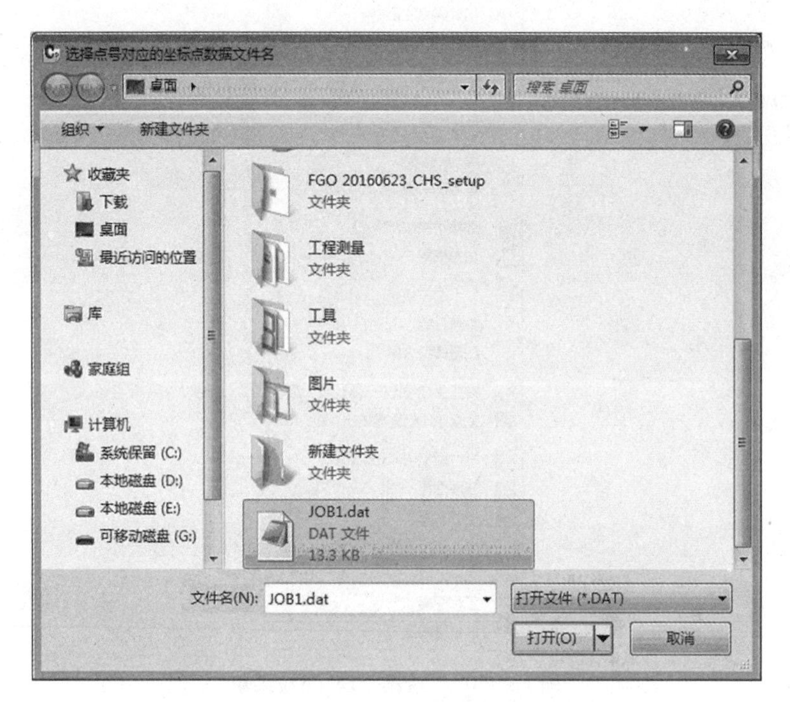

图1-152 选择测点点号定位成图法的对话框

输入点号坐标点数据文件名"C:\CASS10.0\DEMO\YMSJ.DAT"后,命令区提示"读点完成!共读入59点"。

(三)绘平面图

根据野外作业时绘制的草图,移动鼠标至屏幕右侧菜单区,选择相应的地形图图式符号,然后在屏幕中将所有的地物绘制出来。系统中所有地形图图式符号都是按照图层来划分的,例如:所有表示测量控制点的符号都放在"控制点"这一层,所有表示独立地物的符号都放在"独立地物"这一层,所有表示植被的符号都放在"植被土质"这一层。

为了更加直观地在图形编辑区内看到各测点之间的关系,可以先将野外测点点号在屏幕中展示出来。其操作方法是:先移动鼠标至屏幕的顶部菜单"绘图处理"项,按左键,这时系统弹出一个下拉菜单。再移动鼠标选择"展野外测点点号"项,按左键,便出现对话框。输入对应的坐标数据文件名"C:\CASS10.0\DEMO\YMSJ.DAT"后,便可在屏幕上展现出野外测点的点号。

根据外业草图,选择相应的地形图图式符号在屏幕上将平面图绘出来。

移动鼠标至右侧菜单"居民地/一般房屋"处,按左键,系统便弹出相应的对话框。再移动鼠标到"四点一般房屋"的图标处,按左键,这时命令区提示:

绘图比例尺：输入500，回车。

1.已知三点/2.已知两点及宽度/3.已知四点 <1>：输入1，回车（或直接回车默认选1）。

说明：已知三点是指测矩形房子时测了三个点；已知两点及宽度则是指测矩形房子时测了两个点及房子的一条边；已知四点则是测了房子的四个角点。

点P/<点号>：输入1，回车。

说明：点P是指由您根据实际情况在屏幕上指定一个点；点号是指绘地物符号定位点的点号（与草图的点号对应）。

点P/<点号>：输入18，回车。

点P/<点号>：输入19，回车。

这样，即将1、18、19号点连成一间四点砖房屋。

注意：绘房子时，输入的点号必须按顺时针或逆时针的顺序输入，如上例的点号按1、18、19或19、18、1的顺序输入，否则绘出来的房子就不对。

重复上述操作，将3、2、20号点和39、33、34号点分别绘成四点砖房屋；45、59号点绘成一间普通房屋。

点击屏幕右侧菜单栏，如图1－153所示。选择“交通设施”选项，再选择“城市道路”中的“内部道路”，根据所测道路特征点如10、11、12、13及14、15、16、17号点绘出测区内的道路，完成这些操作后，其平面图如图1－154所示。

如测区内有陡坎需要绘出时，其操作方法为：先移动鼠标至右侧屏幕菜单“地貌土质/人工地貌”右侧的小三角处，这时系统弹出如图1－155所示的对话框。

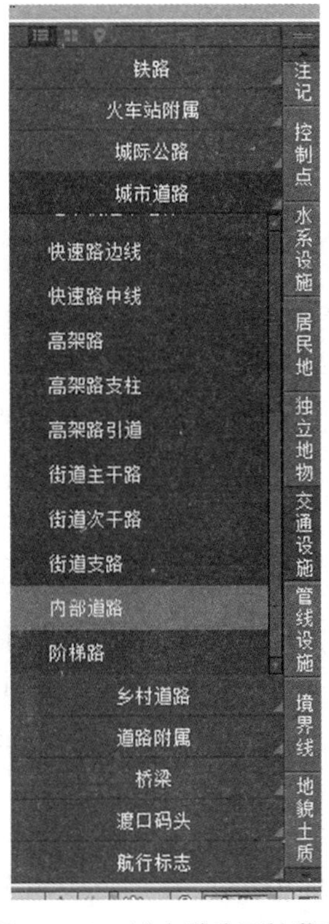

图1－153　城市道路下拉菜单

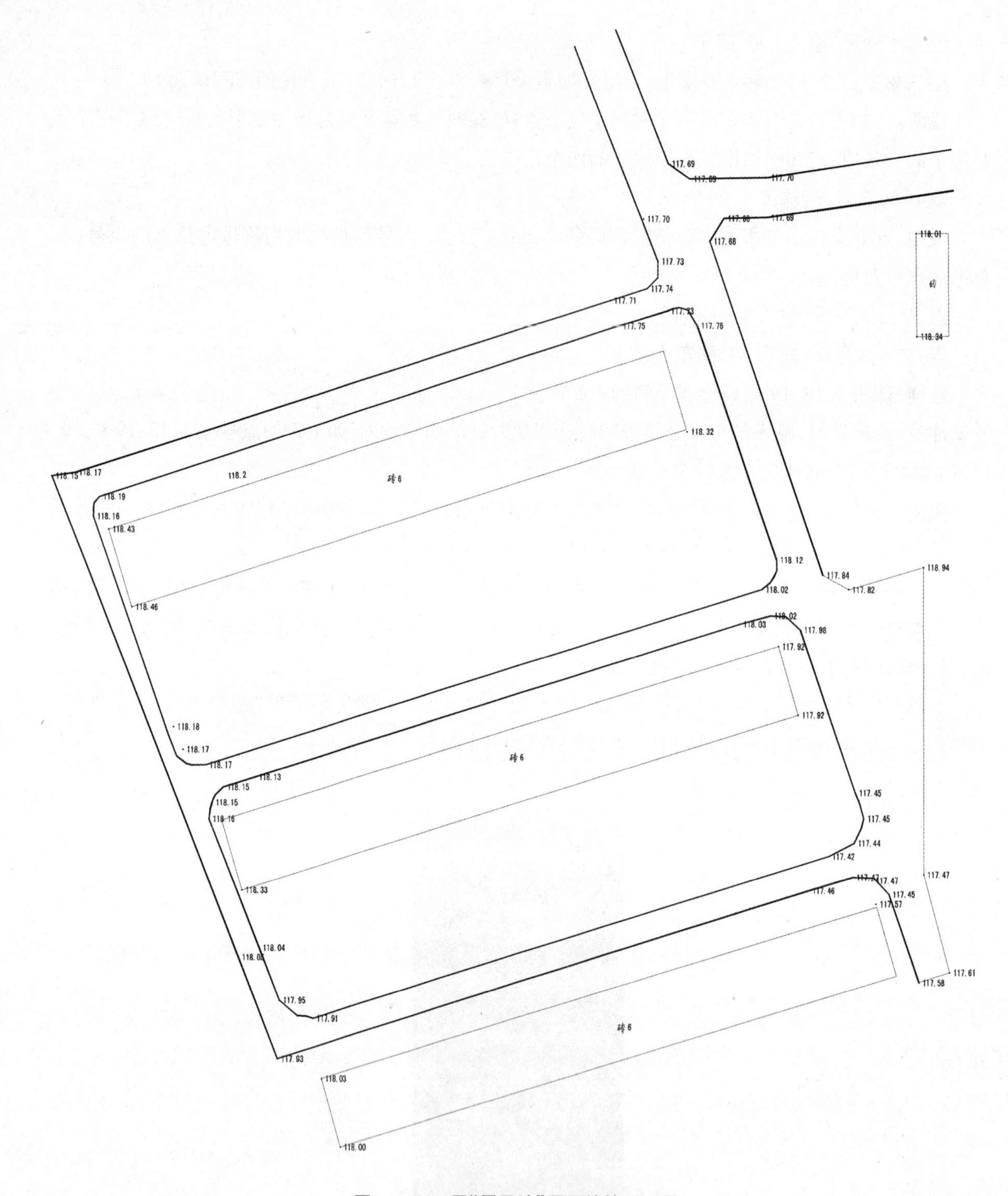

图1－154　用“居民地”图层绘的平面图

移动鼠标到表示未加固陡坎符号的图标处，按左键选择其图标，命令区便分别出现以下的提示：

请输入坎高，单位：米<1.0>：输入坎高，回车（直接回车默认坎高1米）。

说明：在这里输入的坎高（实测得的坎顶高程），系统将坎顶点的高程减去坎高得到坎底点高程，这样在建立（DTM）时，坎底点便参与组网的计算。

根据以上操作便可以将所有测点用地图图式符号绘制出来。在操作的过程中，您可以嵌用CAD的透明命令，如放大显示、移动图纸、删除、文字注记等。

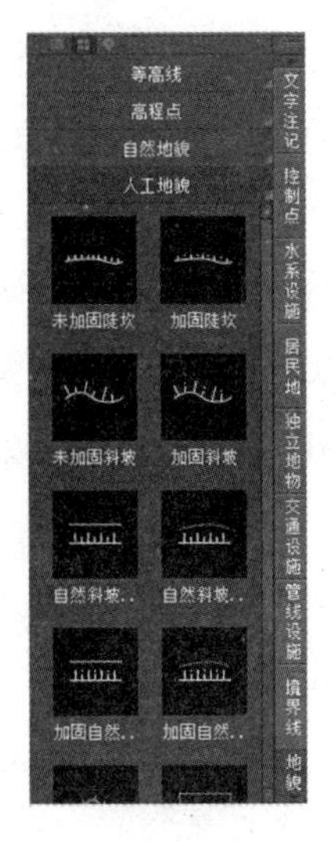

图 1－155　“地貌土质”图层图例

子任务 2　测区等高线绘制(课内 4 学时)

一、准备工作

每个测量小组需要准备的设备及工具有:计算机 1 台(附 CASS10.0 软件)、绘图桌 1 个、测区草图若干张。

二、绘制等高线

在地形图中,等高线是表示地貌起伏的一种重要手段。常规的平板测图,等高线是手工描绘的,等高线可以描绘得比较圆滑但精度稍低。在数字化自动成图系统中,等高线是由计算机自动勾绘的,生成的等高线精度相当高。

CASS10.0 在绘制等高线时,充分考虑到等高线通过地性线和断裂线时情况的处理,如陡坎、陡崖等。CASS10.0 能自动切除通过地物、注记、陡坎的等高线。由于采用了轻量线来生成等高线,CASS10.0 在生成等高线后,文件大小比其他软件小了很多。

在绘制等高线之前,必须先将野外测得的高程点建立数字地面模型(DTM),然后在数字地面模型上生成等高线。

(一)建立数字地面模型(构建三角网)

数字地面模型,是在一定区域范围内的规则格网点或三角网点的平面坐标(x,y)和其地物性质的数据集合,如果此地物性质是该点的高程 Z,则此数字地面模型又称为数字高程模型(DEM)。这个数据集合从微分角度三维地描述了该区域地形地貌的空间分布。DTM 数据可以用于建立各种各样的模型来解决一些实际问题,主要的应用有:按用户设定的等高距生成等高线图、透视图、坡度图、断面图、渲染图、与数字正射影像 DOM 复合生成景观图,或者计算特定物体对象的体积、表面覆盖面积等,还可用于空间复合、可达性分析、表面分析、扩散分析等方面。

在使用软件 CASS10.0 自动批量绘制等高线时,首先需要建立 DTM。建立 DTM,可以先“展点号”及“定显示区”,“定显示区”的操作方法在前面草图法中有过介绍,这里就不再详细描述了。展点时需要选择软件顶端“绘图处理”菜单下的“展高程点”功能项，如图 1 - 156 所示。

要求输入文件名时在“C:\CASS10.0\DEMO\DGX.DAT”路径下找到“DGX.DAT”文件。直接点击打开，打开后命令区提示：

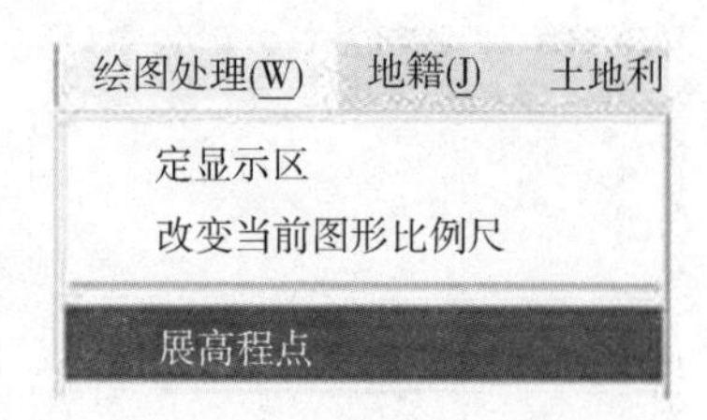

图 1 - 156 “绘图处理”下拉菜单

注记高程点的距离(米)：根据地形图数字化规范的要求输入测区内高程点注记的距离（即图面注记高程点的密度），回车，默认为注记全部高程点的高程。此时，所有控制点和高程点的高程数值均将自动显示到图面上。

1. 移动鼠标至软件顶部菜单，选择“等高线”菜单，出现如图 1 - 157 所示的下拉选项。

2. 鼠标左键单击“建立 DTM”功能项，出现如图 1 - 158 所示对话框。

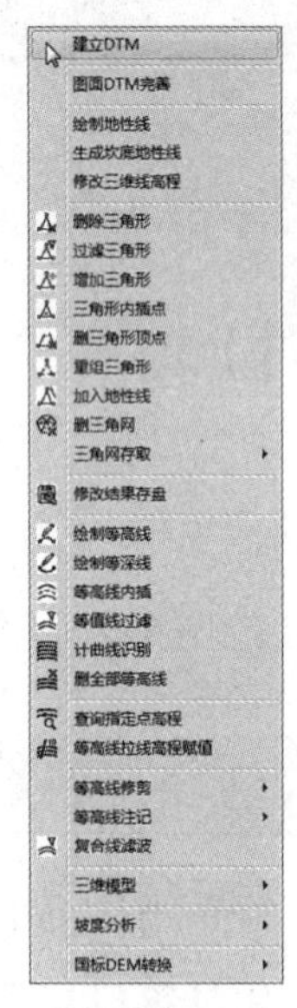

图 1 - 157 “等高线”的下拉菜单

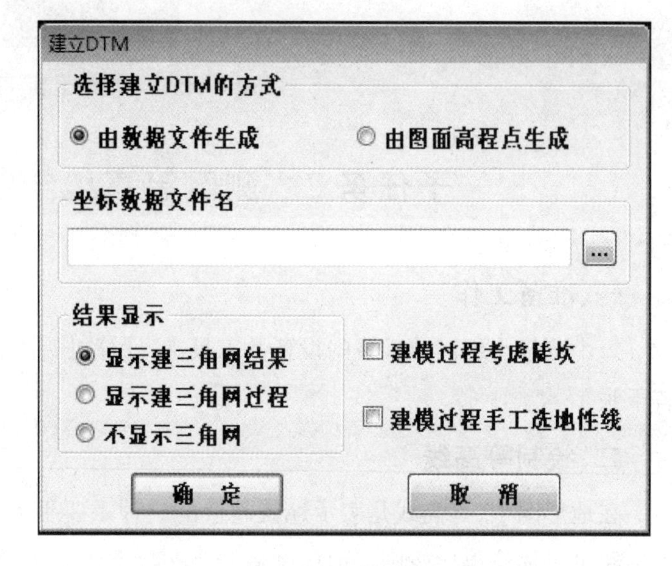

图 1 - 158 选择建模高程数据文件

首先需要选择建立 DTM 的方式，有两种方式供我们选择：(1) 由数据文件生成；(2) 由图面高程点生成。例如我们选择由数据文件生成，则需要在“坐标数据文件名”选项夹中选择对应图面数据的坐标数据文件(.dat 文件)；如果选择由图面高程点生成，则可选取高程点范围线，也可直接选取高程点或控制点（可局部选择或全图框选），然后显示结果有三种表现形式供我们针对实际情况选择：(1) 显示建三角网过程；(2) 显示建三角网结果（推荐直接显示三角网建立结果）；(3) 不显示三角网。最后根据实际情况选择建立完善 DTM 的过程中是否考虑陡坎和地性线。

点击“确定”后生成如图 1 - 159 所示的三角网。

(二) 修改 DTM(修改三角网)

一般情况下，由于地形条件的限制，在外业采集的碎部点很难一次性生成理想的等高线，如楼顶上的控制点。另外，还因现实地貌的复杂性和多样性，软件自动构成的 DTM 三角形与实际地貌不太套合，也可以通过修改三角网功能来修改、调整与实际地貌不套合的地方。

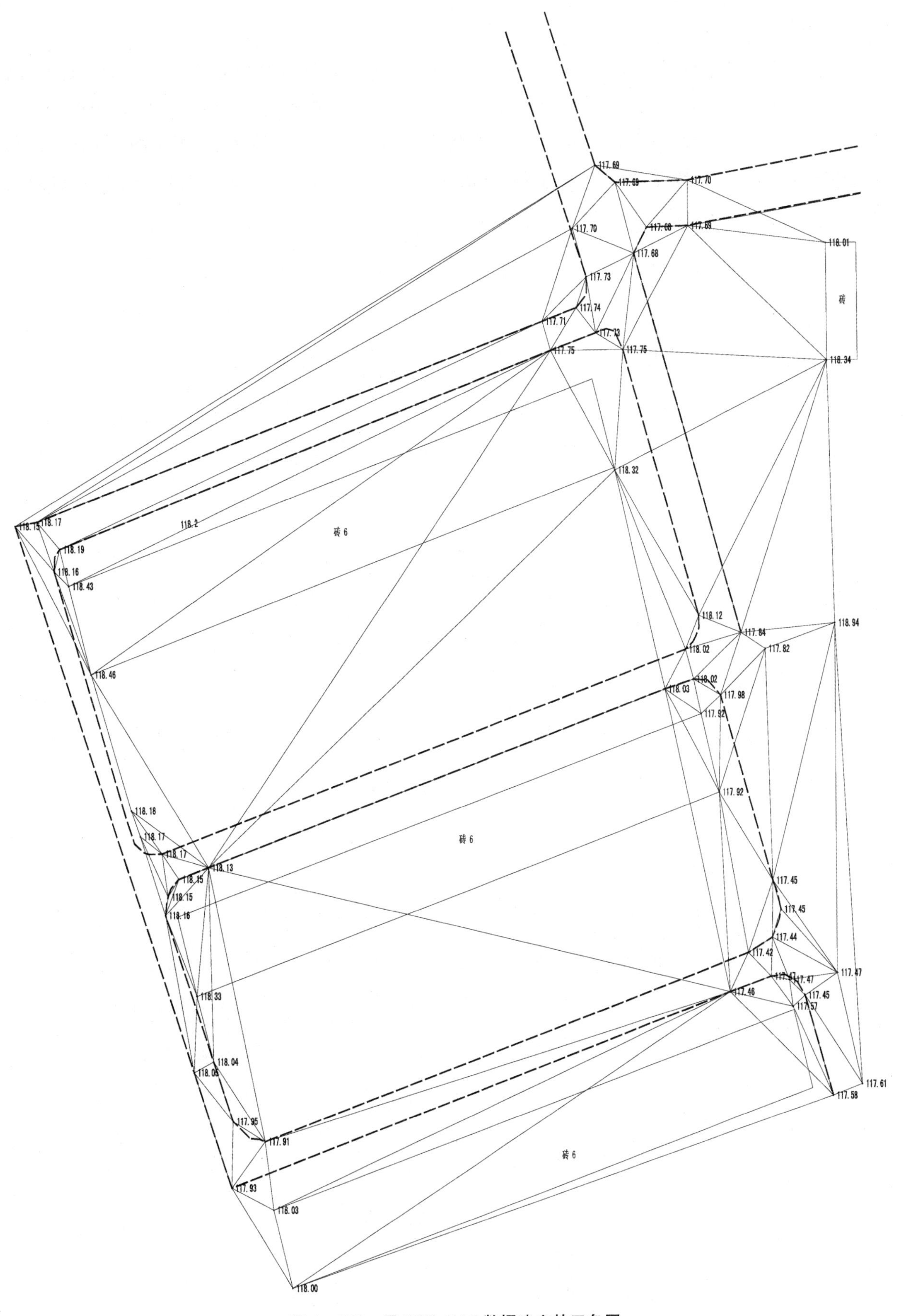

图 1－159　用 DGX. DAT 数据建立的三角网

1. 删除三角形

如果在部分测量范围内没有等高线通过，也可将没有等高线通过的测量区域的三角形删除。删除三角形的具体操作方法如下：先将整个图形中需要删除三角形的地方进行局部放大，避免误选的情况出现。再选择并执行“等高线”下拉菜单的“删除三角形”功能项，根据命令行提示进行操作。选择要删除的对象，按空格执行命令，如果出现误删的情况，可用撤销快捷键“U＋空格”命令将误删的三角形恢复原状。删除三角形后如图 1－160 所示。

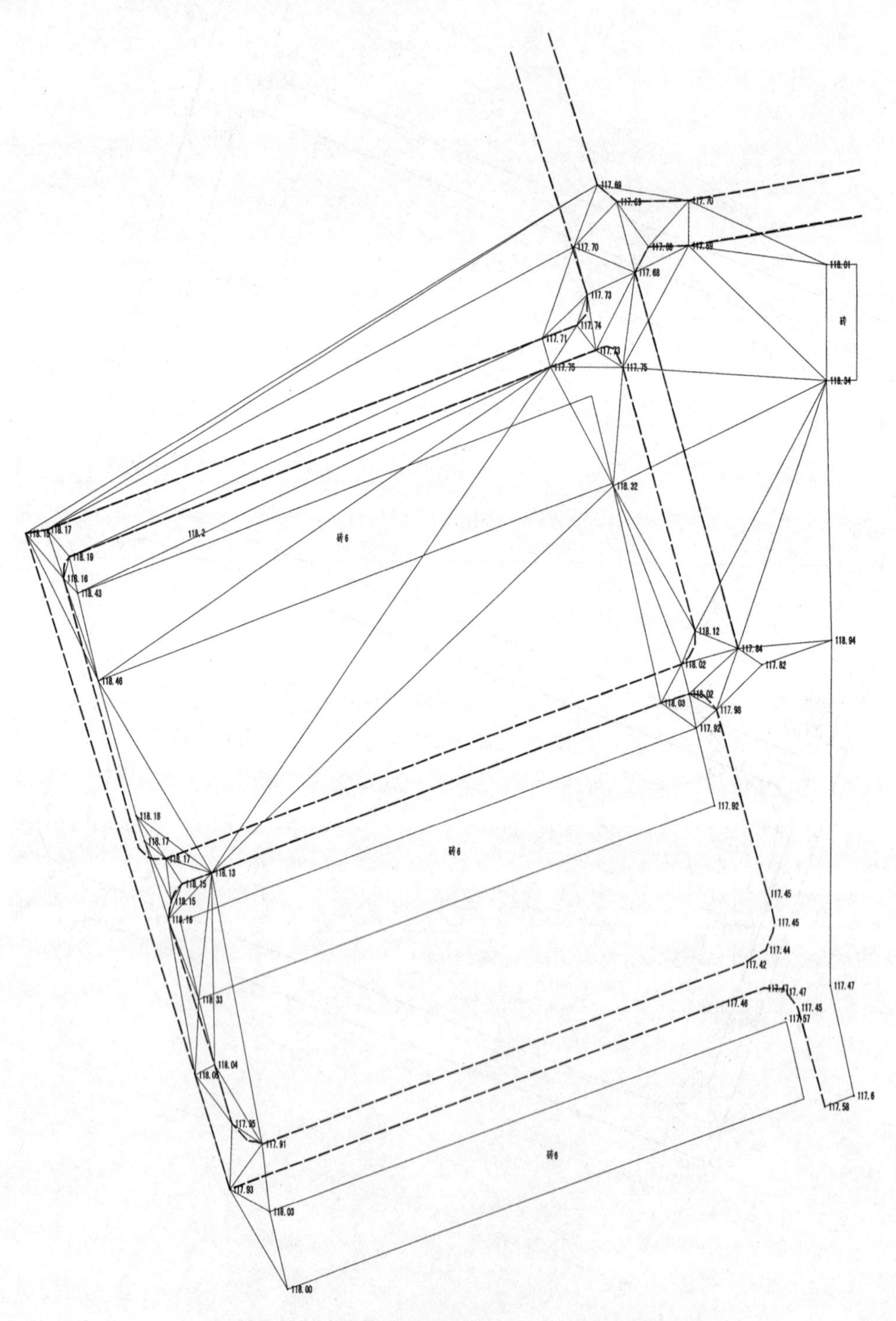

图 1－160　将整个测区范围内建立的三角形右下角删除

2. 过滤三角形

可根据用户需要，输入限制三角形中最小角的度数或三角形中最大边长最多大于最小边长的倍数等筛选条件。如果出现 CASS10.0 在测区内建立三角网后仍然无法绘制等高线的问题，我们就需要将一些形状不规范的三角形进行过滤处理。另外，如果自动绘制的等高线并不圆滑，也可以用过滤三角形功能将不符合要求的三角形过滤掉，之后再批量绘制等高线。

3. 增加三角形

如果出现图面需要新增三角形时，请选择软件顶部菜单中"等高线"下"增加三角形"功能项，此时命令行会提示指定需要增加三角形的顶点，如果鼠标指点的地方并没有高程点，系统会提示输入高程值。

4. 三角形内插点

选择此命令后，可根据提示输入要插入的点：在三角形中指定点（可输入坐标或用鼠标直接点取），提示高程（米）=时，输入此点高程。执行三角形内插点命令后，软件会根据指定点的位置，与相邻三角形的顶点自动连接，构成全新的三角形，原三角形将被自动删除。

5. 删三角形顶点

用此功能可将所有与该点相关的三角形全部删除。因为一个点会与周围很多点构成三角形，所以手工删除三角形，不仅工作量较大而且容易出错。这个功能常用在发现某一点坐标错误时，要将它从三角网中剔除的情况下。

6. 重组三角形

选择两个相邻三角形的公共边，软件将自动删除相邻的两个三角形，并将两个三角形的另外两点连接起来构成两个新的三角形，这样做可以修改不合理的三角形连接。如果因两三角形的形状特殊无法重组，软件会自动弹出错误提示窗口。

7. 删三角网

生成等高线后就不再需要三角网了（出图时图面也不需要体现三角网），可直接将整个测区内三角网全部删除。

8. 修改结果存盘

通过以上命令修改调整了测区范围内的三角网后，选择软件顶部菜单中"等高线"下"修改结果存盘"功能项，把修改后的 DTM 存盘。这样，绘制等高线时才会根据图面已有的三角形进行绘制，避免根据修改前的三角形生成等高线。

注意：修改了三角网后一定要进行结果存盘，否则之前的修改无效！

当命令行显示：存盘结束！时，表明操作成功。

（三）绘制等高线

完成上面（一）、（二）步准备操作后，便可进行等高线绘制。

点选软件顶部菜单"等高线"下的"绘制等值线"功能项，弹出如图 1-161 所示的对话框。

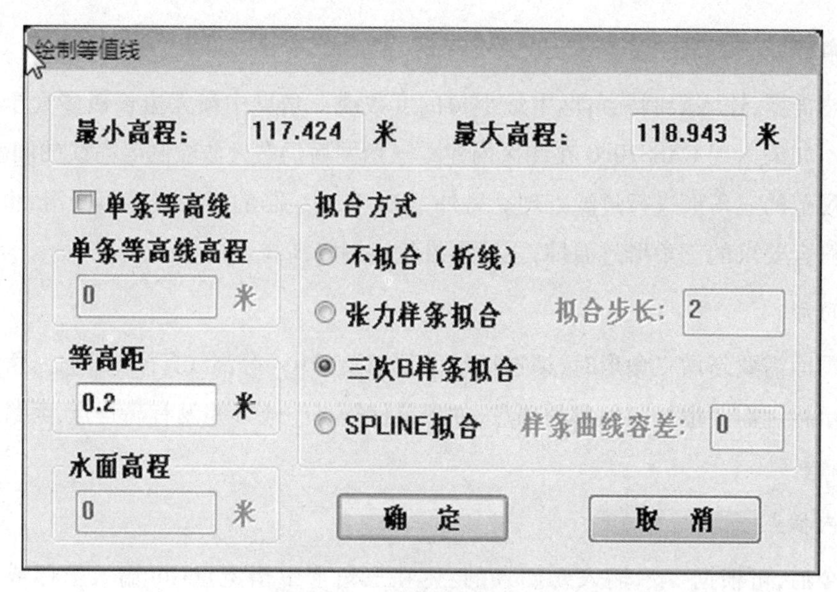

图 1-161　绘制等值线对话框

在对话框中会直接填写通过图面数据自动显示参加生成 DTM 的高程点的最小高程值和最大高程值。如果测区范围比较小或者测区起伏范围较小时，我们可只生成单条等高线，那么就在单条等高线高程中输入此条等高线的高程即可；如果测区范围比较大或者测区起伏较大时，我们需要生成多条等高线，同时在等高距框中输入相邻两条等高线之间的等高距（单位：米）。最后需要选择等高线的拟合方式。总共有四种拟合方式：不拟合（折线）、张力样条拟合、三次 B 样条拟合和 SPLINE 拟合。如果我们只是检查等高线效果，可直接输入较大等高距并选择“不拟合”，这样就可以大大地加快绘制速度。如选“张力样条拟合”，则拟合步长以 2 米为宜，但这时由于整个文件生成的等高线数据量比较大，会拖慢成图速度。测区范围内测量点较密或高低起伏较大时，最好选择“三次 B 样条拟合”，也可选择“不拟合”，过后再用“批量拟合”功能对等高线进行拟合处理。选择“SPLINE 拟合”则是直接用标准 SPLINE 样条曲线来绘制等高线，提示请输入样条曲线容差: <0.0>，此处的容差是指曲线偏离理论点的允许差值，可直接按回车键。SPLINE 与三次 B 样条拟合和 SPLINE 拟合线对比的优点在于即使其被断开，但仍然显示是样条曲线，可以进行后续编辑修改，缺点是更容易发生线条交叉现象。

命令区显示绘制等高线完成!，绘制成的等高线如图 1-162 所示。

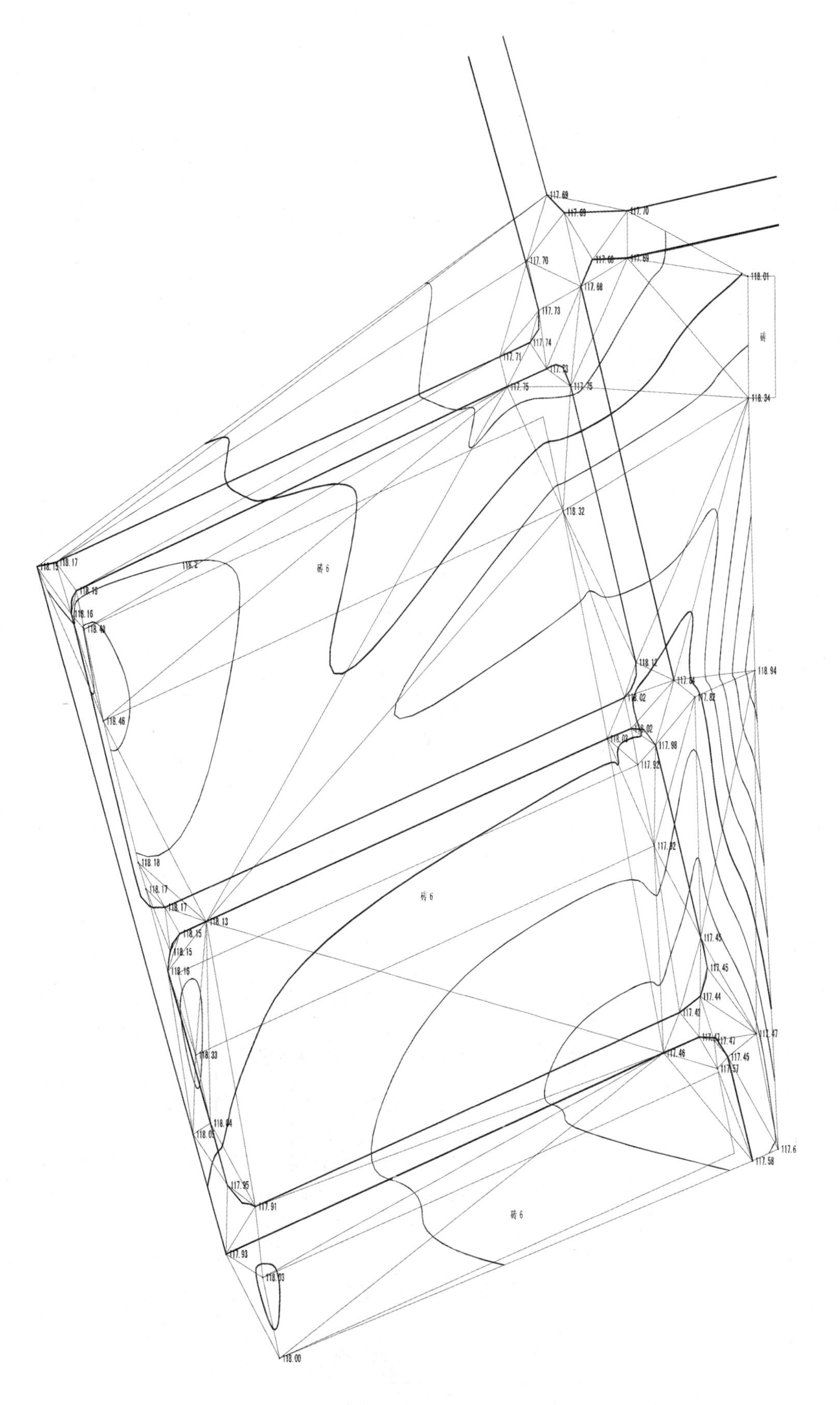

图 1 – 162　完成绘制等高线的工作

(四)等高线的修饰

1. 注记等高线

用“窗口缩放”项得到局部放大图,如图 1 - 163 所示,再选择“等高线”下拉菜单之“等高线注记”的“单个高程注记”项。

命令区提示:选择需注记的等高(深)线,依法线方向指定相邻一条等高(深)线,完成等高线的注记。

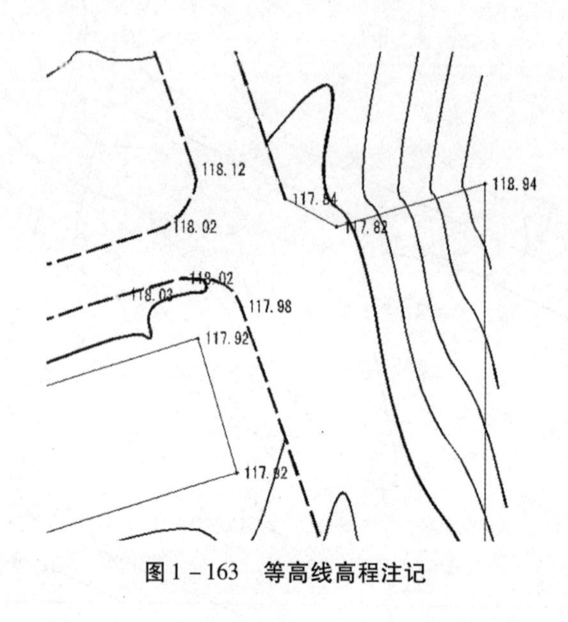

图 1 - 163 等高线高程注记

2. 等高线修剪

左键依次点击以下菜单与功能,“等高线”→“等高线修剪”→批量修剪等高线,弹出如图 1 - 164 所示的对话框。

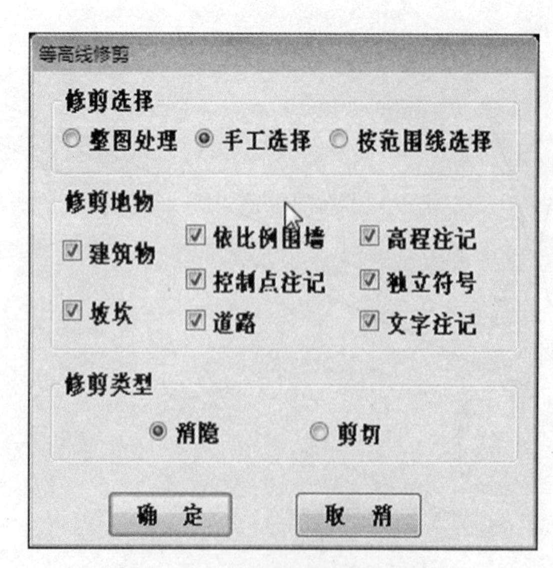

图 1 - 164 “等高线修剪”对话框

首先选择修剪穿越哪些地物的等高线，然后选择是整图处理还是手工选择局部需要修剪的等高线，最后选择是消隐（隐藏等高线并没有切断）还是修剪等高线，单击“确定”后会根据输入的条件修剪等高线。

3. 切除指定两线间等高线

执行命令后命令区提示：

选择第一条线：用鼠标指定一条切除等高线的范围线，例如选择公路的一边。

选择第二条线：用鼠标指定第二条切除等高线的范围线，例如选择公路的另一边。

软件将自动切除等高线穿过此两线间的部分。

注意：两条线应是复合线，并且不能相交。

4. 切除指定区域内等高线

选择一闭合复合线，系统会将该闭合区域内所有的等高线切除。注意：封闭区域的边界一定要是复合线，如果不是，系统将无法处理。

（五）绘制三维模型

建立了 DTM 之后，就可以生成三维模型，观察一下立体效果。

移动鼠标至菜单栏“等高线”项，按左键，出现下拉菜单。单击“绘制三维模型” 命令，命令行提示：

输入高程乘系数 <1.0>：输入 6。

如果使用默认值，建成的三维模型与实际情况一致。如果测区内的地势比较平坦，可以输入较大的值，将地形的起伏状态放大。因本图坡度变化不大，输入高程乘系数将其夸张显示。

命令行提示是否拟合？(1)是 (2)否 <1>：回车，默认选 1，拟合。

这是以三维模式显示此数据文件的三维模型，如图 1－165 所示。

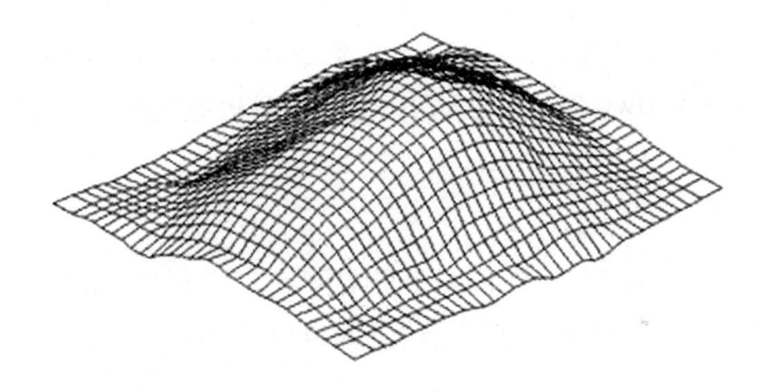

图 1－165　三维模型

另外，还可以利用“高级着色方式”“低级着色方式”的功能对三维模型进行渲染等操作，也可利用“显示”菜单下的“三维静态显示”的功能进行转换视点、角度、坐标轴，还能利用“显示”菜单下的“三维动态显示”功能显示出更高级的三维动态效果，以上便是绘制等高线的全部过程。

子任务3　测区图形编辑输出(课内4学时)

一、准备工作

每个测量小组需要准备的设备及工具有:计算机1台(附CASS10.0软件)、绘图桌1个、测区草图若干张,打印机1台。

二、编辑与整饰

(一)图形重构

通过右侧屏幕菜单绘出一个围墙、一块菜地等。

软件用来表示复杂地物的主线一般都是具有独立编码的骨架线。用鼠标左键点取骨架线,再点取蓝色夹点,使夹点变红,调整位置,通过移动夹点的方式修改或移动骨架线位置。

将鼠标移至软件顶部"地物编辑"菜单项,按左键,选择"图形重构"功能(也可选择左侧工具条的"图形重构"按钮),命令区提示:选择需重构的实体:<重构所有实体>,回车,表示对所有实体进行重构。

(二)改变比例尺

将鼠标移至"文件"菜单项,按左键,选择"打开已有图形"功能,在弹出的窗口中输入"C:\CASS10.0\DEMO\STUDY.DWG",将鼠标移至"打开"按钮,按左键,屏幕上将显示例图STUDY.DWG,如图1-166所示。

将鼠标移至软件顶部菜单"绘图处理"下的"改变当前图形比例尺"项,命令行提示:

当前比例尺,默认为1:500
输入新比例尺<1:500>1:

输入要求出图的比例尺。

软件命令行提示:是否改变符号大小?(1)是(2)否,默认为1。根据比例尺调整图面显示符号大小。此时屏幕显示的STUDY.DWG图就为输入的比例尺,各种地物填充符号、注记都已经按新的比例尺的规范图示要求进行转变。

(三)实体属性

在图形数据最终进入GIS系统的形势下,对于实体本身的一些属性还必须做一些更多、更具体的描述和说明,因此给实体增加了一个附加属性,该属性可以由用户根据实际的需要进行设置和添加。

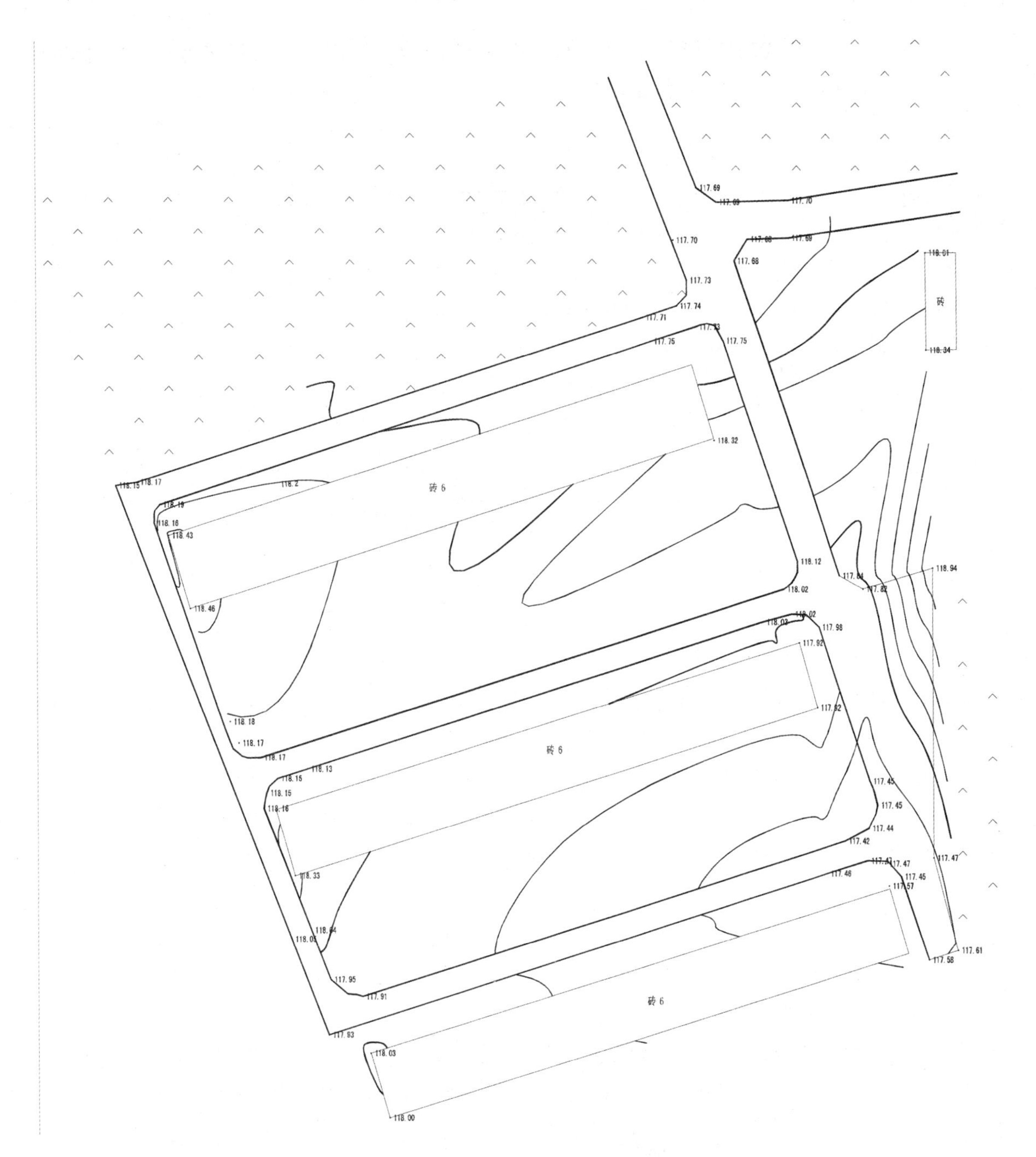

图 1－166　例图 STUDY. DWG

(四)图幅整饰

把图形分幅时所保存的图形打开,选择“文件”的“打开已有图形…”项,在对话框中输入“SOUTH1. DWG”文件名,确认后 SOUTH1. DWG 图形即被打开。

选择“绘图处理”中“标准图幅(50 cm×50 cm)”项,显示如图 1－167 所示的对话框。输入图幅的名称、批注和邻近的图名,在左下角坐标的“东”“北”栏内输入对应坐标,例如此处输入 30 000、40 000,回车。按实际要求选择,在“删除图框外实体”前打钩,则可删除图框外实体,如未在删除图框外实体前勾选,则保留全图数据,鼠标单击“确定”即完成命令。

CASS10.0 地形地籍成图软件所采用的坐标系统是测量坐标系,即 1:1 的真实坐标,加入标准图幅 50 cm×50 cm 图框后如图 1-167 所示。

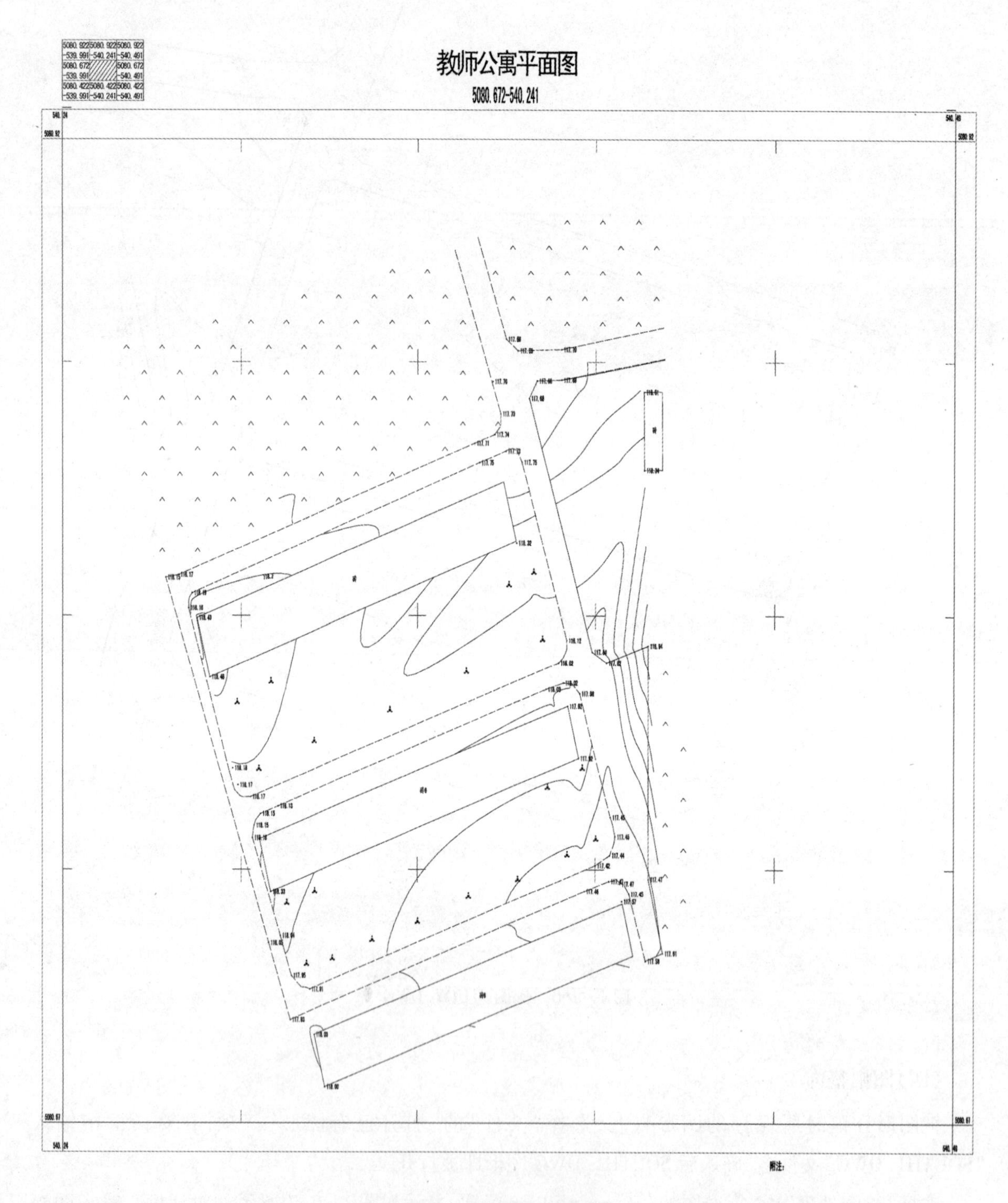

图 1-167　加入图框的平面图

三、绘图输出

地形图经编辑与整饰之后,便可利用绘图仪、打印机等设备输出打印。执行“文件”下的“绘图输

出”命令,完成相关打印设置,并打印出图。详见相关知识中“打印指南”部分。

【相关知识】

一、等高线

(一)等高线的概念

等高线是由地面上高程相同的各相邻点所连接成的闭合曲线。假设用若干不同高程的水平面去截一山头,则各个截面与地表面的交线就是等高线,如图 1 - 168 所示。用等高线表示地貌,不仅能真实地反映地貌形态,而且还具有量度性,因此在地形测量中广泛使用。

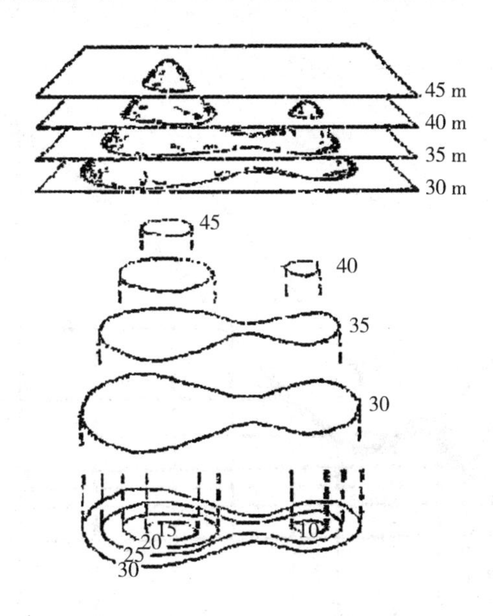

图 1 - 168 用高等线表示地貌

(二)等高距和等高线平距

相邻两等高线之间的高差,称为等高距,用 h 表示。等高距的大小一般根据地形图比例尺、地面坡度等确定。在同一测区或同一幅地形图上,只能采用相同基本等高距。

相邻两条等高线之间的水平距离称为等高线平距。等高线平距的大小能反映地面坡度情况:等高线平距愈小,则地面坡度愈陡,图上等高线也就愈密集;等高线平距愈大,则地面坡度愈缓,图上等高线也就愈稀疏。

(三)等高线的种类

1. 首曲线(基本等高线)

从高程基准面算起,按规定的等高距测绘的等高线称为首曲线,又称基本等高线。首曲线的高程必须是等高距的整数倍。在图上,首曲线用细实线描绘,如图 1 - 169 所示。图中高程为 142 m, 144 m,…,148 m 的均为首曲线。

2. 计曲线(加粗等高线)

为了方便读图,规定每逢 5 倍或 4 倍等高距的等高线应加粗描绘,并在该等高线上的适当部位注记高程,该等高线称为计曲线,也叫加粗等高线。

3. 间曲线

为了显示首曲线不能表示的地貌特征,可按 1/2 基本等高距描绘等高线,这种等高线叫间曲线,在图上用长虚线描绘,如图 1 – 169 中高程为 141 m 的等高线是间曲线。

4. 助曲线

按 1/4 基本等高距描绘的等高线称为助曲线。在图上用短虚线描绘。

间曲线和助曲线都是辅助性曲线,在图幅中可不闭合。这两种曲线一般用于表示平缓的山头、鞍部等局部地貌。

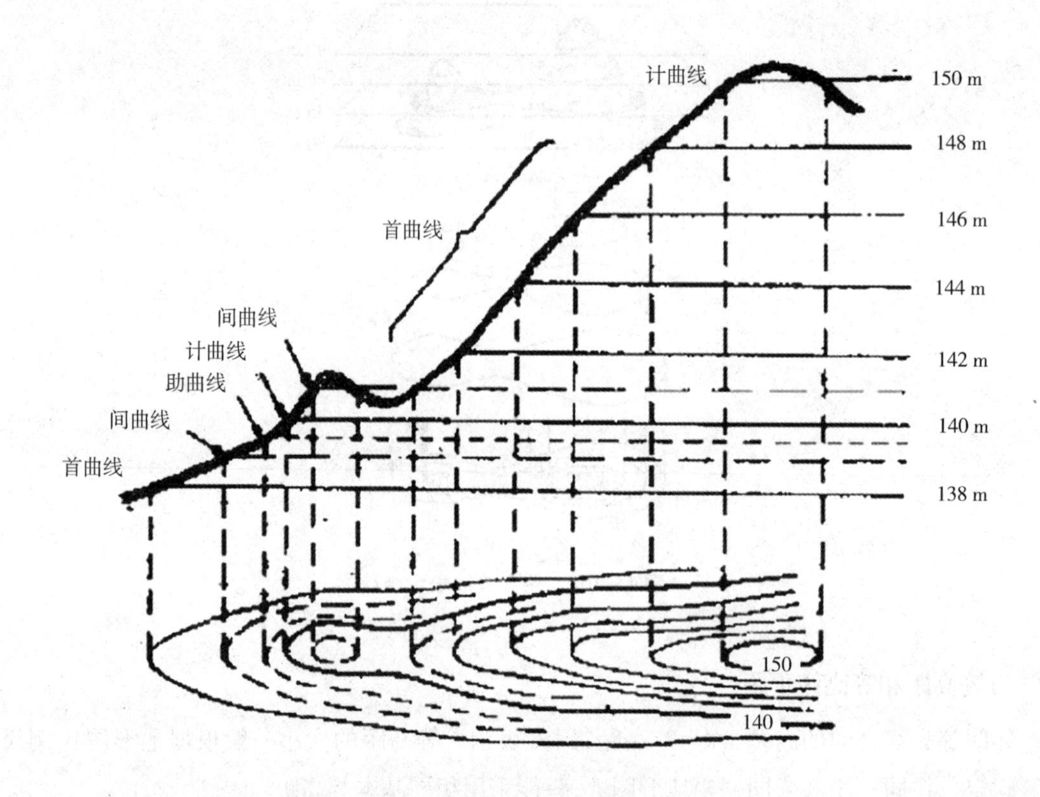

图 1 – 169　等高线的种类

(四)典型地貌等高线特征

1. 山丘和洼地

山丘和洼地的等高线都是一组闭合曲线,外圈高程大、内圈高程小的等高线为洼地的等高线;反之为山丘的等高线。如图 1 – 170 所示,(a)为山丘等高线,(b)为洼地等高线。

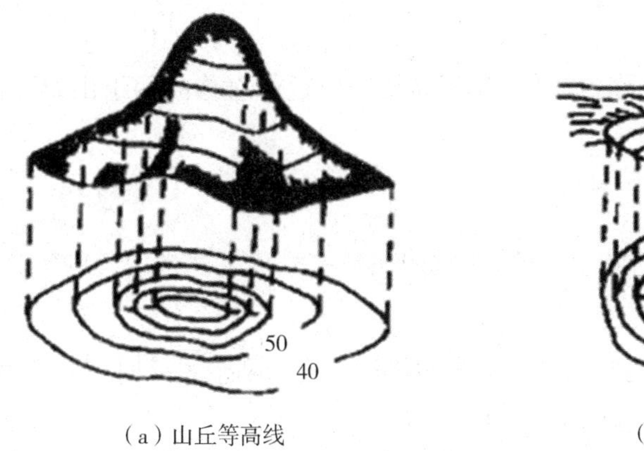

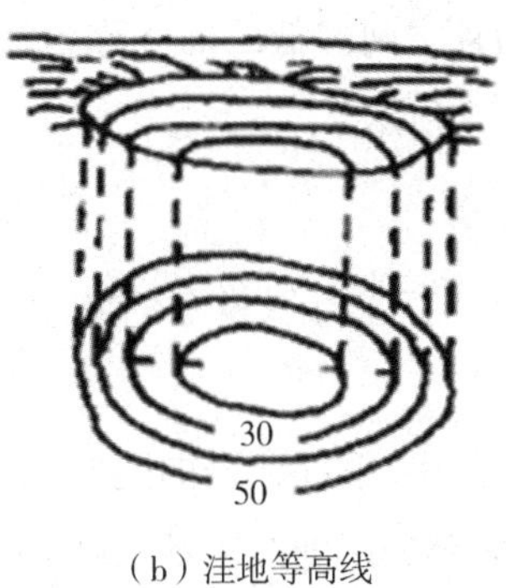

（a）山丘等高线　　（b）洼地等高线

图 1－170　山丘和洼地的等高线

2. 山脊和山谷

山脊的等高线均向下坡方向凸出，两侧基本对称，山脊线也称为分水线。两山脊之间的凹地称为山谷，山谷最低点的连线称为山谷线或集水线，山谷的等高线均凸向高处，两侧也基本对称。如图 1－171 所示，(a)为山脊等高线，(b)为山谷等高线。

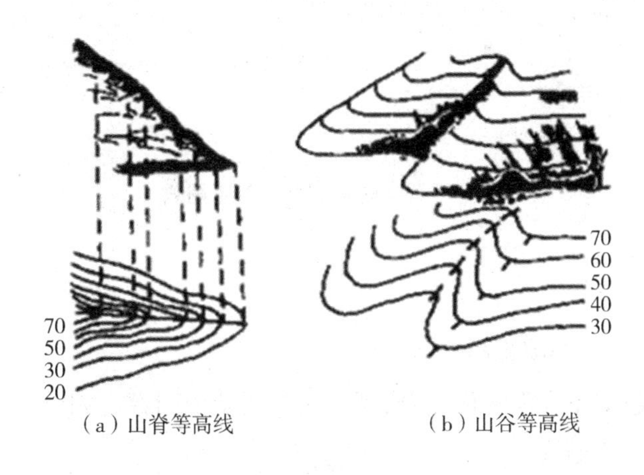

（a）山脊等高线　　（b）山谷等高线

图 1－171　山脊和山谷的等高线

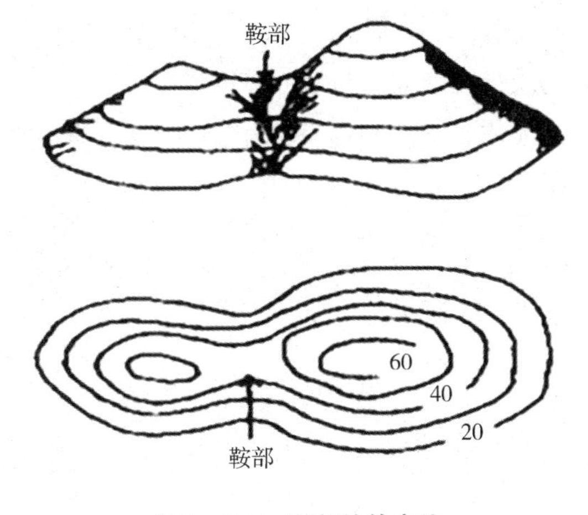

图 1－172　鞍部的等高线

3. 鞍部

相邻两个山顶之间的低凹部分称为鞍部，其等高线是由近似对称的两组山脊和山谷的等高线组成的，如图 1－172 所示。

4. 峭壁和悬崖

峭壁是指形态直立难以攀登的陡峭崖壁，通常用峭壁符号代替非常密集的等高线，如图 1－173 (a)所示。

悬崖是上部凸出、下部凹进的陡崖。悬崖上部的等高线投影到水平面时，与下部等高线出现相交的情况，被遮住的部分用虚线表示，如图 1－173(b)所示。

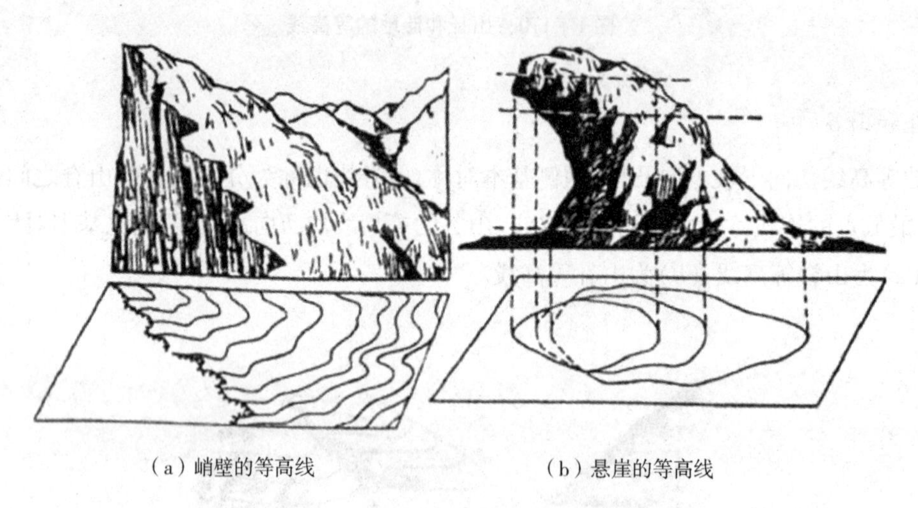

（a）峭壁的等高线　　（b）悬崖的等高线

图 1－173　峭壁和悬崖的等高线

（五）等高线的特性

1. 同一条等高线上所有点的高程相等。

2. 等高线为闭合曲线，如不在图幅内闭合，则在相邻的其他图幅内闭合。而间曲线和助曲线作为辅助线则例外，可在图幅内中断。

3. 不同高程的等高线不能相交（峭壁、悬崖除外），一般用规定的符号表示，等高线在符号两边断开。

4. 在同一幅地形图内，等高线平距的大小与地面坡度成反比。

5. 山脊线、山谷线均与等高线成正交。与山脊线相交时，等高线由高处向低处凸出；与山谷线相交时，等高线由低处向高处凸出。

二、常见地物符号

常见地物的表示符号，如表 1－23 所示。

表 1－23　地物符号

编号	符号名称	图例	编号	符号名称	图例
1	坚固房屋 4——房屋层数	坚4　1.5	13	小路	0.3　4.0　1.0
2	普通房屋 2——房屋层数	2　1.5	14	三角点 凤凰山——点名 394.486——高程	凤凰山/394.468　3.0
3	台阶	0.5　0.5　0.5	15	图根点 1. 埋石的 2. 不埋石的	1　2.0　N16/84.46 2　1.5　25/62.74　2.5
4	草地	1.5　0.8　10.0　10.0	16	水准点	2.0　Ⅱ京石5/32.804
5	旱地	1.0　2.0　10.0　10.0	17	烟囱	3.5　1.0
6	花圃	1.5　1.5　10.0　10.0	18	路灯	1.5　1.0
7	高压线	4.0	19	高程点 及其注记	0.5・163.2　75.4
8	低压线	4.0	20	温室	
9	电杆	1.0	21	高等线 1——首曲线 2——计曲线 3——间曲线	0.15　87　1 0.3　85　2　6.0 0.15　3
10	公路	0.3　沥｜砾　0.3	22	陡崖	
11	篱笆	1.0　10.0	23	气象站	3.0　4.0　1.2
12	栅栏、栏杆	1.0　10.0			

三、CASS10.0 软件操作界面

CASS10.0 的操作界面主要分为:顶部菜单面板、右侧屏幕菜单、工具条、属性面板,如图 1 - 174 所示。每个菜单项均以对话框或命令提示的方式与用户交互应答,操作灵活方便。

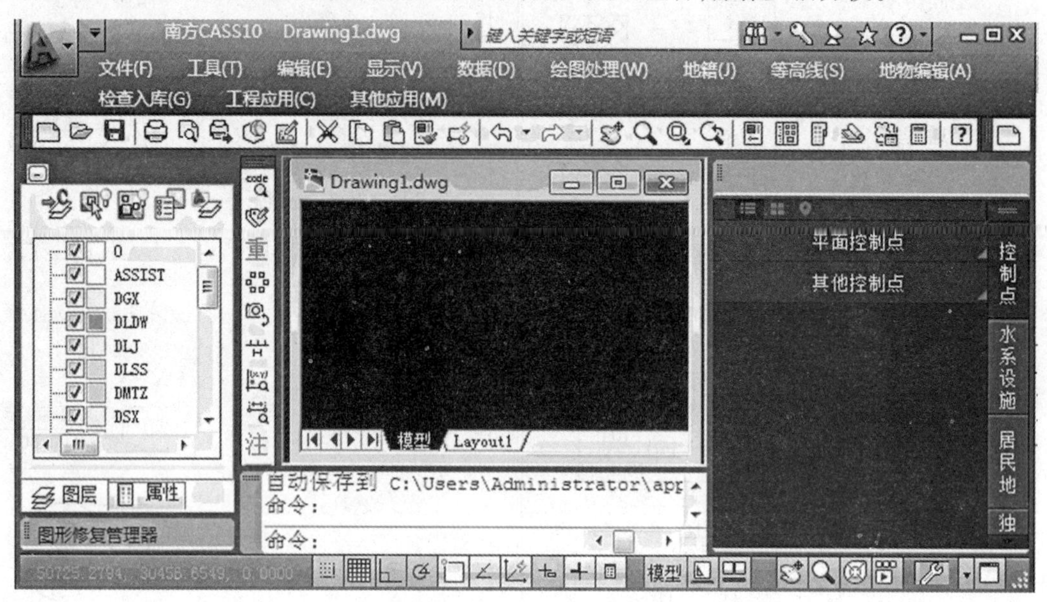

图 1 - 174 CASS10.0 界面

四、CASS10.0 常用快捷命令

(一)CASS10.0 系统

DD ——通用绘图命令

V ——查看实体属性

S——加入实体属性

F——图形复制

RR——符号重新生成

H——线型换向

KK——查询坎高

X——多功能复合线

B——自由连接

AA——给实体加地物名

T——注记文字

FF ——绘制多点房屋

SS ——绘制四点房屋

W——绘制围墙

K——绘制陡坎

XP——绘制自然斜坡

G——绘制高程点

D——绘制电力线

I——绘制道路

N——批量拟合复合线

O——批量修改复合线高

WW——批量改变复合线宽

Y——复合线上加点

J——复合线连接

Q——直角纠正

(二) AutoCAD 系统

A—— 画弧(ARC)

C——画圆(CIRCLE)

CP——拷贝(COPY)

E——删除(ERASE)

L——画直线(LINE)

PL——画复合线(PLINE)

LA——设置图层(LAYER)

LT——设置线型(LINETYPE)

M—— 移动(MOVE)

P ——屏幕移动(PAN)

Z—— 屏幕缩放(ZOOM)

R—— 屏幕重画(REDRAW)

PE—— 复合线编辑(PEDIT)

五、CASS10.0 打印指南

开始,选择“文件(F)”菜单下的“绘图输出”项,进入“打印”对话框。

(一)普通选项

1. 设置“打印机/绘图仪”

设置“打印机/绘图仪”对话框,如图 1 - 175 所示。

图 1－175　打印机对话框

首先，在“打印机/绘图仪”框中的“名称(M)：”一栏中选相应的打印机，然后单击“特性(R)”按钮，进入“绘图仪配置编辑器”。

(1)在“端口”选项卡中选取“打印到下列端口(P)：”，选择相应的端口，如图 1－176 所示。

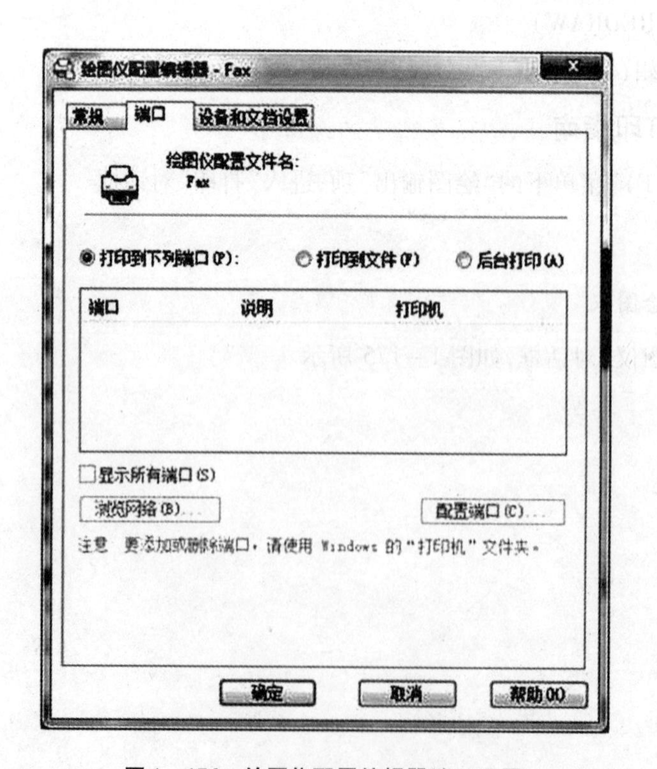

图 1－176　绘图仪配置编辑器端口设置

(2)“设备和文档设置”选项卡,如图 1－177 所示。

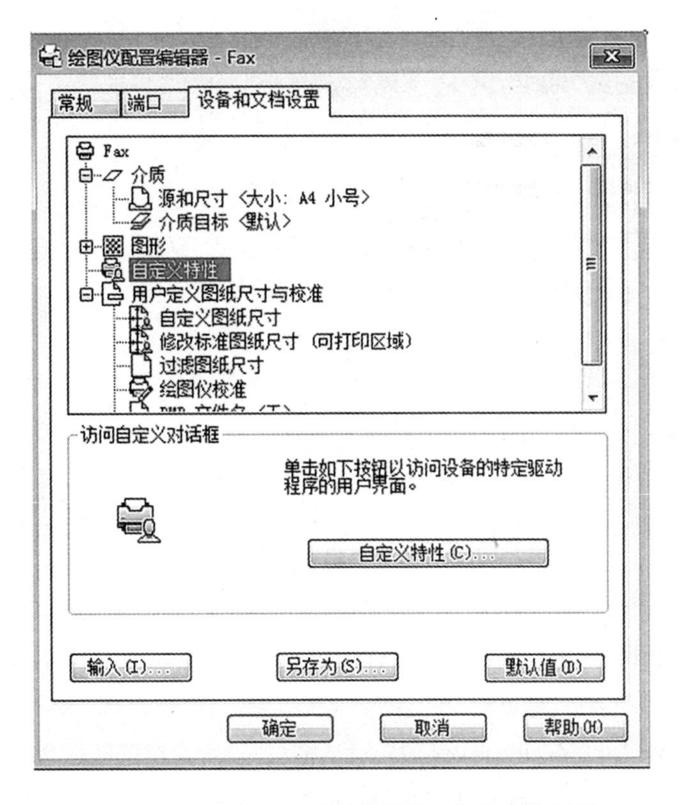

图 1－177　绘图仪配置编辑器的设备和文档设置

选择“用户定义图纸尺寸与校准”分支选项下的“自定义图纸尺寸”。在下方的“自定义图纸尺寸”框中点击“添加(A)...”按钮,添加一个自定义图纸尺寸,如图 1－178 所示。

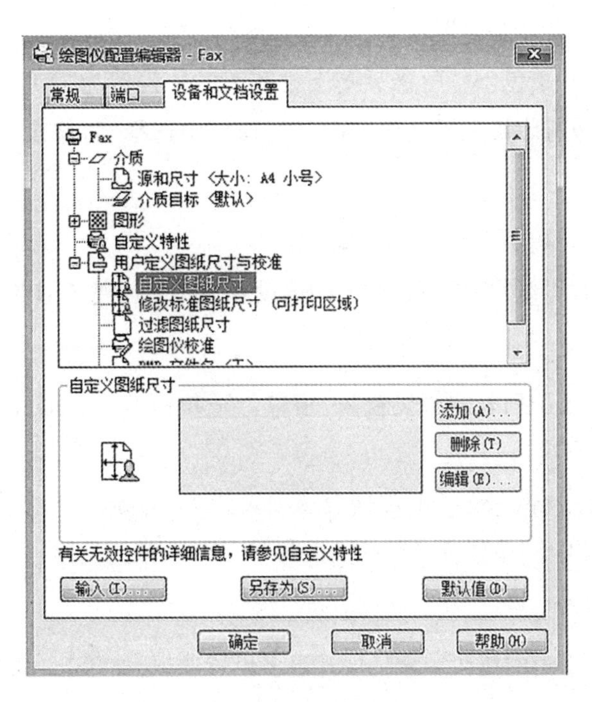

图 1－178　打印机设置自定义图纸尺寸

进入“自定义图纸尺寸”→“开始”，点选“创建新图纸(S)”→“下一步”，如图1-179所示。

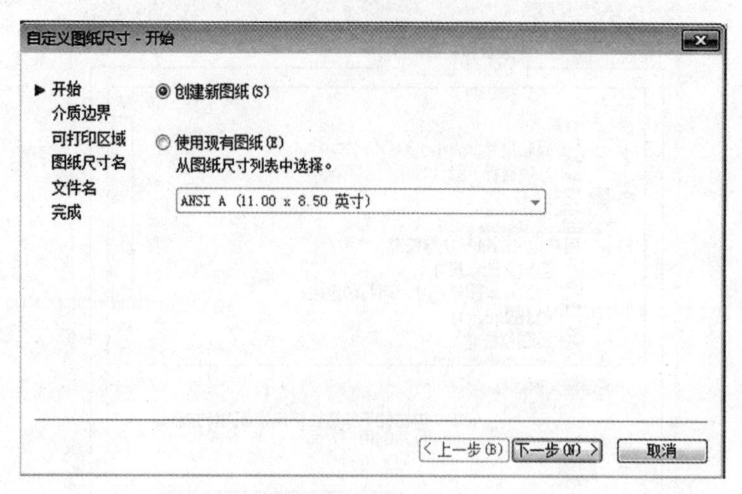

图1-179 “自定义图纸尺寸”→“开始”

①进入“自定义图纸尺寸”→“介质边界”对话窗口，设置单位和对应的图纸尺寸，点击“下一步”。

②进入“自定义图纸尺寸”→“可打印区域”对话窗口，设置对应的图纸边距，点击“下一步”。

③进入“自定义图纸尺寸”→“图纸尺寸名”对话窗口，输入自定义图纸名称，点击“下一步”。

④进入“自定义图纸尺寸”→“完成”对话窗口，单击“打印测试页”按钮，打印一张测试页，检查是否合格，然后单击“完成”。

选择“介质”分支选项下的“源和大小 <…>”。在下方的“介质源和大小”框中的“大小(Z)”栏中选择已定义过的图纸尺寸。

选择“图形”分支选项下的“矢量图形 <…> <…>”。在“分辨率和颜色深度”框中，把“颜色深度”框里的单选按钮设置为“单色(M)”，然后把下拉列表的值设置为“2级灰度”，单击最下面的“确定”按钮。这时，出现“修改打印机配置文件”窗口，在窗口中选择“将修改保存到下列文件”选钮，最后单击“确定”完成。

2. 设置“图纸尺寸”

把“图纸尺寸”框中的“图纸尺寸”下拉列表的值设置为先前创建的图纸尺寸。

3. 设置“打印区域”

把“打印区域”框中的下拉列表的值设置为“窗口”，下拉框旁边会出现按钮“窗口”，单击“窗口(O) <”按钮，鼠标指定打印窗口。

把“打印比例”框中的“比例(S)：”下拉列表选项设置为“自定义”，在文本框中输入“1”毫米 = “0.5”单位(1:500的图为“0.5”单位；1:1 000的图为“1”单位，依此类推)。

(二)更多选项

点击“打印”对话框右下角的按钮“⊙”，展开更多设置选项，如图1-180所示。

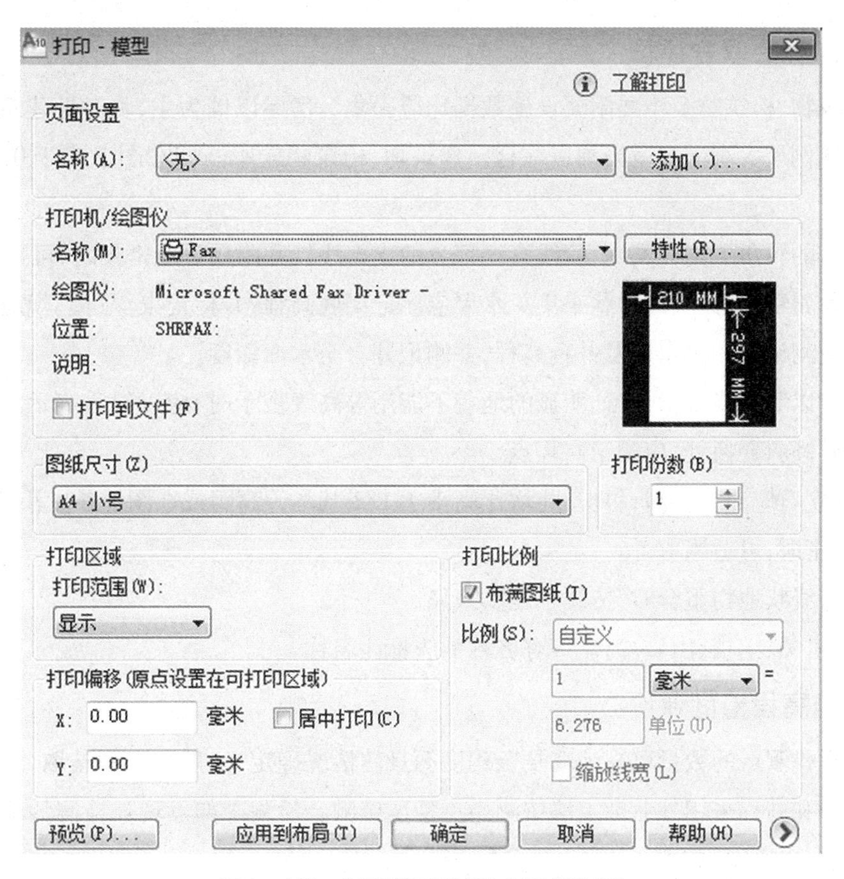

图 1－180　“打印”对话框(含更多选项)

在“打印样式表(笔指定)”框中把下拉列表框中的值设置为“monochrom. cth”(打印黑白图)。

在“图形方向”框中选择对应的选项。

单击“预览(P)...”按钮对打印效果进行预览,最后单击“确定”按钮打印。

【成果评价】

一、基本等高距评价

一个测区内同一比例尺地形图宜采用相同基本等高距。当基本等高距不能显示地貌特征时,应加绘半距等高线。平坦地区和城市建筑区,根据用图的需要,也可以不绘等高线,只用高程注记点表示。

地形图的基本等高距根据地形类别和用途的需要,参照表 1－24 规定选用。

表 1－24　地形图基本等高距　　单位:m

比例尺	地形类别			
	平地	丘陵地	山地	高山地
1:500	0.5	1.0(0.5)	1.0	1.0
1:1 000	0.5(1.0)	1.0	1.0	2.0
1:2 000	1.0(0.5)	1.0	2.0(2.5)	2.0(2.5)

注:括号内的等高距依用途需要选用

二、要素内容的取舍评价

1. 各类建筑物、构筑物及主要附属设施数据均应采集。房屋以墙为主,临时性建筑物可舍去。居民区可视测图比例尺大小需要适当加以综合。建筑物、构筑物轮廓凸凹在图上小于 0.5 mm 时,可予以综合。

2. 地上管线的转角点均应实测,管线直线部分的支架线杆和附属设施密集时,可适当舍去。

3. 水系及附属物,应按实际形状采集。水渠应测记渠底高程,并标记渠深;堤、坝应测记顶部及坡脚高程;泉、井应测记泉的出水口及井台高程,并测记井台至水面深度。

4. 地貌一般以等高线表示,特征明显的地貌不能用等高线表示时,应以符号表示。山顶、鞍部、凹地、山脊、谷底及倾斜变换处,应测记高程点。

5. 露岩、独立石应测记比高,斜坡、陡坎比高小于 1/2 基本等高距或在图上长度小于 5 mm 时可舍去。当坡、坎较密时,可适当取舍。

6. 地类界与线状地物重合时,按线状地物采集。

7. 居民地、机关、学校、山岭、河流等有名称的应标注名称。

三、平面和高程精度评价

平面和高程检测点的数量可视地物复杂程度等具体情况确定,一般每幅图选取 20 ~ 50 个点。检测点的平面坐标和高程采用外业散点法按测站点精度施测。检测中如发现被检测的地物点和高程点具有粗差时,应找出原因,重测。

【思考练习】

一、选择题

1. 关于等高线的几种说法,正确的是 (　　)

A. 同一等高线上各点高程相等

B. 等高线应是闭合的曲线

C. 用等高线表示地貌时,不同高程的等高线不能相交

D. 等高线平距的大小与地面坡度成正比

2. 测图比例尺可根据工程的设计、规模大小及管理需要,选择 (　　)

A. 1∶500　　B. 1∶1 000　　C. 1∶2 000　　D. 1∶5 000

3. 根据不同地形情况,1∶500 地形图等高距的选择一般采用 (　　)

A. 0.5 m　　B. 2 m　　C. 1 m　　D. 0.2 m

4. “草图法”在内业工作时,根据作业方式的不同,可分为以下几种方法 (　　)

A. 点号定位　　B. 坐标定位　　C. 编码引导　　D. 以上说法都对

5. CASS10.0 系统常用快捷命令 (　　)

A. T—— 注记文字　　B. SS ——绘制四点房屋

C. W——绘制围墙　　D. I——绘制道路

二、填空题

1. 比例尺精度是地形图上________所代表的实地________。比例尺________,其比例尺精度

________，地形图的精度就________。

2. 等高线的种类有________、________、________和________。

3. 在同一幅地形图上，只能采用相同基本________。

4. 相邻两条等高线之间的水平距离称为________。等高线平距的大小能反映地面坡度情况，等高线平距________，则地面坡度________，图上等高线也就愈________。

5. 山脊线、山谷线均与等高线成________。与山脊线相交时，等高线由高处向低处________；与山谷线相交时，等高线由低处向高处________。

6. 数据通讯的作用是完成电子手簿或带内存的全站仪与计算机两者之间的________。

7. CASS10.0 的操作界面主要分为：________、______、________和________。

项目二　体育馆施工放线

【学习目标】

一、知识要求

掌握水准仪、经纬仪、全站仪、垂准仪、标线仪的使用方法;掌握建筑物施工放线、轴线投测和标高传递的允许偏差;掌握平面点位的测设方法。

二、能力要求

根据建筑施工测量技术规程和建筑变形测量规范,运用水准仪、水准尺及钢尺正确进行体育馆高程传递及校核;运用全站仪及附属工具能正确进行体育馆主轴线定位与校核;运用经纬仪与钢尺正确进行体育馆细部轴线的尺寸确定与校核;运用垂准仪和经纬仪正确进行体育馆垂直度控制测量与校核;运用水准仪正确进行体育馆沉降观测;具有施工放样数据计算和测图坐标与建筑坐标换算的能力。

三、素质要求

培养适应工地现场不同工作环境的职业素质,在工程施工测量时,要时刻注意安全,培养学生遵守行业标准、规范安全操作,严格按照标准履行工作职能的行为习惯。

【情境描述】

某高职院校为丰富教职员工文化体育生活,拟在校园果圃的位置建设一个总建筑面积5 238.16 m^2的体育馆。该体育馆的位置距离北侧第一实训楼20.58 m,距离东侧栅栏5 m。在体育馆周边有三个平面控制点,两个水准点。其施工放线的工作过程为:编写施工放线方案、主轴线定位测量、细部轴线尺寸确定、垂直度控制测量(轴线投测)、高程传递测量、沉降观测。

任务1　施工放线方案编写

知识点:1. 熟知施工放线所用的测量仪器及工具。

2. 掌握施工放线方案编写的内容。

技能点:1. 能熟读施工平面图、基础平面图、立面图与剖面图。

2. 正确计算测设数据并绘出现场放线草图。

3. 能正确编写施工放线方案,并符合规范要求。

【引出任务】

施工放线方案的编写是施工放线测量的首要工作。为确保体育馆施工放线顺利进行,需要编写施工放线方案。工作步骤是:准备工作、选择施工控制测量方法、设置施工各阶段测量方法、确定施工放线质量标准、制定施工测量管理制度。

【任务实施】

子任务1 编写施工放线方案(课内4学时)

一、准备工作

(一)人员分配

以小组为单位,合理进行人员分配,可设测量负责人1人,施工放线员4~5人。完成水准点引测,轴线测设和高程传递测量。

(二)仪器及工具

施工测量放线所用仪器及工具见表2-1和表2-2。

表2-1 施工测量仪器与工具

仪器名	仪器图	仪器名	仪器图	仪器名	仪器图	仪器名	仪器图	仪器名	仪器图
全站仪		电子经纬仪		自动安平水准仪		激光垂准仪		激光标线仪	
棱镜		塔尺	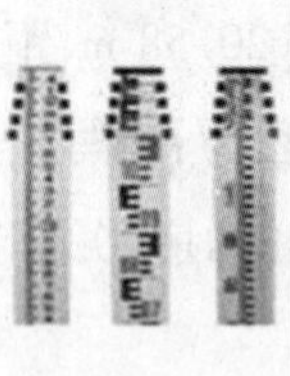	50 m 钢尺	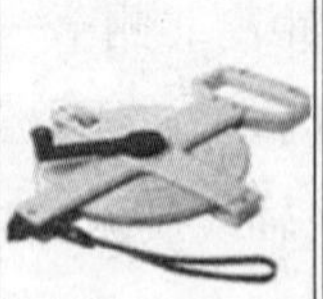	铅锤		墨斗	
5 m 卷尺		油漆		毛笔		铅笔		对讲机	

表 2-2　施工测量仪器与工具明细

序号	仪器名称	型号	精度要求	数量	用途	备注
1	水准仪(含脚架、塔尺)	NAL	标准偏差为 ±2 mm	1 台	标高测量	良好
2	电子经纬仪(含脚架)	DT	测角:2″级	1 台	测量放线	良好
3	全站仪(全套)	RTS	测角:2″级 测距:$\pm(2\ \text{mm}+2\ \text{ppm}\times D)$	1 套	工程控制测量	良好
4	激光垂准仪	DZJ	标准偏差为 1/40 000	1 台	轴线竖向传递	良好
5	放线钢尺	50 m/5 m	—	2/6 把	放线	良好
6	铅锤	1 kg	—	5 个	放线	良好
7	铟钢尺	—	—	1 对	水准测量	良好
8	尺垫	—	—	2 个	水准测量	良好
9	铁锤、油漆、铅笔、钢钉、墨斗等配合工具	根据需要配备	—	—	放线	良好
10	工程计算器	—	—	3 个	测量计算	良好

(三)技术准备

到项目所在地区的城市规划部门,办理好城市坐标测量控制点和城市水准测量控制点的交接工作。还需要到施工现场,对周边的平面控制点和水准点进行复核,经确认后,才能作为施工测量控制的基准使用。

测量人员参与平面图、结构图和剖面图的会审工作,熟悉建筑、结构细部的平面与标高尺寸,进行施工图纸测量坐标的复核、换算工作,确保内业计算的准确性及施工放线的正确性。

了解施工现场总平面布置及各施工阶段的布置情况。正确分析各施工工序交接事宜,掌握建筑平面、竖向的尺寸及标高变化情况,并根据施工现场踏勘具体情况,确定建立轴线控制网与高程控制网的最佳方案。

二、施工控制测量方法

(一)平面施工控制网

用全站仪对场区周边的导线点进行复测,如 K_{09}、K_{10}、K_{11},经验证合格后,可作为场区施工控制点使用。将全站仪架设于场区附近的 K_{10}控制点、后视 K_{11}控制点、复合 K_{09}控制点。采用全站仪坐标放样法,结合施工现场平面布置图,测设体育馆主轴线交点桩,经检查无误后,埋设好各交点桩,并做引桩。

得到放样好的坐标交点桩,经复测检查无误后,采用经纬仪正倒镜引出轴线控制桩,埋桩,待其稳定后重新复测检查,经验收无错误后做好标志,记录相对位置关系,形成工程定位测量放线记录。

(二)高程施工控制网

在施工现场周边,将现有的水准控制点的高程引测至施工现场,采用三、四等水准测量方法,往返测并进行闭合校算,经平差后将正确的高程标志固定在现场安全的地方,如图 2-1 所示,也可将高程标志固定在柱子及墙体上。经复核无误后报请验收,验收无误后, 成果存档。

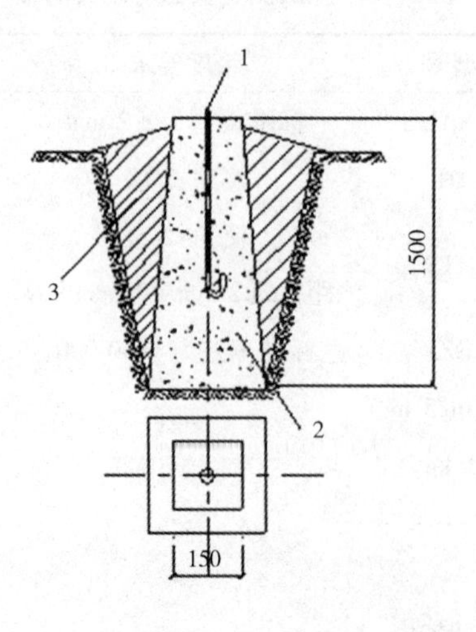

图2－1　示意图

1. 粗钢筋;2. 混凝土;3. 回填土

三、施工各阶段测量方法

(一)平面施工控制

1. 桩定位施工测量

本工程桩采用静压预应力管桩,施工现场由于运桩车辆、桩机行走和压桩等情况,可能会将原有放样出的桩位破坏掉,可用全站仪,利用工程桩点位的坐标,用坐标放样的方法,把桩位恢复出来,同时将施工所需要的轴线定出并进行闭合检查。

在压桩前,将桩位用钉子(为便于查找,可用红布条或塑料带做标志)打入桩位中心,保证有至少三条相交轴线对其位置进行检查,经施工、监理方及相关部门检查无误后方可压桩,桩身的垂直度可由机械自身机构控制。

2. 基础施工平面定位测量

工程桩施工完成后,各轴线交点、交点桩可能已被破坏,此时需要将各建筑物基础施工所需轴线交点桩重新放样出来,并根据基础、土方技术方案撒出基槽开挖线,经复核合格后方可进行基槽开挖施工。

在基础开挖的过程中,挖土、运土机械、车辆的频繁移动,会造成开挖灰线的破坏,在挖土过程中,随时采用全站仪或经纬仪对开挖灰线进行恢复,确保基槽的开挖平面尺寸符合要求。

基槽验收合格后,定出基础垫层施工的模板线。垫层施工完毕后可将主轴线直接投测到垫层上。用墨斗弹出主轴线,可在垫层上对投测的主轴线进行闭合校核,精度不低于1/8 000,测角限差为±12″,主轴线经复验无误后,将中心线、模板线等构件施工时所需的平面基准线依次弹出,经复核无误后方可进行下一道工序施工。

基础底板、承台、地基梁施工完毕后,将主轴线投测到底板、承台、地基梁上,复验无误后依次弹出轴线、中心线、模板、洞口等基准线,并进行下一道工序施工。

在首层平面上做轴线的平行线,确定“内控点”的位置。利用垂准仪,可将首层平面轴线尺寸上的

选定点，垂直投测到上面各结构层操作面上，在上层操作面上架设经纬仪将各点投测出来，形成控制轴线。

3. 主体结构施工平面定位测量

用垂准仪将主轴线投测到结构层操作面上，在操作层上采用经纬仪联测附合平面轴线尺寸，并向下对控制点进行附合，确保主轴线平面定位尺寸的准确性。

4. 装饰工程施工阶段施工测量

本装饰工程主要为内、外墙抹灰及外墙粉刷等一般装饰装修工程，此阶段的平面及立面控制较为细致，在砌体施工完成后，可将楼层主轴线清理出来，必要时可将主轴线弹到墙体、柱子、门窗、洞口处，以此作为抹灰基准。

（二）高程施工控制

1. 基础施工阶段标高控制

本工程基础为桩基。基础土方开挖采用机械开挖方式，开挖深度约为 2.3 m，本阶段标高控制为基槽开挖深度、基础底面、顶面标高、基础砌墙标高线等。

在基槽底部，设垂直桩，作为砼垫层施工基准。基础砼顶面标高可根据模板标高控制。在构造柱钢筋定位好后，也可以此控制砼浇筑标高。砼面标高、墙体标高等采用水准仪直接抄测。

2. 主体结构施工阶段

结构主体楼层标高控制，采用钢尺直接从框架柱及楼梯向上引测，每层楼至少从三个不同位置引测标高，之后在楼层上架设水准仪进行闭合复核。标高验收合格后，可引测在楼层操作面上相对固定的地方，以这几个基准点来控制模板、钢筋、砼的标高。结构拆模可将标高弹在柱子上，作为砌体施工依据。

3. 装饰及安装施工阶段

在主体结构完工后，将各楼层的柱、墙上的标高清理出来，做上明显标志，作为结构验收的依据。地面面层测量：用标线仪，在四周墙身与柱身上投测出 1.000 m 的水平线，作为地面面层施工标高控制线。吊顶和屋面施工测量：以 1.000 m 线为依据，用钢尺量至吊顶设计标高，并在四周墙上弹出水平控制线。屋面测量，首先要检查各方向流水实际坡度是否符合设计要求，并实测偏差，在屋面四周弹出水平控制线及各方向流水坡度控制线。墙面装饰施工测量：墙面装饰控制线、竖直线的精度不应低于1/3 000，水平线精度每 3 m 两端高差小于 ±1 mm，同一条水平线的标高允许误差为 ±3 mm。外墙面装饰用铅直线法在建筑物四周吊出铅直线以控制墙面垂直度、平整度及板块出墙面的位置。

（三）特殊部位施工控制

1. 剪力墙施工精度测量控制方法

为了保证剪力墙、隔墙的位置正确以及后续装饰施工的顺利进行，放线时首先根据轴线放测出墙的位置，弹出墙边线，然后放测出墙 +1.000 m 的控制线，并和轴线一样标记红三角。每个房间内每条轴线红三角的个数不少于两个。在该层墙施工完成后，要及时将控制线投测到墙面上，以便用于检查钢筋和墙体偏差情况。

2. 门、窗洞口测量控制方法

结构施工中，每层墙体完成后，用全站仪或经纬仪投测出洞口的纵向中心线。横向控制线用钢尺传递，并弹在墙体上。室内门、窗洞口的竖直控制线由轴线关系弹出，门、窗洞口水平控制线根据标高控制线由钢尺传递弹出。以此检查门、窗洞口的施工精度。

3. 钢结构施工测量控制方法

根据桁架安装图纸设计要求，做好平面点位及标高的施工控制测量工作。

(四)沉降观测

沉降观测依据最新规范要求，在施工过程中根据甲方提供的水准控制点及现场实际情况做好沉降观测点的埋设工作，建立固定的观测路线，并收集沉降观测资料做好存档记录。

四、施工放线质量标准

建筑施工测量中的精度要求，见 GB 50026—2007《工程测量规范》中的相关规定。

五、施工测量管理制度

(一)测量复测制度

1. 测量工作质量控制的核心是测量复核制度，其运作依靠自检、外检和抽检以及验收制度。为避免测量出现差错，所有测量内业和计算资料，必须经两人复核。

2. 用于测量的图纸资料应认真研究复核，必要时应做现场核对，确认无误无疑后，方可使用。各种测量的原始观测记录必须在现场同步做出，严禁事后补记、补绘，原始资料不允许涂改。

3. 在施工过程中，应采取不同方式、不同测点由两人进行复测，其测量工作内容、成果等要详细填入测量手簿内，并签字。记录中参加人员、设备、日期、地点、天气、工程地点(部位)等事项应填写完备、清楚。

4. 对于现场内各测量控制标桩，必须定期进行检测，特殊情况应随时进行检测。加强现场内的测量桩点的保护，所有桩点均明确标志，防止用错和破坏。

5. 核验时，要重点检查轴线间距、纵横轴线交角以及工程重点部位，保证轴线位置正确。

6. 在测量放线过程中，应遵守先整体后局部、先高级后低级、先控制后细部的工作程序。

(二)仪器使用与保养制度

1. 测量人员应负责和检查测量仪器的使用情况。

2. 测量人员在使用仪器施测过程中，必须坚守岗位，避免仪器震动、倾倒和碰撞。

3. 测量仪器必须由熟悉仪器性能和有实践经验的专业技术人员经常定期维护。同时，要按计量管理规定及时送检。单位内部每季度要检查校验一次仪器的精度。

4. 测量人员随时清点仪器的附件、工具，以防丢失。

5. 测量仪器必须由专人保管，使用中要注意防晒、防淋、防尘和防潮。

6. 领用和归还仪器时，使用和保管人员应互相进行检查，发现问题及时处理。

六、施工测量应提交的技术资料

1. 建筑物定位测量记录。

2. 技术复核单。

3. 水准点高程引测记录。

4. 施工技术交底记录。

5. 报验记录。

6. 沉降观测记录。

【成果评价】

对施工放线方案的编写做如下评价：

1. 依据施工图计算施工放样数据是否正确。

2. 依据放样数据绘制施工放样简图是否符合放样要求。

3. 放线方案中的质量标准和施工措施是否符合 GB 50026—2007《工程测量规范》的有关要求。

4. 放线方案中所列的项目是否齐全，内容是否完整。

【思考练习】

1. 每人交一份体育馆施工放线方案。

2. 每小组交一份体育馆轴线测设数据草图。

任务 2　主轴线定位测量

知识点：1. 明确建筑基线的布设形式。

2. 掌握全站仪坐标放线的方法。

3. 掌握测设平面点位的方法。

技能点：1. 能熟读施工平面图。

2. 正确应用经纬仪测量水平角。

3. 应用全站仪，能正确进行轴线定位测量。

【引出任务】

建筑物定位是民用建筑工程开工后的第一次放线，是将建筑物外墙轴线交点（也称角点）测设到实地，在施工现场形成不少于 4 个定位桩，以此作为基础放线和细部放线的依据。体育馆主轴线定位则根据测设数据和放线草图，在施工现场将定位桩确定下来。其工作步骤是：准备工作、布设施工控制网（平面控制网、高程控制网）、全站仪坐标放样测量、主轴线定位复核。

【任务实施】

子任务1　布设施工控制网(课内4学时)

一、准备工作

每个测量小组需要准备的仪器及工具有:全站仪1台、三脚架1个、棱镜2个、对中杆2个(一个附三脚架,另一个为手持对中杆)、电子经纬仪(附三脚架)1台、钢尺(50 m)1把、木桩若干、小钉若干、铁锤1个、铅笔1支、记录本夹1个。

二、布设平面施工控制网

(一)以建筑红线为基线

本书拟建的体育馆距离东侧栅栏(为市政规划的建筑红线)5 m,距离北侧第一实训楼20.58 m。以此为建筑基线,其与建筑主轴线平行。用电子经纬仪采用直角坐标法进行定位放线工作(见相关知识)。

为了便于检查基线点位有无变动,测设时,基线点数不得少于三个。由于测量存在误差,所以测设的基线点往往不在同一直线上,需要对基线进行调整。如图2-2所示,如果$\Delta\beta=\beta'-180°$超过±10″,则应在与基线垂直的方向上对1′、2′、3′点进行等量调整,调整量按式(2-1)计算。

$$\delta=\frac{ab}{a+b}\cdot\frac{\Delta\beta}{2\rho} \tag{2-1}$$

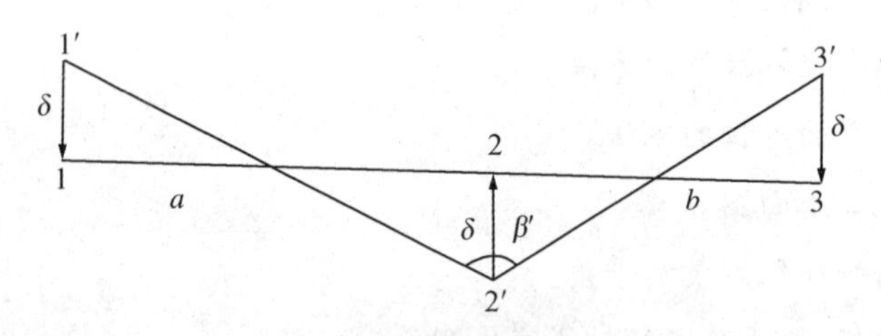

图2-2　基线点的调整

式中:

δ——各点的调整值(m);

a、b——分别为1与2、2与3之间的距离(m);

$\rho=206\ 265''$(1弧度的秒值)。

(二)用现有的导线网

随着全站仪在工程测量上的普及应用,方格网法正在被全站仪导线网所代替。本测区共设17个导线点,如图2-3所示为导线点之一。在拟建的体育馆周边有3个导线点,其导线点的平面坐标与体育馆施工坐标相统一。可用导线网作为施工控制网,经验证符合要求后,才可对体育馆的平面位置进行定位测量(见全站仪导线测量)。

图2－3　导线点之一

图2－4　墙上水准点标志

三、布设高程施工控制网

学院现有4个高程控制点（水准点），分别是BM_1、BM_2、BM_3和BM_4。可以通过三、四等水准测量的方法，将水准点引测到工地现场附近柱子或墙体上，如图2－4所示，可满足安置一次仪器即可测设出所需的高程点。为了施工放样需要，将±0.000高程（此高程为底层室内地坪的设计高程）的位置，用红油漆绘成上顶为水平线的“▼”，其顶表示±0.000的位置（见三、四等水准测量）。

子任务2　全站仪主轴线定位测量（课内4学时）

一、准备工作

每个测量小组需要准备的仪器及工具有：全站仪1台、三脚架1个、棱镜2个、对中杆2个（一个附三脚架，另一个为手持对中杆）、体育馆总平面图1张、桩位图1张、木桩若干、小钉若干、铁钉若干（带红布条或红塑料条）、铁锤1把、铅笔1支、记录本夹1个。

二、坐标放样测量

坐标放样测量，是在给定了放样点的坐标后，仪器自动计算出放样的角度和距离值，利用角度和距离放样功能可测设出放样点的位置。

图2－5所示为体育馆总平面图，在体育馆北侧有三个平面控制点，其平面坐标分别为K_{09}(5 081 178.050，540 398.238)、K_{10}(5 081 081.852，540 398.361)和K_{11}(5 081 079.153，540 307.723)。根据体育馆四周外墙点的坐标，计算出外廓主轴线的交点坐标，从而进行定位测量。

（一）安置全站仪

用全站仪坐标放样方法，在施工现场，定出主轴线A轴、K轴、①轴、⑬轴的四个定位桩点。K_{10}为控制点，K_{11}为后视点，K_{09}为校核点，在K_{10}点安置全站仪，其工作步骤见项目一中的任务2。

（二）轴线点位坐标放样

1. 进入测量模式第2页，按F1键（程序键）进入“程序菜单”。

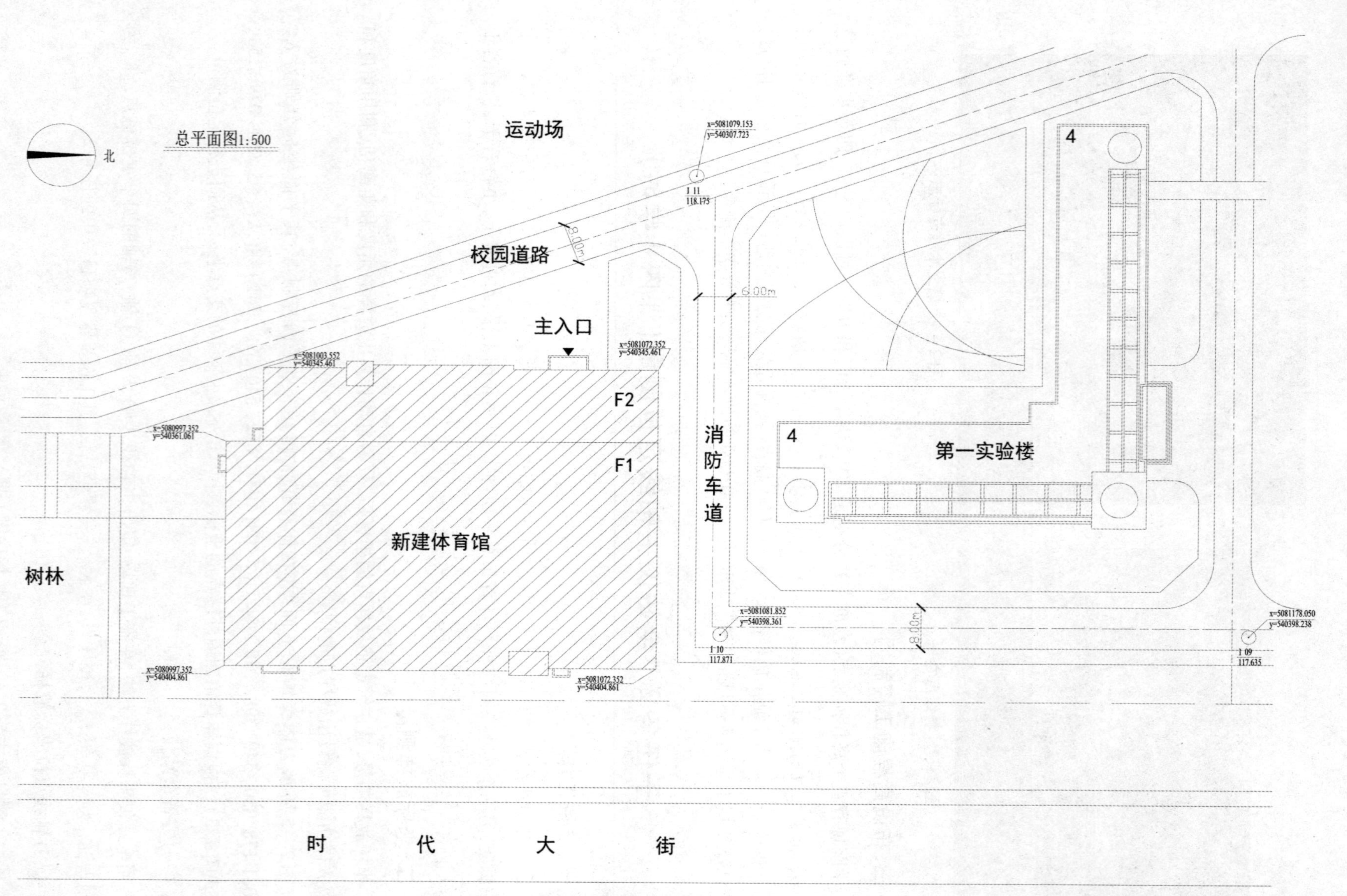
总平面图1:500
北
运动场
校园道路
8.00m
6.00m
8.00m
主入口
F2
F1
新建体育馆
树林
消防车道
4
4
第一实验楼
x=5081079.153
y=540307.723
x=5081003.552
y=540345.461
x=5081072.352
y=540345.461
x=5080997.352
y=540361.061
x=5080997.352
y=540404.861
x=5081072.352
y=540404.861
x=5081081.852
y=540398.361
x=5081178.050
y=540398.238
时代大街

图 2-5　体育馆总平面图

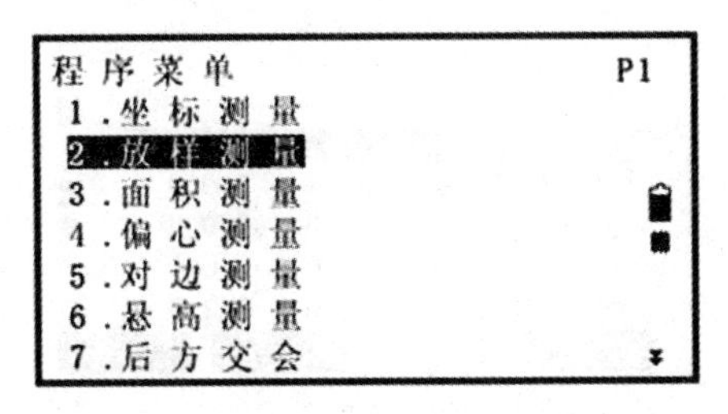

图 2－6　“程序菜单”下的“放样测量”

2. 选取“放样测量”，如图 2－6 所示。

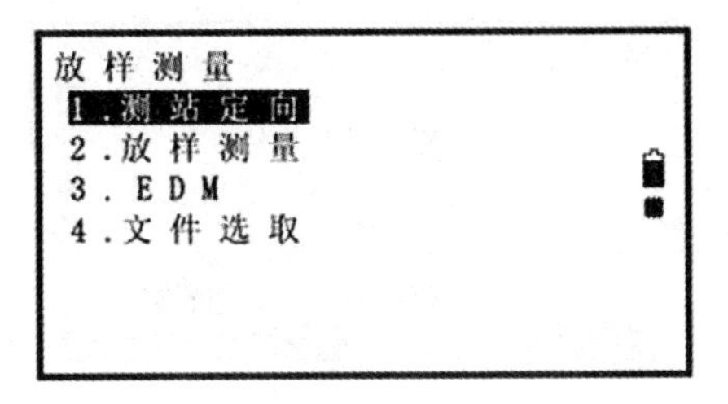

图 2－7　“测站定向”

3. 输入测站数据。

选取“测站定向”，如图 2－7 所示，选取测站坐标。输入点名、测站坐标，若需要调用仪器内存中已知坐标数据，请按 F1 键（调取键）。按 F4 键（OK 键）确认输入的坐标值，仪器自动进入后视定向菜单。

4. 设置后视坐标方位角。

选取“后视定向”。选取后视并输入后视点的坐标。按 F4 键（OK 键）确认输入的后视点数据。照准后视点按 F4 键（OK 键）设置后视方位角。

5. 选取“放样测量”，如图 2－8 所示。

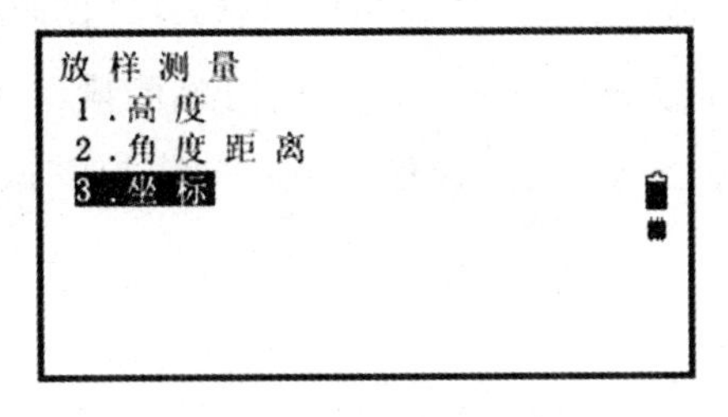

图 2－8　“放样测量”

6. 选取“坐标”，如图 2－9 所示。

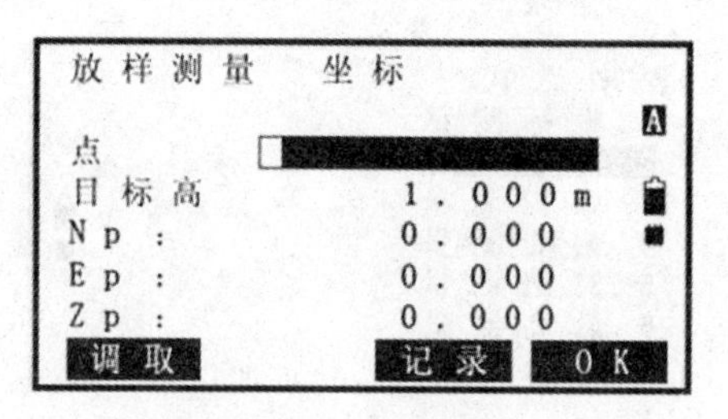

图 2-9 “坐标”

7. 输入放样点坐标，如图 2-10 所示。

如仪器内存中有已知坐标数据，也可按 F1 键（调取键）调用内存中的已知坐标数据。

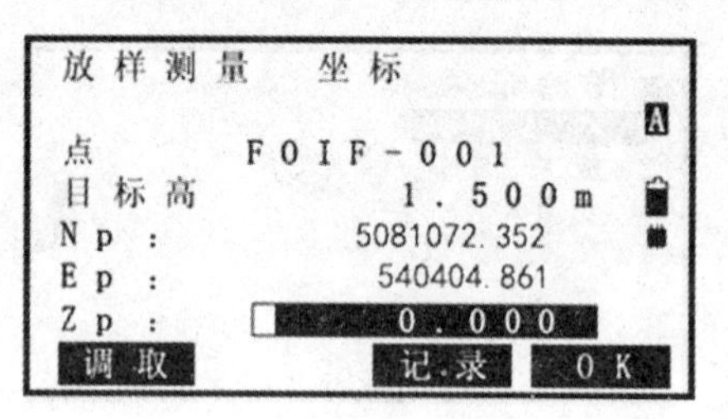

图 2-10 输入放样点坐标

8. 按 F4 键（OK 键）确认输入放样点坐标，如图 2-11 所示。

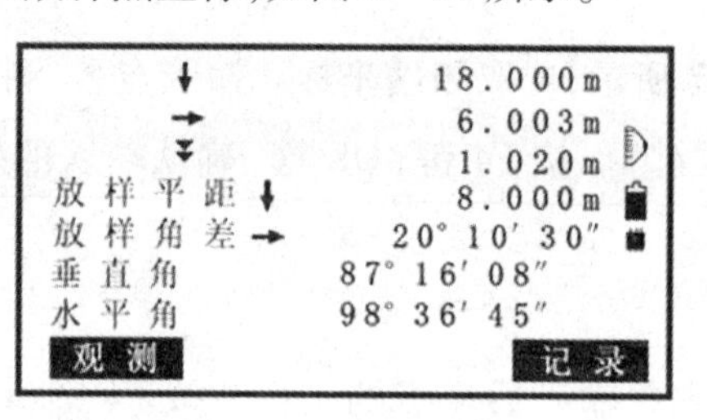

图 2-11 确认坐标

9. 按 F1 键（观测键）开始坐标放样测量。

通过观测和移动棱镜测设出放样点位。具体做法是：转动仪器照准部，使显示的“放样角差”值为“0°”，并将棱镜设立到所照准方向上，按 F1 键（观测键）开始测量。屏幕上显示出距离实测值与放样值之差——“放样平距”。在照准方向上将棱镜移向或远离测站使“放样平距”的值为“0 m”。

移动的方向：

←：将棱镜左移。

→：将棱镜右移。

↓：将棱镜移向测站。

↑：将棱镜移向测站。

10. 按 ESC 键返回“放样测量”屏幕。

放完一个点位，如 K_1，按 F1 键往下观测，继续放样第二个点位 K_{13}。

（三）桩位坐标放样

本体育馆为桩基础建筑，图 2-12 为桩位平面图。根据桩位图的位置关系，在施工现场，利用全

站仪采用坐标放样的方法，将若干个桩位标定出来（本体育馆工程为178桩位），在地面做好标记。

子任务3　主轴线定位复核（课内4学时）

一、准备工作

（一）仪器及工具

全站仪1台、精度较高的全站仪1台、三脚架1个、棱镜2个、对中杆2个（一个附三脚架，另一个为手持对中杆）、体育馆平面图1张、铁钉若干（带红布条或红塑料条）、木桩若干、小钉若干、铁锤1把、铅笔1支、记录本夹1个。

（二）人员安排

1、2、3测量小组完成主轴线定位；4、5、6测量小组（相当于监理方）进行轴线定位复核。

二、轴线定位测量

（一）安置仪器

在施工现场，于K_{10}点上安置全站仪，经对中、整平后，瞄准K_{11}点上的棱镜，进行后视定向，再瞄准K_{09}点，进行点位校核，测出的坐标应在允许误差范围内，否则找出原因，重新定向。

（二）轴线点位坐标放样

根据确定的主轴交点坐标，按照坐标放线方法，依次放出体育馆外墙主轴线其他定位点，并做标志。

做法是：全站仪定向后，输入K轴与①轴角点K_1坐标，屏幕上便显示放样角差，按照箭头所指的方向转动仪器，待接近0°00′00″时，将制动螺旋旋紧，用微动螺旋调至0°00′00″，此方向即为放样方向。这时水平螺旋就不能再动了，观测者指挥持镜者左右移动棱镜，直到望远镜十字丝中心点对准棱镜中心点为止。再按F1键（观测键）开始测量，屏幕上便显示放样平距，在照准方向上将棱镜移向（箭头向下）或远离（箭头向上）测站，使放样平距的值显示为0 m。在此点位上，钉下木桩（桩顶钉上小钉）。

同样的方法，放出交点K_{13}、A_{13}、A_1。待主轴线角点确定后，检查四条轴线交角是否为90°00′00″，允许误差应在20″以内，否则找出原因重新放样测量。

三、轴线定位复核

（一）安置全站仪

方法见子任务2所述。

（二）轴线点位坐标测量

按照坐标测量方法，依次测出体育馆外墙主轴线定位点的坐标，并与施工图上轴线角点坐标比较，应在允许误差范围内（X和Y方向不应超过5 mm）。

做法是：全站仪定向后，松开水平制动螺旋，转动照准部瞄准A_1角点上的棱镜，再转动水平微动螺旋和望远镜上的微动螺旋，精确照准棱镜的中心点。进入坐标测量界面，选取“测量”，开始坐标测量，在屏幕上显示出该点位坐标值。同样的方法，可以测出A_{13}、K_1、K_{13}角点的坐标。如超差，找出原因，重新放样测量。

(三)填写轴线定位复核单

轴线定位复核之后,应按要求填写轴线定位复核单,并做好保存,以便日后查找。

【相关知识】

一、测设平面点位的方法

(一)直角坐标法

在施工场地,当建筑基线与拟建建筑物的轴线平行或垂直时,可用直角坐标法测设点位。如图2-13(a)、(b)所示,在Ⅰ点安置经纬仪,瞄准Ⅱ点,在Ⅰ和Ⅱ方向上以Ⅰ点为起点分别测设 $D_{\mathrm{I}a}$ = 22.00 m、D_{ab} = 56.00 m,定出 a 和 b 点。搬仪器到 a 点,瞄准Ⅱ点,测设90°角,定出 a—4 方向线,在此方向上由 a 点测设 D_{a1} = 35.00 m,D_{14} = 33.00 m,定出1和4点。再搬经纬仪到 b 点,瞄准Ⅰ点,同法定出房角点2、3点。检查 D_{12}、D_{34}的距离是否为56.00 m,房角4和3是否为90°,误差是否在允许范围内。

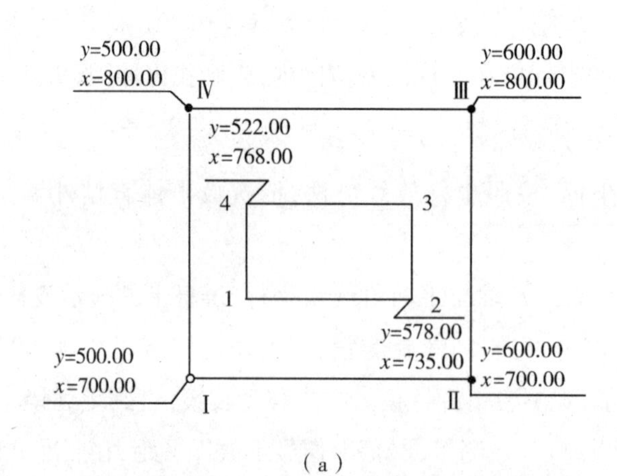

(a)

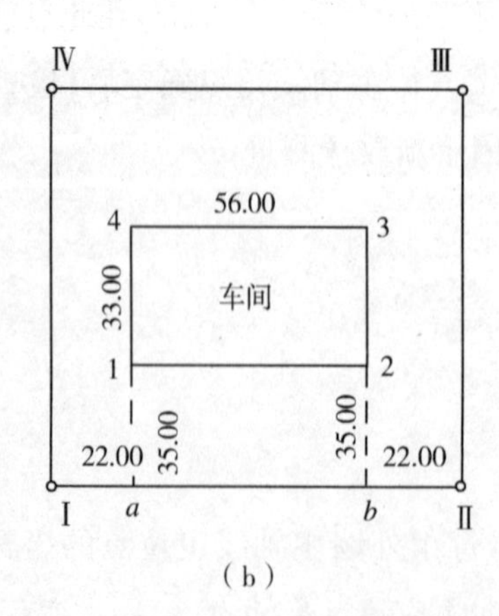

(b)

图2-13 直角坐标法(单位:m)

(二)极坐标法

用全站仪按极坐标法测设点的平面位置。如图 2－14 所示，1、2 为已知控制点，P 点为待测点。将全站仪安置在 1 点，瞄准 2 点，按仪器提示，分别输入测站点 1、后视点 2 及待测点 P 的坐标，仪器即自动显示测设数据水平角 β 及水平距离 D。水平转动仪器直至角度显示为 0°00′00″，此时视线方向即是需要测设的方向。在此方向上指挥持棱镜者前后移动棱镜，直到距离改正值显示为零，则此时棱镜所在的位置即为 P 点。

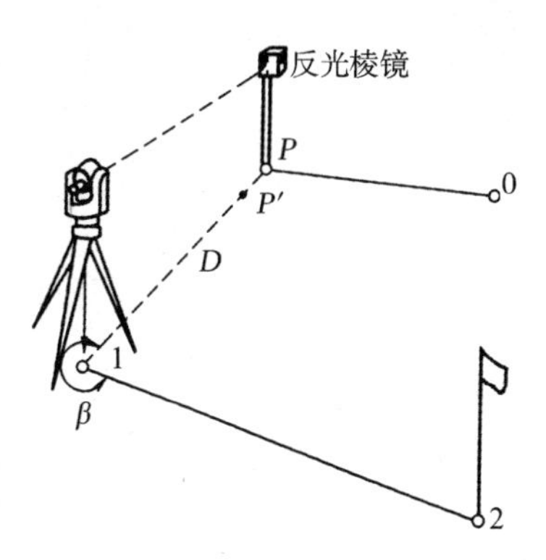

图 2－14　全站仪极坐标法测设

(三)前方交会法

此法可在两个控制点上用经纬仪测设两条方向线，两条方向线相交得出待测点的平面位置。为提高放样精度，通常用三个控制点、三台经纬仪进行交会。该法适用于测设点离控制点较远或测量距离较困难的地形条件。交会角宜在 30°～120°之间。在桥梁等工程中，常采用此法。

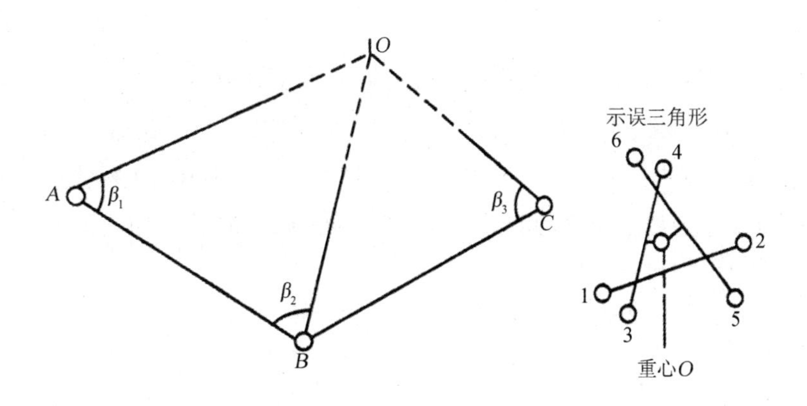

图 2－15　前方交会法

如图 2－15 所示，设 A、B、C 为控制点，O 为放样点，根据坐标反算求出放样数据，即水平角 β_1、β_2、β_3，可由下式求得。

$$\beta_1 = \alpha_{AB} - \alpha_{AO}\text{；}\beta_2 = 180° - \alpha_{AB} + \alpha_{BO}\text{；}\beta_3 = \alpha_{CO} - \alpha_{CB}$$

式中 α 为各直线坐标方位角。

在现场放样时，于控制点 A、B、C 上各架一台经纬仪，依次以 AB、BA、CB 为起点，分别放样水平角 β_1、β_2 和 β_3，这时观测者可指挥在其方向交点处打上木桩，即为放样点 O。由于测量误差的存在，而形成一个示误三角形，当误差在允许范围内，可取示误三角形内切圆的圆内作为放样点 O 的位置。

(四)距离交会法

距离交会法是利用两线段距离进行交会，其交点就是所要测设的点的位置。该法适用于测设点离两个控制点较近(一般不超过一整尺长)，并且地面平坦、量距方便的地方。

如图 2－16 所示，A、B 为控制点，P 为待测点。根据控制点 A、B 及待测点 P 的坐标，计算出 D_1 和 D_2 的距离。现场测设时，分别以 A 点和 B 点为圆心，以 D_1 和 D_2 为半径，用钢尺在地面上画弧，两条弧线的交点即为待测点 P。

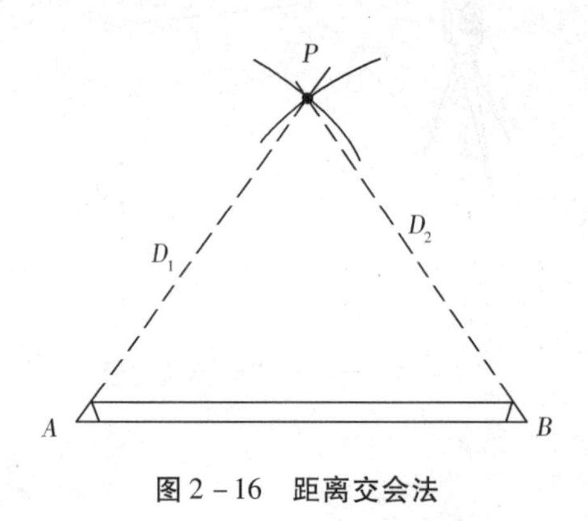

图 2－16　距离交会法

二、施工控制点的坐标换算

为工程建设和工程放样而布设的测量控制网，称为施工控制网。与测图控制网相比，施工控制网具有控制范围小、控制点密度大、精度要求高、使用频繁及受施工干扰大等特点。

由于建筑物布置的方向受场地的限制，所以施工坐标系通常与测图坐标系不一致。为了在建筑物场地利用原测图控制点进行测设，需要把主点的施工坐标换算成测图坐标。如图 2－17 所示，设 XOY 为测图坐标系，$AO'B$ 为施工坐标系。X_0、Y_0 为施工坐标系的原点 O' 在测图坐标系中的坐标，α 为施工坐标系纵轴 $O'A$ 在测图坐标系中的坐标方位角。设已知 P 点的施工坐标为(A_P, B_P)，按式(2－2)换算为测量坐标(X_P, Y_P)；如已知 P 的测量坐标，则可按式(2－3)换算为施工坐标。一般 X_0，Y_0 及 α 的数值，可在设计资料中查找到。

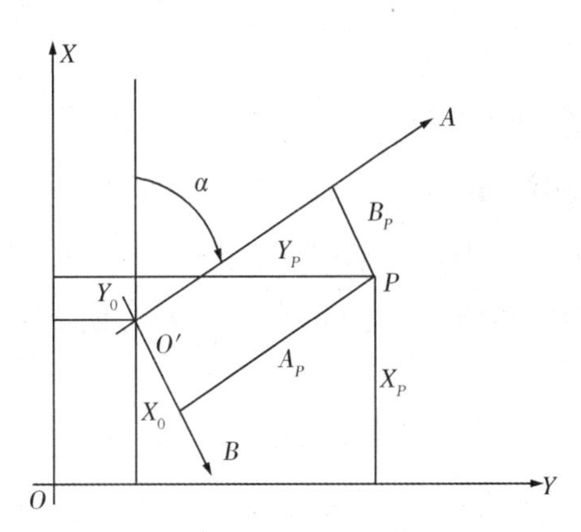

图 2－17　施工与测量坐标系的换算

$$\begin{cases} X_P = X_0 + A_P\cos\alpha - B_P\sin\alpha \\ Y_P = Y_0 + A_P\sin\alpha + B_P\cos\alpha \end{cases} \qquad (2-2)$$

$$\begin{cases} A_P = (X_P - X_0)\cos\alpha + (Y_P - Y_0)\sin\alpha \\ B_P = -(X_P - X_0)\sin\alpha + (Y_P - Y_0)\cos\alpha \end{cases} \qquad (2-3)$$

三、建筑基线

在建筑场地面积不大、地势比较平坦时，常在场地内布置一条或几条基准线，作为施工测量的平面控制，称为建筑基线。

(一)建筑基线的布设形式

建筑基线的布设形式主要有三点“一”字型、三点“L”字型、四点“T”字型、五点“十”字型如图 2－18 所示。

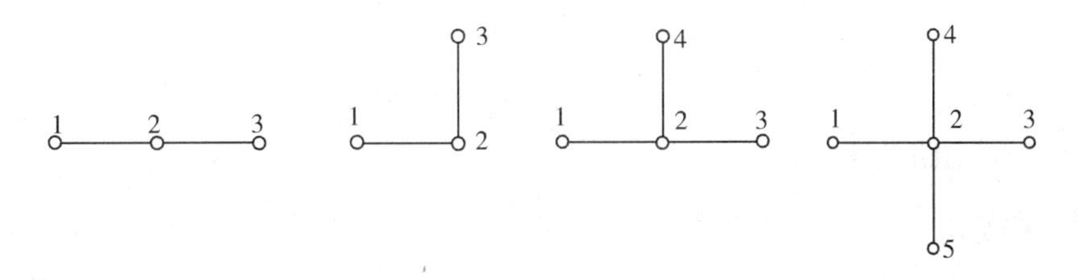

图 2－18　建筑基线的布设形式

(二)建筑基线布设的原则

1. 建筑基线应尽可能地靠近拟建的主要建筑物，并与其主要轴线平行或垂直，以便使用直角坐标法进行建筑物的定位。

2. 建筑基线上的基线点不应少于 3 个，以便相互检核。

3. 建筑基线应尽可能与施工场地中的建筑红线相联系。

4. 基线点位应选在通视良好、不易被破坏的地方，如需长期保存，要埋设永久性的混凝土桩。

四、根据原有建筑或道路测设建筑主轴线

建筑物在规划设计过程中，如在规划区内保留有原有建筑或道路，可根据其与拟建建筑物的位置

关系来进行新建筑物主轴线测设。

(一)根据与原有建筑的关系测设

如图2－19(a)所示,此法适用于新旧建筑物长边平行的情况。等距离延长山墙 CA 和 DB 两直线,定出 AB 的平行线 A_1B_1,在 A_1 和 B_1 两点分别安置经纬仪,以 A_1B_1、B_1A_1 为起始方向,测设出90°角,并按此设计给定尺寸,在 AA_1 方向上测设出 M、O 两点,在 BB_1 方向上定出 N、P 两点,从而得到新建筑物的主轴线 MN 和 OP。

如图2－19(b)所示,此法适用于新旧建筑物短边平行的情况。等距离延长山墙 CA 和 DB 两直线,定出 AB 的平行线 A_1B_1。再作 A_1B_1 延长线,在此线上依设计给定的距离关系测设出 M_1N_1,然后在 M_1 和 N_1 点上分别安置经纬仪,分别以 M_1N_1、N_1M_1 为零方向,测设90°角,定出两条直线,并依设计给定尺寸测设出 MO 和 NP,从而得到新建筑的主轴线 MN 和 OP。

如图2－19(c)所示,此法适用于新旧建筑的长边与短边相互平行的情况。先等距离延长山墙 CA 和 DB,作平行于 AB 的直线 A_1B_1。再安置经纬仪于 A_1 点,作 A_1B_1 的延长线,丈量出 Y 值,在 O_1 点上安置经纬仪,以 B_1A_1 为零方向测设90°角的方向,并丈量出 O_1O 等于 X 值,测设出 O 点及 P 点,分别安置经纬仪,测设出 M 和 N,从而得到主轴线 OP 和 MN。

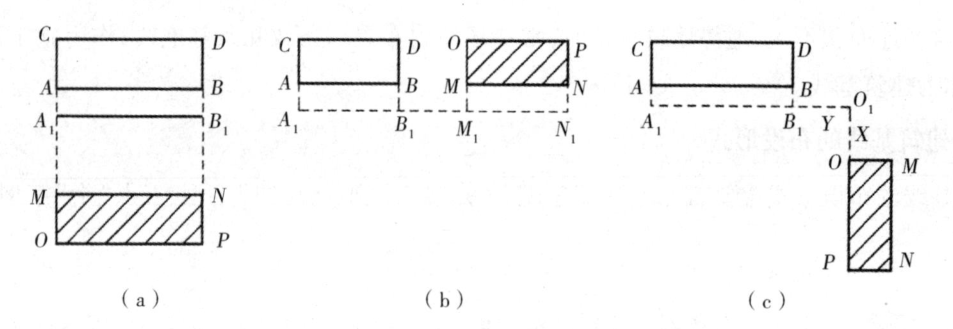

图2－19　根据与原有建筑关系测设建筑主轴线

(二)根据与原有道路关系测设

一般拟建建筑物轴线与原有道路中线平行时多采用此法。如图2－20所示,AB 为道路中心线,在路中线上安置经纬仪,根据图上给定的各项尺寸关系,测设出平行于路中线的建筑主轴线 OP 和 MN。其具体操作与前述基本相同。

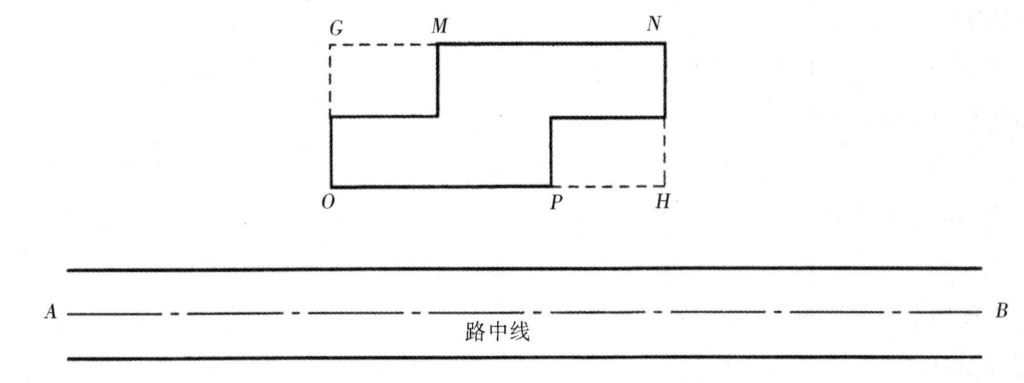

图 2-20 根据原有道路测设建筑主轴线

【成果评价】

主轴线及桩位放样精度评价：

主轴线及各桩位测设后，应按要求进行复核。符合要求后，才能进行本施工层上的其他测设工作，否则应重新进行测设。建筑物基础桩位及外廓主轴线施工放样的允许误差如表 2-3 所示。

表 2-3 建筑物施工放样的允许误差

<table>
<tr><th>项目</th><th colspan="2">内容</th><th>允许偏差/mm</th></tr>
<tr><td rowspan="2">基础桩位放样</td><td colspan="2">单排桩或群桩中的边桩</td><td>±10</td></tr>
<tr><td colspan="2">群桩</td><td>±20</td></tr>
<tr><td rowspan="4">各施工层上放线</td><td rowspan="4">外廓主轴线长度 L/m</td><td>$L\leqslant30$</td><td>±5</td></tr>
<tr><td>$30<L\leqslant60$</td><td>±10</td></tr>
<tr><td>$60<L\leqslant90$</td><td>±15</td></tr>
<tr><td>$L>90$</td><td>±20</td></tr>
</table>

【思考练习】

一、选择题

1. 关于建筑基线的几种说法，正确的是 ( )

A. 建筑基线是建筑红线　　B. 基线点选在通视良好的地方

C. 基线点选在不易被破坏的地方　　D. 必须长期保存

2. 关于施工坐标的几种说法，正确的是 ( )

A. 是现场的测图坐标　　B. 应与建筑物平行或垂直

C. 可以换算为测图坐标　　D. 以上说法都对

3. 国家控制网，是按(　　)建立的，它的低级点受高级点逐级控制

A. 一至四等　　B. 一至二等　　C. 一至四级　　D. 一至二级

4. 导线点属于 （ ）

A. 高程控制点 B. 平面控制点 C. 坐标控制点 D. 水准控制点

5. 下列属于平面控制点的是 （ ）

A. 三角高程点 B. 三角点 C. 水准点 D. 以上说法都不对

6. 建筑基线的布设形式为 （ ）

A. 二点直线型 B. 三点直角型 C. 四点丁字型 D. 五点十字型

7. 建筑施工现场平面点位测设的方法有 （ ）

A. 直角坐标法 B. 极坐标法 C. 角度交会法 D. 距离交会法

8. 施工测量（测设或放样）的内容包括 （ ）

A. 施工前场地平整，控制网建立，建（构）筑物的定位和基础放线

B. 工程施工中各道工序的细部测设及构件与设备安装测设

C. 竣工测量，绘制竣工平面图

D. 高大和特殊的建（构）筑物在施工期间和建成后定期进行变形观测

9. 在民用建筑施工区域内，高程控制使用的水准测量是 （ ）

A. 二等水准 B. 三等水准 C. 四等水准 D. 等外水准

10. 在建筑场地，施工平面控制网的主要形式有 （ ）

A. 建筑方格网 B. 导线网 C. 建筑轴线 D. 建筑基线

二、填空题

1. 建筑基线应尽可能靠近拟建的________，并与其主要轴线________或________，以便用直角坐标法进行建筑物的________。

2. 施工控制网具有控制________、控制点________、精度________、使用________、受施工干扰大等特点。

3. ________适用于测设点离两个控制点较近，并且地面________、量距________的地方。

4. 在施工场地，有建筑基线与拟建建筑物轴线________或________时，可用________测设点位。

三、识图题

1. 说出下图已建建筑物与拟建建筑物的关系，并简要说明放样过程。

C D A B A_1 B_1 M N P Q

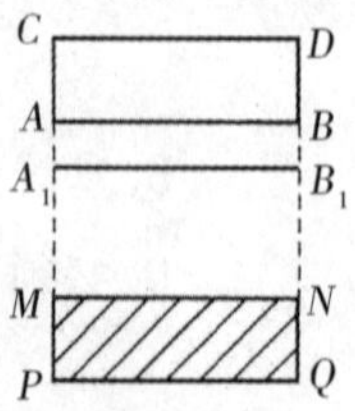

2. 说出下图已建建筑物与拟建建筑物的关系，并简要说明放样过程。

C D P Q A B M N A_1 B_1 M_1 N_1

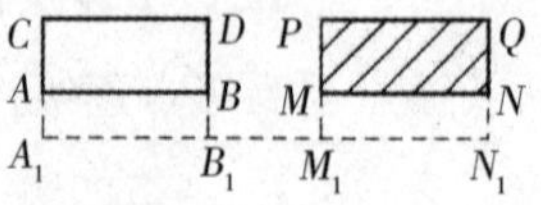

3. 说出下图已建建筑物与拟建建筑物的关系，并简要说明放样过程。

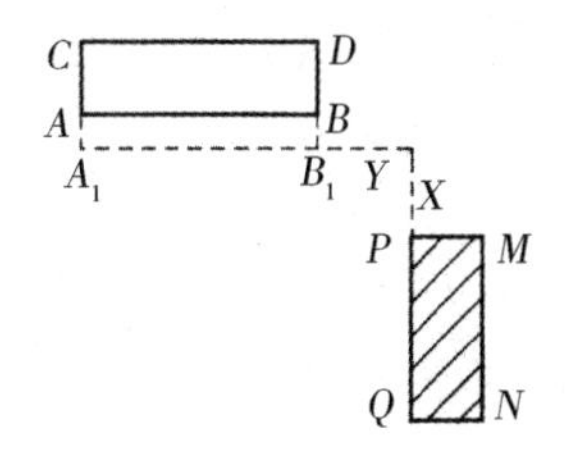

任务3　细部轴线尺寸测量

知识点：1. 明确电子经纬仪各部件名称与键盘操作。

2. 掌握钢尺量距的基本方法。

3. 掌握轴线引测的方法。

技能点：1. 能熟读施工平面图，确定细部轴线尺寸。

2. 正确引测轴线控制桩。

3. 应用全站仪或电子经纬仪进行细部轴线校核。

【引出任务】

建筑物施工放线主要工作包括轴线测设和细部轴线点测设。前面已进行主轴线测设，并经校核符合规范要求。下面主要详细测设主轴线以外其他各轴线交点的位置（细部轴线测设），用木桩标定出来（中心桩）。为防止施工过程中将桩挖掉，则需要将角桩、中心桩引测到基槽外侧距轴线交点 4 m 以上的轴线控制桩上，并做好标志及防护。其工作步骤是：准备工作、测设细部轴线交点、引测轴线控制桩、细部轴线尺寸复核。

【任务实施】

子任务1　测设细部轴线交点（课内4学时）

一、准备工作

每个测量小组需要准备的仪器及工具有：全站仪1台、电子经纬仪1台、三脚架2个、棱镜2个、对中杆2个（一个附三脚架，另一个为手持对中杆）、体育馆平面图1张、钢尺（50 m）1把、木桩若干、小钉若干、铁锤1把、铅笔1支、记录本夹1个。

二、电子经纬仪测设细部轴线交点

在施工现场，已测设好体育馆的定位点，下面开始测设其他各轴线交点的位置。现以电子经纬仪 DT402L 为例，说明工作步骤。

(一)安置仪器

打开三脚架,调整到适当高度,架设到 A_{13} 桩点上,取出电子经纬仪,小心地放到三脚架上,通过拧紧三脚架上的中心螺旋,使仪器与三脚架连接紧固。

1. 仪器整平

用圆水准器粗略整平仪器,用长水准器精确整平仪器,方法同全站仪操作。

2. 仪器对中

仪器开机,进入正常测量界面,如图 2-21 所示。按“切换键”,仪器显示屏下方显示“切换”字样,则表示仪器第二按键功能启动,此时按键对应功能为面板上图标所代表的功能。按“左右键”,则仪器的激光对中器打开,再次按该键,则激光对中器关闭。反复调整仪器脚架和脚螺旋,最后使仪器在 A_{13} 桩点上,既对中,又整平。

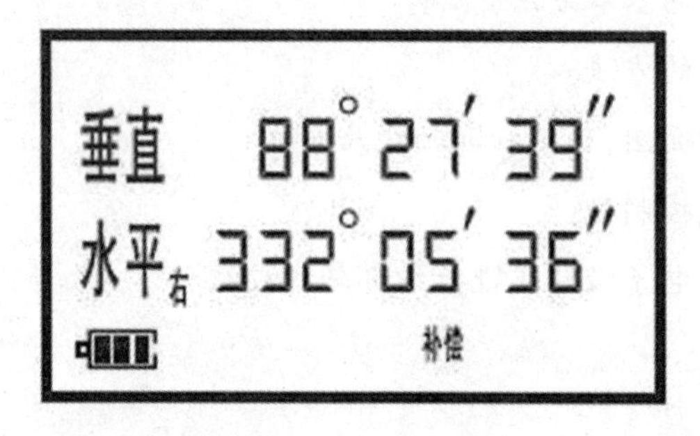

图 2-21 “切换”功能

(二)轴线定线与点位确定

体育馆施工平面图如图 2-22 所示。在 A_{13} 桩点,松开水平和垂直制动螺旋,粗略瞄准 A_1 桩点,调节微动螺旋,使照准部准确瞄准 A_1 桩点上的小钉,可用双丝夹住小钉或用单丝和目标重合。固定照准部制动螺旋,然后将望远镜向下俯视,将十字丝交点投测到木桩上,即 A_{12} 点上。把钢尺零端对准 A_{13} 点,沿视线方向拉紧钢尺,在钢尺上读数为⑫轴和⑬轴间距为 6.2 m 的位置上钉下小钉。钉的过程中,用仪器检查小钉是否偏离视线方向,看钢尺的读数是否变化。用钢尺检查各相邻轴线桩的间距是否等于设计值,误差应小于 1/3 000,同样方法测出其他各交点位置。

以 A 轴线为起始边，按“左右键”，此时水平角为水平右，按“置零”两次，显示屏显示为 0°00′00″，如图 2－23 所示。顺时针转动电子经纬仪，瞄准 K_{13} 桩点上的小钉。检查两条轴线是否为 90°00′00″，允许误差应在 20″。如在允许误差范围内，固定照准部制动螺旋，然后将望远镜向下俯视，使十字丝交点投测到木桩上，即 B_{13} 桩点上。把钢尺零端对准 A_{13} 桩点上的小钉，量出 A_{13} 与 B_{13} 的间距为 1.2 m。同样定出⑬轴其他各交点的位置（注意钢尺零点应始终放在起始端点上，可以减小钢尺对点误差）。

将电子经纬仪搬到 K_{13} 和 K_1 桩点上，同样方法，可以定出其他各细部轴线交点。

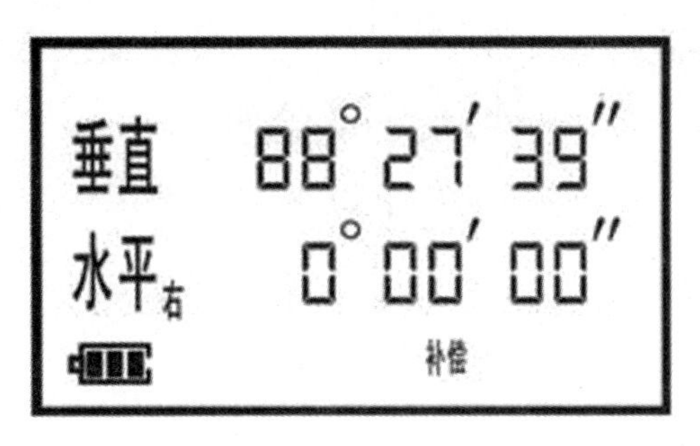

图 2－23　置零

三、全站仪测设细部轴线交点

（一）安置仪器

方法同项目一中的任务 2。

（二）轴线定线与点位确定

用全站仪进行细部轴线点位确定，其方法可参考全站仪水平角测量和距离测量。因其测量精度高、速度快，目前在工程施工测量上，往往用全站仪代替电子经纬仪进行细部轴线放线。

子任务 2　引测轴线控制桩（课内 4 学时）

一、准备工作

每个测量小组需要准备的仪器及工具有：电子经纬仪 1 台、三脚架 1 个、体育馆施工平面图 1 张、钢尺（50 m）1 把、木桩若干、小钉若干、铁锤 1 把、铅笔 1 支、记录本夹 1 个。

二、引测轴线控制桩

在开挖基槽时，一般角桩和中心桩要被挖掉，为了在施工中便于恢复各轴线位置，应把各轴线延长到基槽外安全地点，并做好标志。轴线控制桩一般设置在基槽开挖边线 4 m 以外，开槽后以此为依据，来恢复各施工阶段的轴线。

（一）安置仪器

把电子经纬仪架设到 A_{13} 点上，对中与整平仪器。

（二）设置轴线控制桩

在 A_{13} 点上，仪器处于盘左位置，用竖丝精确瞄准 K_{13} 角桩上的小钉（双丝夹住小钉）。制动照准部,松开望远镜制动螺旋,瞄准⑬轴延长线木桩(用水泥砂浆加固)上某位置,用铅笔做好标志;松开照准部,仪器处于盘右位置,用竖丝再次瞄准 K_{13} 角桩上的小钉,再制动照准部,松开望远镜制动螺旋,瞄准⑬轴延长线木桩上某位置,如有变化,取两点中间点为最后点位,钉下小钉(木桩做法如图 2-24 所示)。此位置即是⑬轴线 K_{13} 角桩的控制桩。

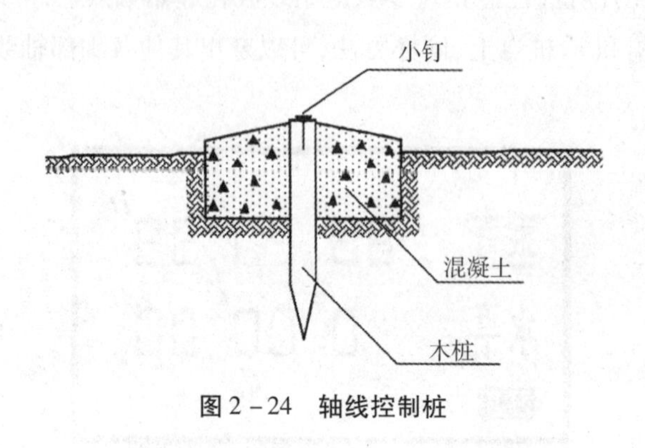

图 2-24 轴线控制桩

图 2-25 施工现场轴线控制桩

不搬动仪器,在 A_{13} 点上,用倒镜分中法设置⑬轴线 A_{13} 角桩的控制桩。图 2-25 所示为施工现场西侧一控制桩。其做法见相关知识中经纬仪延长直线法。

同理,在施工现场设置其他轴线各角桩的控制桩。

三、开挖边线

根据基础剖面图给出的设计尺寸,计算基槽的开挖宽度 d。在施工现场地面上,以轴线为中线向两边各量出 $d/2$,拉线并撒上白灰,即为开挖边线,如图 2-26 所示。

基槽开挖宽度计算如下:

$$d = B + 2mh \tag{2-4}$$

式中:

B ——基底宽度(基础剖面图查取);

h ——基槽深度;

m ——边坡坡度的分母。

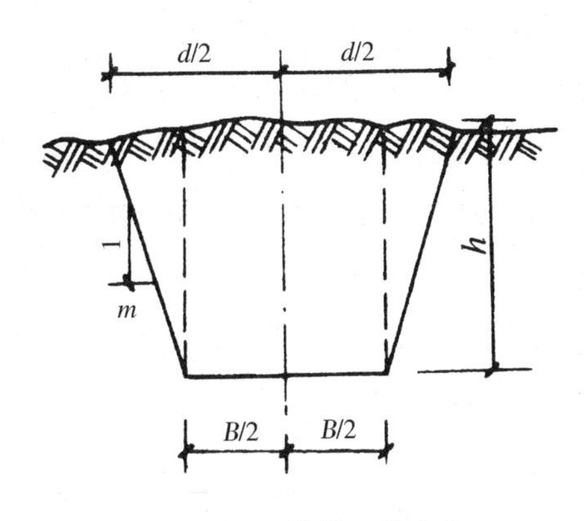

图 2－26　基槽开挖宽度

子任务 3　细部轴线尺寸复核(课内 4 学时)

一、准备工作

(一)仪器及工具

电子经纬仪 1 台、全站仪 1 台、三脚架 2 个、钢尺(50 m)1 把、小钉若干、铁锤 1 把、铅笔 1 支、记录本夹 1 个、体育馆施工平面图 1 张。

(二)人员安排

1、2、3 测量小组完成细部轴线尺寸确定;4、5、6 测量小组(相当于监理方)进行细部轴线尺寸复核。

二、细部轴线尺寸确定

在 A_1 点上安置电子经纬仪,调节水平和垂直制动螺旋及微动螺旋,使照准部准确瞄准 A_{13} 桩点上的小钉,可使双丝夹住小钉或使单丝和目标重合。固定照准部制动螺旋,然后将望远镜向下俯视,将十字丝交点投测到木桩上,即 $A_{1/1}$ 点上,将钢尺零端对准 A_1 点,沿视线方向拉紧钢尺,在钢尺上读数为①轴和⑴轴间距(3.1 m)的位置上钉下小钉。钉的过程中,用仪器检查小钉是否偏离视线方向,并不时拉一下钢尺,看钢尺的读数是否变化。同样方法测出 A_2 的点位,注意钢尺的零端始终对准 A_1 点,边定线边测量,最后确定出 A_2,A_3,…,A_{12} 各交点。用钢尺检查各相邻轴线桩的间距是否等于设计值,误差应小于 1/3 000。

以 A_1 和 A_{13} 轴线为起始边,逆时针旋转电子经纬仪,瞄准 K_1 点,此时显示屏幕应显示水平左。检查轴线是否为 90°,允许误差应为 20″。同样方法确定出 B_1,C_1,…,J_1 各交点。

三、细部轴线尺寸复核

(一)安置仪器

在 A_1 点上安置全站仪,对中和整平仪器。

(二)细部轴线尺寸复核

在 A_1 桩点上,调节水平和垂直制动螺旋,转动照准部,瞄准 K_1 桩点,检查各细部交点 A_1,B_1,

C_1,…,K_1是否在一条直线上,各轴线间距是否符合设计要求。

以①轴线为起始边,顺时针旋转全站仪,瞄准A_{13}桩点,此时水平角应为水平右。检查轴线是否为90°,允许误差应为20″。同样检查细部交点A_1,$A_{1/1}$,A_2,A_3,…,A_{13}是否在一条直线上,各轴线间距是否符合设计要求。如此,对各细部轴线间距及水平角进行检查。如超差,找出原因,重新放样测量。

(三)填写细部轴线复核单

细部轴线复核之后,应按要求填写细部轴线尺寸确定复核单,并做好保存,便于今后查找。

【相关知识】

一、电子经纬仪的基本构造

DT系列电子经纬仪各部分名称如图2-27所示。仪器操作按键如图2-28所示,其功能说明如表2-4所示。

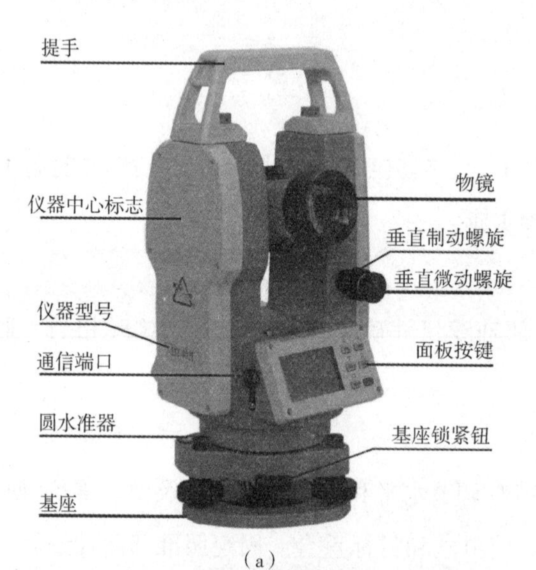

(a)

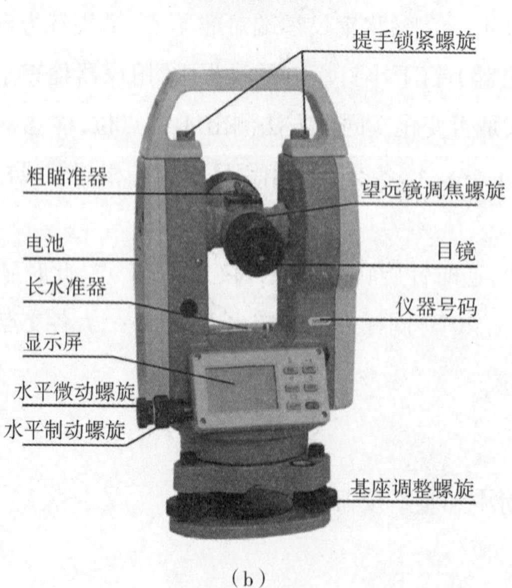

(b)

图2-27　DT系列电子经纬仪

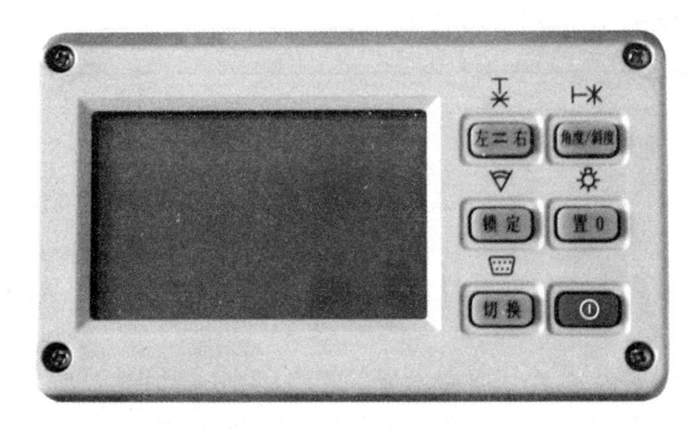

图 2－28　仪器操作按键

表 2－4　操作按键的功能

序号	名称	无切换时	切换状态时
1	左⇄右	左、右角增量方式	激光对中器开启/关闭
2	角度/斜度	角度斜度显示方式	—
3	锁定	水平角锁定	水平角重复测量
4	置 0	水平角置 0	显示屏和分划板照明打开/关闭补偿器(长按)
5	切换	键功能切换	测量数据输出
6	⏻	电源开关	

二、钢尺量距

(一)量距工具

1. 钢尺

钢尺为优质的钢制成的带状尺，又叫钢卷尺，尺厚约 0.4 mm，宽 10～15 mm，长度有 20 m、30 m、50 m 等。钢尺一般卷放在圆形金属盒内或金属架上，常称为盒式或手柄式钢尺，如图 2－29(a)所示。钢尺的零端一般刻在尺面的前端，这种钢尺称为刻线尺，如图 2－29(b)所示。其是建筑工地量距最常用的工具，一般适用于短距离、较精密的距离测量。

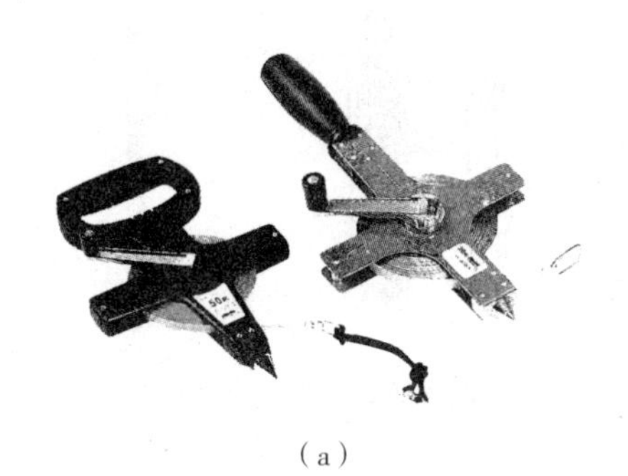

(a)

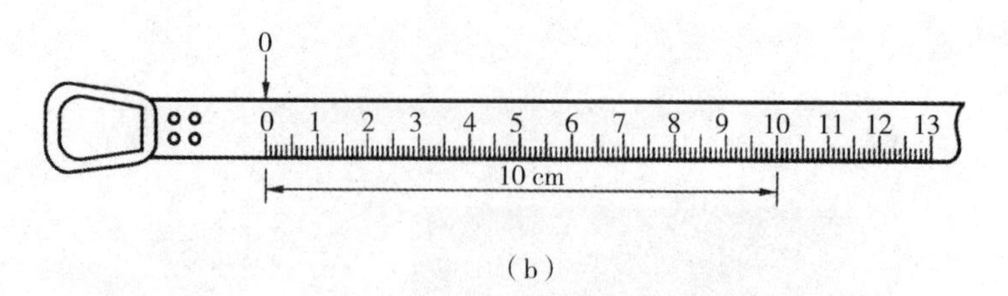

(b)

图 2-29 钢尺及零点分划形式

2. 皮尺

皮尺是用麻线织成的带状尺，不用时卷入皮尺壳内，如图 2-30(a)所示。长度有 20 m、30 m、50 m等。皮尺最外端边线作为零刻画线，这种皮尺称为端点尺，如图 2-30(b)所示。皮尺的基本分划为厘米，在分米和整米处注记，只能用于较低精度的量距工作。

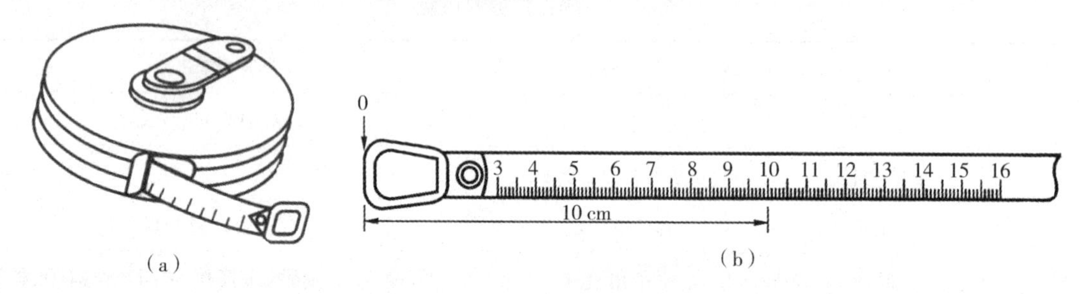

(a) (b)

图 2-30 皮尺及零点分划形式

3. 标杆

标杆又称花杆，多用圆木或铝合金制成，全长有 2 m、3 m 等几种规格，如图 2-31 所示。杆上刷上 20 cm 色段的红、白相间油漆，标杆下端装有锥形铁脚，便于插入地面，主要用作标定点位和定线。

4. 测钎

测钎用钢筋制成，一端卷成小圆环，一端磨成尖状，长度 30 ~ 40 cm，通常 6 根或 11 根为一组。量距时，将测钎插入地面，用来标记尺段，亦用于近处目标的瞄准标志，如图 2-31 所示。

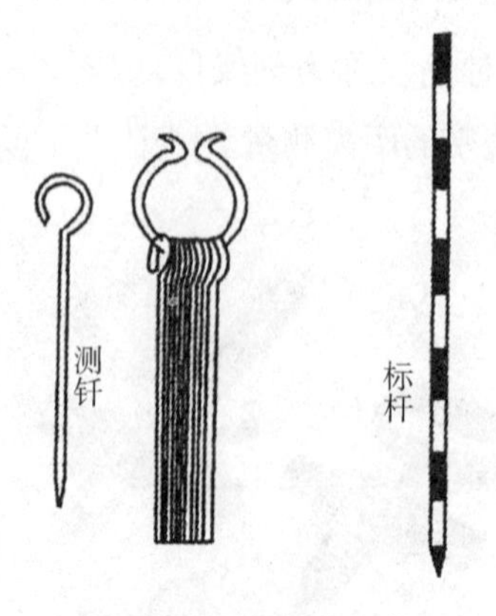

图 2-31 测钎和标杆

5. 锤球

锤球也称线锤，呈圆锥形，用金属制成，其上端中心系一细绳，使用时锤球尖与细绳在同一垂线上，用于对点和投点。

（二）直线定线

如使用钢尺进行水平距离测量时，当地面上两点间的距离较长或地势起伏较大时，要在直线方向上设立若干个中间点，把距离分成几个等于或小于尺长的分段，以便量距，这项工作称为直线定线。可采用电子经纬仪定线。

1. 电子经纬仪在两点间定线

欲在 *C*、*D* 两点间精确定出 1 点，2 点……的位置，可将电子经纬仪安置于 *C* 点，用望远镜瞄准 *D* 点，固定照准部水平制动螺旋，望远镜上下转动，沿 *CD* 方向用钢尺概量，依次定出各点，并打下木桩。桩顶高出地面 10 ~ 20 cm，可在桩顶钉一小钉，使小钉在 *CD* 直线上；或在木桩顶端画十字线，使其中的一条线段在 *CD* 直线上，此时，小钉或十字线交点即为丈量时的标志，如图 2 – 32 所示。

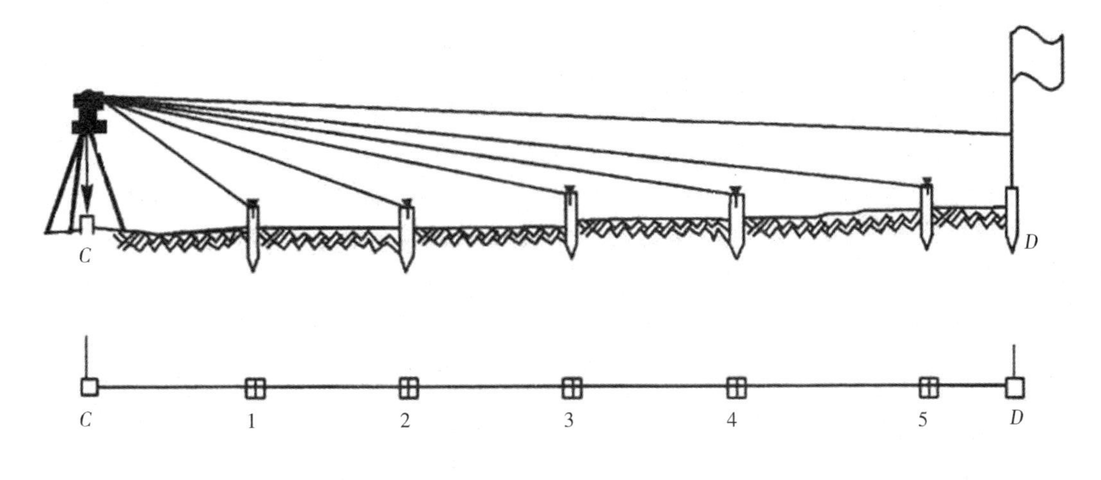

图 2 – 32　电子经纬仪在两点间定线

2. 电子经纬仪延长直线法

若将直线 *AB* 延长至 *C* 点，可把电子经纬仪安置于 *B* 点，对中整平后，使望远镜处于盘左位置，用竖丝瞄准 *A* 点，制动照准部，松开望远镜制动螺旋，倒转望远镜，用竖丝定出 *C′* 点。望远镜以盘右位置再瞄准 *A* 点，制动照准部，再倒转望远镜定出 *C″* 点。取 *C′C″* 的中点，即为精确位于 *AB* 直线延长线上的 *C* 点。用正倒镜分中法可以消除电子经纬仪可能存在的视准轴误差与横轴不水平误差对延长直线的影响，如图 2 – 33 所示。

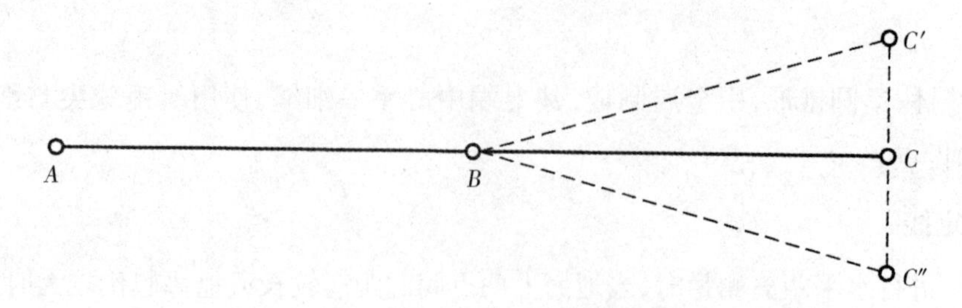

图 2-33　经纬仪延长直线

(三)钢尺量距的方法

1. 平坦地面量距

可采用边定线边测量或先定线后测量的方法。A、B 两点间定好线后,可按下列步骤进行距离测量,如图 2-34 所示。

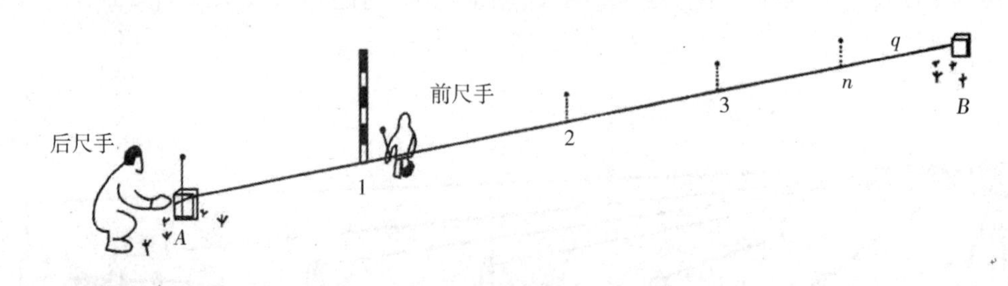

图 2-34　平坦地面量距

由后尺手以手势指挥前尺手将钢尺拉到 AB 直线方向上;后尺手以尺的零点对准 A 点,两人同时将钢尺拉紧、拉平、拉稳后,前尺手喊"预备",后尺手将钢尺零点准确对准 A 点,并回答"好",这时前尺手随即将测钎对准钢尺末端刻画,并竖直插入地面(在坚硬地面处,可用铅笔在地面做标志)1 点处。这样便完成了第一尺段 A_1 的丈量工作。

接着两个人同时携尺前进,后尺手走到 1 点时,即喊"停"。同法测量第二尺段,然后后尺手拔起 1 点上的测钎。如此继续测量下去,直至最后不足一整尺的余长 q 。距离丈量中,每量完一尺段,后尺手应将插在地面上的测钎拔出收好,用来计算已丈量过的整尺段数 n 。

地面上两点间的水平距离可按下式计算:

$$D = nl + q \tag{2-5}$$

式中:

D ——两点间水平距离,单位为 m;

l ——钢尺一整尺的长度,单位为 m;

n ——量距的整尺段数;

q ——不足一整尺段的余长。

为了校核和提高丈量精度,一段距离至少要测量两次。通常做法是:用同一钢尺往返测量各一次。在图 2-34 中,由 A 量到 B 称为"往测",由 B 量到 A 称为"返测"。在符合精度要求时,取往、返量测距离的平均数作为最后结果。

$$D_{平均} = \frac{1}{2}(D_{往} + D_{返}) \tag{2-6}$$

距离丈量的精度用相对误差 K 来衡量。相对误差为往、返量测距离差数(较差)的绝对值 $|\Delta D|$ 与它们的平均值 $\overline{D}$ 之比,并将分子转化为 1 的分数。分母越大,说明精度越高。即

$$K = \frac{|\Delta D|}{\overline{D}} = \frac{1}{N} \tag{2-7}$$

在平坦地区,钢尺量距的相对误差 K 值应不大于 1/3 000;在量距困难地区,其相对误差也应不大于 1/1 000。如果超出该范围,应重新进行丈量。

2. 倾斜地面量距

当地面倾斜,但尺段两端高差不大时,可将钢尺拉平丈量。丈量时,应由高向低整尺段丈量或分段丈量,如图 2-35 所示。

先将钢尺零点对准地面 B 点,另一端将钢尺抬高,目估使钢尺水平,并用锤球投点在地面上的 1 点处,尺上读数即为 B—1 的水平距离;同法丈量 1—2 段、2—3 段的水平距离;在丈量 3—A 时,应注意锤球尖对准 A 点;各段距离的总和,即为 AB 的水平距离。为使操作方便,返测时仍应由高向低进行丈量,如改为由低向高,则后尺员既要使锤球尖对准已定的地面点,又要使尺子水平,这样不易做到量距准确。

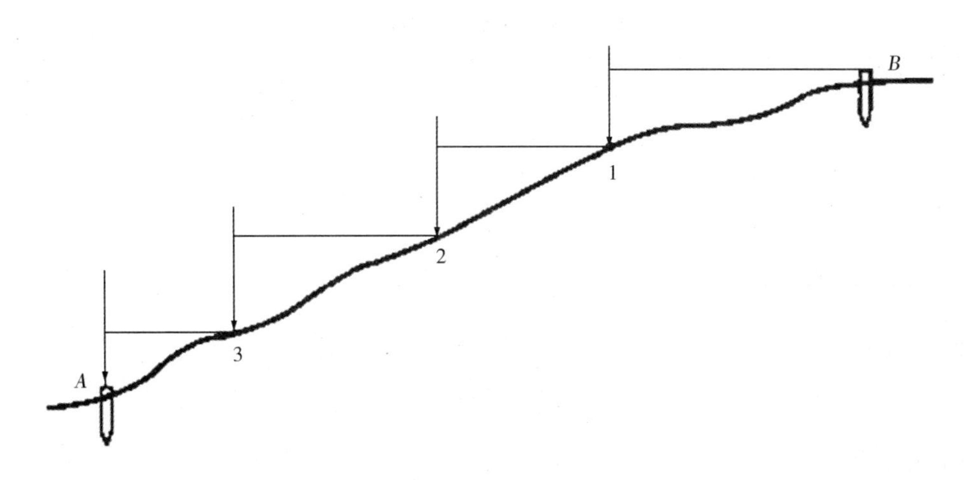

图 2-35　倾斜地面量距

三、轴线引测

轴线控制桩设置在基槽外基础轴线的延长线上,离基槽外边线的距离可根据施工场地的条件来确定。基槽开挖时,角桩和中心桩都可能被破坏,在施工时为能恢复各轴线的位置,需要把建筑物各轴线延长到安全地点,并做好标志,此项工作称为轴线引测。各桩的位置如图 2-36 所示。

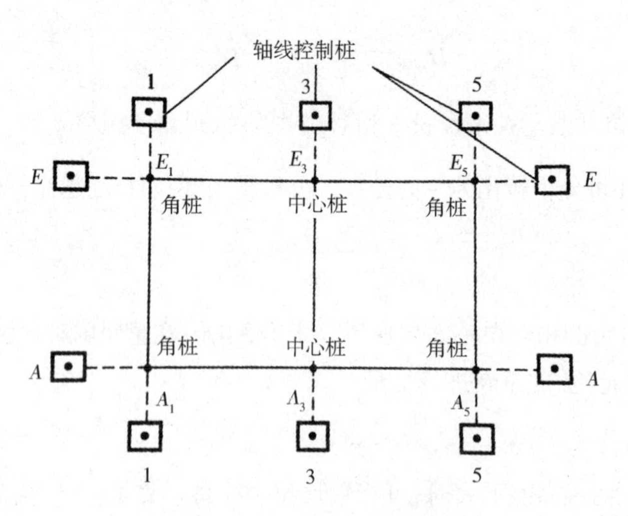

图 2－36　各桩的相对位置

【成果评价】

施工层放线精度评价：

细部轴线测设，是详细测设各轴线交点的位置。经复核合格后，才能确定基础、开挖边线。否则，应重新进行测设。建筑物细部轴线及其他施工层上放线的允许误差如表 2－5 所示。

表 2－5　建筑物施工放样的允许误差

项目	内容	允许偏差/mm
各施工层上放线	细部轴线	±2
	承重墙、梁、柱边线	±3
	非承重墙边线	±3
	门窗洞口线	±3

【思考练习】

一、选择题

1. 经纬仪可以完成以下测量工作　（　　）
   A. 水平角　B. 直线定线　C. 轴线投测　D. 以上都对
2. 电子经纬仪正常工作应满足的条件为　（　　）
   A. 照准部管水准器轴应垂直于仪器竖轴　B. 视准轴应垂直于横轴
   C. 横轴应垂直于竖轴　D. 对中与整平
3. 关于经纬仪整平的几种说法，正确的是　（　　）
   A. 圆水准器粗略整平　B. 管水准器精确整平
   C. 照准部在任何位置，气泡居中　D. 左手法则调整脚螺旋
4. 在工程测量中常用于定线的仪器有　（　　）
   A. 经纬仪　B. 全站仪　C. 水准仪　D. 以上都对

5. 影响钢尺量距精度的因素很多,其产生的误差有 ( )

A. 尺长误差 B. 温度误差 C. 拉力误差 D. 钢尺倾斜误差

6. 关于测角仪器的几种说法,正确的是 ( )

A. 全站仪 B. 电子经纬仪 C. 光学经纬仪 D. 1″级仪器、2″级仪器、6″级仪器

7. 关于测距仪器的几种说法,正确的是 ( )

A. 20 mm 级仪器 B. 1 mm 级仪器 C. 5 mm 级仪器 D. 10 mm 级仪器

8. 在建筑物放线中,延长轴线的方法主要有以下两种 ( )

A. 轴线控制桩法 B. 平移法 C. 龙门板法 D. 交桩法

9. 轴线控制桩一般设置在基槽边外 ( )

A. 1 ~2 m 处 B. 2 ~4 m 处 C. 3 ~4 m 处 D. 4 ~10 m 处

二、填空题

1. 轴线控制桩一般设置在基槽开挖________以外,作为开槽后各施工阶段________的依据。
2. 用钢尺进行水平距离测量时,当地面上两点间的________,或地势________,此时要在直线方向上设立若干个________,将距离分成几个等于或小于________,以便量距,这项工作称为________。
3. 电子经纬仪开机,进入正常测量________。按"切换键",仪器________下方显示"切换"字样,则表示仪器________启动,此时按键对应功能为________所代表的功能。按"左右键",则仪器________打开,再次按该键,则________关闭。
4. 水平角测量中,当仪器显示水平右时,其角值为________减去________。
5. 建筑物放线步骤为:________、________、________。

任务 4 轴线投测测量

知识点:1. 明确激光垂准仪各部件的名称及作用。

2. 掌握激光垂准仪的使用方法。

3. 掌握墙体施工放线的方法。

技能点:1. 能熟读施工平面图和剖面图。

2. 正确建立轴线控制网并设立标志。

3. 能正确使用激光垂准仪进行轴线竖向投测。

【引出任务】

细部轴线尺寸确定后,依此按基础宽及放坡宽用白灰撒出基槽边界线,进行基础施工。基础施工完成之后,可根据轴线控制桩和墙边线的标志,利用全站仪或经纬仪将轴线投测到防潮层上,并弹出墨线。复核符合要求后,将墙轴线延长到基础外墙侧面上并弹线和做出标志,或采用内控法用激光垂准仪将轴线投测到各层楼房,作为墙体轴线的依据。轴线投测的工作步骤是:准备工作、基础轴线投测、墙体轴线投测、轴线投测复核。

【任务实施】

子任务1　基础轴线投测(课内4学时)

一、准备工作

每个测量小组需要准备的仪器及工具有:电子经纬仪1台(附三脚架1个)、钢尺(50 m)1把、钢卷尺(5 m)1把、体育馆承台平面图1张、墨斗1个、记号笔1支、铅笔1支、记录本夹1个。

二、基础轴线投测

基槽开挖结束后,应按基础设计要求,做好垫层(开挖深度及垫层标高控制见任务5高程传递测量)。垫层打好后,根据轴线控制桩,采用外控法进行控制,用电子经纬仪把轴线投测到垫层上,并用墨斗弹出基础中心线和边线,以便砌筑基础或安装基础模板,其做法如下。

(一)安置仪器

将电子经纬仪架设在A_1轴控制桩上,对中、整平仪器。

(二)轴线投测到垫层上

在A_1轴控制桩上,用望远镜瞄准①轴线另一控制桩,制动照准部,用微动螺旋精确瞄准目标(桩上小钉)。松开望远镜制动螺旋,将其下向俯视,瞄准垫层上某一位置(使垫层铅笔尖端位于竖丝中间),同样在垫层上再做一点,两点用墨线连接,即为①轴在垫层上投测的轴线。

将仪器搬到A_1轴另一控制桩上,安置仪器之后,用同样的方法,将A轴线投测到垫层上,两轴线的交点即是A_1桩点在垫层上的位置。每个轴线点均应盘左盘右各投测一次,然后取中数。

(三)画出基础边线

图2-37为体育馆承台平面图,用钢尺以①轴为基准,向左量出350 mm,向右量出450 mm。以B轴为基准向上量出1 050 mm,向下量出1 150 mm,以此确定承台边线,如图2-38所示。此桩位并不在轴线的中心线上,为偏心桩。同样方法按照一层柱墙平面图中KZ_1所标明的尺寸,在垫层上量出KZ_1柱子的平面位置,为了便于施工,在现场将柱子的四个角用红油漆涂上三角形,方便柱子绑扎,如图2-39所示。

图2－38　施工现场画承台的位置

图2－39　施工现场垫层上柱子的位置

子任务2　墙体轴线投测(课内4学时)

一、准备工作

每个测量小组需要准备的仪器及工具有:激光垂准仪1台(附三脚架1个)、电子经纬仪1台(附三脚架1个)、钢尺(50 m)1把、钢卷尺(5 m)1把、体育馆平面图、墨斗1个、铁锤1把、小钉若干、胶合板4块、铅笔1支、记录本夹1个。

二、墙体轴线投测

在首层地面上,做轴线的控制网(用经纬仪检查轴线交角是否为90°),如图2－40所示,用激光垂准仪进行竖向轴线投测,做法如下。

(一)安置仪器

在地面标志点1上,架设三脚架,使三脚架架头大致水平,将仪器安放在三脚架上,先打开激光开关,然后打开下对点开关。调整脚螺旋使圆水准器及长水准器气泡居中,在三脚架架头上平移仪器使激光点对准下面的标志点,此时长水准器气泡仍应居中,否则,应继续进行上述整平和对中操作,在任何方向上使长水准器的气泡都居中,同时激光点也能对准标志点。

(二)点位投测

将方格形激光靶放于上层楼板的预留孔洞上(大于 15 cm×15 cm)。旋转望远镜目镜,使分划板的十字丝能清晰可见。旋转调焦手轮,使激光靶清晰地成像在分划板的十字丝上,此时眼睛做上、下、左、右移动,激光靶的像与十字丝无任何相对位移即无视差。

旋转调焦手轮使激光靶上的激光光斑最小,通过无线对讲机调校可见光光斑直径,达到最佳状态时,此时观测人员可按顺时针或逆时针旋转激光垂准仪,这样在激光靶处就可见到一个同心圆(光环),取其圆心作为向上的投测点。通过墨线将投测点引到四周,用铅笔做好标志,撤掉激光靶,将事先准备好的胶合板放在预留孔洞上,钉上小钉,使其固定。通过四周的标志,将投测点恢复到原来的位置,此点就是地面标志点 1 在二层楼板的位置。同样方法,将其他 3 个轴线标志点投测到二层楼板上。

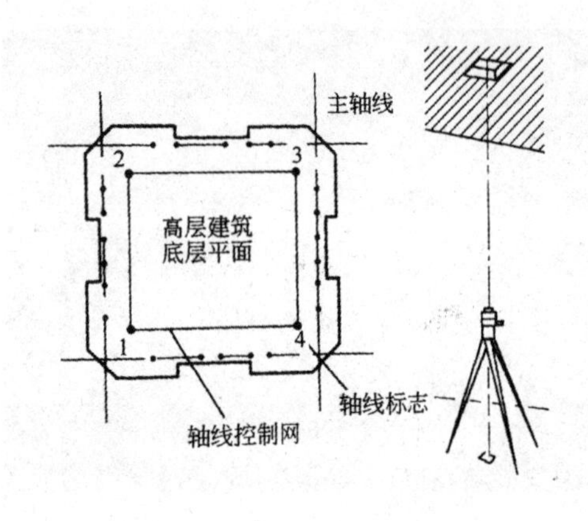

图 2-40　轴线标志与投测孔

(三)二层恢复轴线

将投测到二层楼板上的轴线标志点,用电子经纬仪、钢尺、墨线做成轴线控制线,向相反方向引出轴线控制线的平行线,即二层楼板上的轴线位置。检查轴线的交角和间距是否符合设计要求。

子任务 3　轴线投测复核(课内 4 学时)

一、准备工作

(一)仪器及工具

全站仪 1 台、精度较高的电子经纬仪 1 台、三脚架 2 个、钢尺(50 m)1 把、铅笔 1 支、记录本夹 1 个、体育馆施工平面图 1 张、体育馆承台平面图 1 张、一层与二层柱墙平面图 1 张。

(二)人员安排

1、2、3 测量小组完成二层楼轴线投测;4、5、6 测量小组(相当于监理方)进行轴线投测复核。

二、基础轴线尺寸复核

(一)安置仪器

将全站仪或电子经纬仪分别安置在 A_1 和 B_1 轴线控制桩上,对中、整平。

(二)垫层轴线尺寸复核

转动照准部制动和微动螺旋,将地面上轴线投测到垫层上,检查轴线位置有无变化,同时,用钢尺检查承台边线和框架柱的位置是否符合设计要求,如有变化,找出原因,重新测量。

三、墙体轴线尺寸复核

(一)安置仪器

在二层楼板的轴线控制标志点上,安置全站仪或电子经纬仪,对中、整平。

(二)二层轴线尺寸复核

以一条轴线控制线为基准线,将水平角度值设置为0°00′00″,顺时针或逆时针旋转照准部,瞄准另一条轴线控制线,看其角度值是否为90°00′00″,允许偏差为12″。同时检查轴线间距是否符合设计要求。如超差,找出原因,重新放样测量。

四、填写轴线投测复核单

楼层轴线投测复核之后,应按要求,填写轴线投测复核单,并做好保存,便于今后查找。

【相关知识】

一、激光垂准仪(DZJ3)

图2－41所示为激光垂准仪外形及各部件名称。

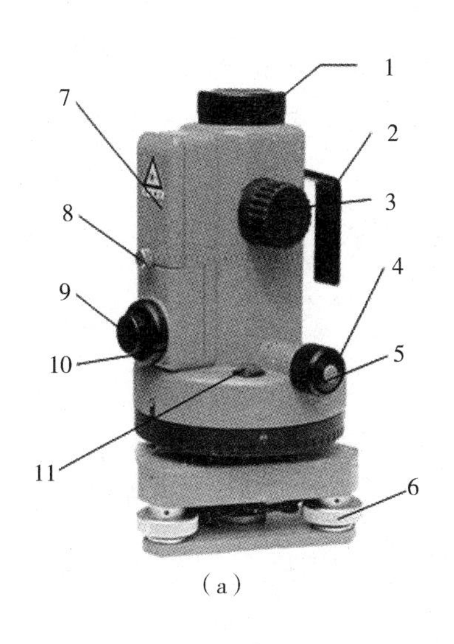

(a)

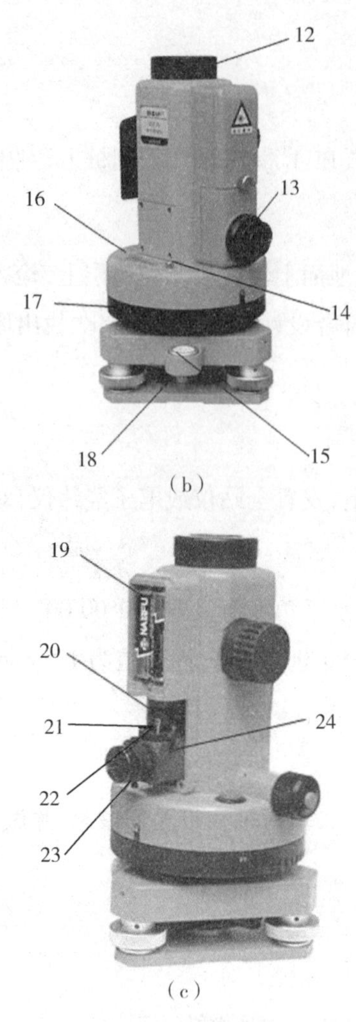

(b)

(c)

图 2-41 激光垂准仪

1. 物镜罩;2. 提手;3. 调焦手轮;4. 下对点开关;5. 对点护盖;6. 脚螺旋;7. 电池盖;8. 锁紧手轮;9. 目镜;10. 护盖;11. 激光开关;12. 物镜;13. 可卸式滤光片;14. 长水准器校正螺丝;15. 圆气泡;16. 长水准器;17. 度盘;18. 圆气泡校正螺丝;19. 碱性电池;20. 激光座;21. 压紧螺丝;22. 激光校正螺丝;23. 调整螺丝;24. 紧定螺丝

二、垂准测量的方法

(一)瞄准目标

安置激光垂准仪(见子任务 2),在被测点上,安放方格形激光靶。

欲提高测量精度可按下列方法进行:

旋转度盘,使指标线对准度盘 0°,读取激光靶刻线读数,然后旋转仪器使指标线依次对准 90°、180°、270°,并分别读取激光靶刻线读数,取上述四个读数的平均值为其测量值。

(二)激光垂准测量

按下激光开关,此时应有激光发出,直接读取激光靶上激光光斑中心处的读数,此值即为测量值。

三、墙体轴线投测方法

在基础面进行首层墙体定位时,可将全站仪或电子经纬仪架设在轴线控制桩上,把轴线投测到基

础面或防潮层上，用墨线弹出墙中线和墙边线，往下转动望远镜，将墙轴线延伸并画在外墙基础上，作为向上投测轴线的依据。检查外墙轴线交角是否等于90°。把首层门窗和其他洞口的边线也在外墙基础上标定出来。

其他各层轴线投测方法：在轴线控制桩上安置全站仪或经纬仪，经严格对中和整平后，瞄准基础墙面上的轴线标志，用盘左、盘右分中投点法，把轴线投测到楼层边缘或柱顶上。将所有端点投测到楼板上之后，检查其间距，合格后，才能在楼板上分间弹线，继续施工。

【成果评价】

轴线投测精度评价：

施工层的轴线投测，控制轴线投测至施工层后，应在结构平面上按闭合图形对投测轴线进行校核。合格后，才能进行本施工层上的其他测设工作，否则，应重新进行投测。轴线投测的允许误差如表2－6所示。

表2－6　建筑物轴线投测的允许误差

项目	内容		允许偏差/mm
轴线竖向投测	每层		±3
	总高 H/m	$H \leqslant 30$	±5
		$30 < H \leqslant 60$	±10
		$60 < H \leqslant 90$	±15
		$90 < H \leqslant 120$	±20
		$120 < H \leqslant 150$	±25
		$150 < H$	±30

【思考练习】

一、选择题

1. 基础或墙体轴线投测时，一般用　　（　　）

A. 垂准仪　　B. 水准仪　　C. 经纬仪　　D. 全站仪

2. 首层楼房墙体轴线测设　　（　　）

A. 用经纬仪或全站仪，将首层楼房的墙体轴线测设到防潮层上，并弹出墨线

B. 用钢尺检查墙体轴线的间距和总长是否等于设计值，用经纬仪检查外墙轴线四个主要交角是否等于90°

C. 将墙轴线延长到基础外墙侧面，并弹线和做出标志，作为向上投测各层楼房墙体轴线的依据

D. 将门、窗和其他洞口的边线也做出标志，根据墙体轴线和墙体厚度，弹出墙体边线，照此进行墙体砌筑

3. 在基础垫层上投测墙中心线　　（　　）

A. 根据轴线控制桩定点　　B. 用经纬仪投测

C. 用全站仪投测　　D. 在垫层上,标出墙中心线和基础边线,并检查

4. 基础放线的几种情况是 (　　)

A. 直接打垫层,做箱形或筏板基础　　B. 基坑底部打桩或挖孔,做桩基础

C. 先做桩,然后在桩上做箱基或筏基　　D. 用"皮数杆"控制基础标高

二、填空题

1. 用激光垂准仪进行竖向投点时,旋转________使激光靶上的激光光斑________,通过无线对讲机调校可见光光斑________,达到________状态时,此时观测人员可按顺时针或逆时针旋转激光垂准仪,这样在激光靶处就可见到一个________,取其________作为向上的投测点。

2. 在基础面进行首层墙体________时,可将全站仪或电子经纬仪架设在________上,把轴线投测到________或________上,用墨线弹出墙中线和墙边线,往下转动望远镜,将墙轴线延伸并画在外墙________上,作为向上投测________的依据。

3. 激光垂准仪法测设需要准备的工作是:事先在建筑底层________,建立稳固的________,在标志上方每层楼板都________(大于15 cm×15 cm),供视线通过。

4. 基础施工测量步骤为:________、________、________、________。

任务5　高程传递测量

知识点:1. 明确立面图和剖面图。

2. 掌握水准测量及视线高法计算高程的方法

技能点:1. 能在施工现场正确标出"+1.000 m"标高线。

2. 正确用钢尺沿框架柱进行高程传递。

3. 正确使用水准仪进行高程测量。

【引出任务】

建筑物施工放线指把设计图纸上建筑物的平面位置和高程,用一定的测量仪器和方法测设到实地上去的测量工作。建筑物施工放线主要包括平面位置放线、竖直轴线放线和高程放线。前两项工作已经在前面的任务中完成,那么楼体高程(相对高程-标高)的放线是如何进行的,我们将在下文介绍。楼体高程传递的工作步骤是:准备工作、基槽挖深控制、基础标高控制、墙体标高传递、高程传递复核。

【任务实施】

子任务1　基础标高控制(课内4学时)

一、准备工作

每个测量小组需要准备的仪器及工具有:自动安平水准仪1台、三脚架1个、塔尺(5 m)1把、钢

尺(50 m)1 把、墨斗 1 个、细线绳 1 捆、短钢筋若干根、铅笔 1 支、记录本夹 1 个,体育馆承台大样图。

二、基槽挖深控制

在施工现场,根据基槽开挖边线,采用挖掘机进行开槽,以便边挖边用水准仪进行测量,以便控制挖土深度。由基础设计标高,确定前视读数。将水准仪架设于 ±0.000 标高线与基槽之间,在 ±0.000 点上的读数(a)为 1.105 m,如基础设计标高为 2.300 m,则槽底前视读数(b)为:

$$b = H_A + a - H_B = 0.000 + 1.105 - (-2.300) = 3.405\ (\text{m})$$

根据 b 的读数,随时指挥挖掘机调整挖土深度,使槽底的标高略高于设计标高。当挖到接近设计标高时(约 10 cm),可用人工进行清理,如图 2 - 42 所示。

图 2 - 42　机械开槽

三、基础标高控制

基槽达到设计深度之后,将槽底清理干净。用短的钢筋,打上垂直桩。根据垫层高度做出标志,并拉上细线绳,从而控制垫层高度,如图 2 - 43 所示。

在垫层上做承台,垫层上承台的位置如图 2 - 44 所示。根据承台、承台梁的设计标高,利用水准仪,直接将设计标高测设到竖向钢筋上和砖模上,以此标高线,作为控制地梁标高、绑扎钢筋和浇筑混凝土标高的依据。

基础施工结束后,可利用控制桩将轴线测设到基础或防潮层上,一般用墨线弹出,以此作为砌筑墙体的依据。

图 2 - 43　垂直桩及垫层

图 2 - 44　垫层上承台的位置

子任务2　墙体标高传递(课内4学时)

一、准备工作

每个测量小组需要准备的仪器及工具有:自动安平水准仪1台、三脚架1个、标线仪(附三脚架)1台、塔尺(5 m)1把、钢尺(经检定合格,50 m)1把、墨斗1个、红胶带或蓝胶带若干、铅笔1支、记录本夹1个,体育馆立面图、剖面图。

二、确定零点标高线

在施工现场,利用水准仪,将±0.000标高线测设到框架柱的钢筋上,并用红胶带做好标志,以此作为确定"+1.000m"标高线和向上传递标高的依据,如图2-45所示。

图2-45　现场标高传递

三、确定"+1.000 m"标高线

当墙体砌筑到一定高度时,约1.500 m,可在外墙、内墙面上测设出+1.000 m标高的水平墨线。做法是:在外墙以±0.000标高线为起点,用钢尺向上量取1.000 m,得到两个标志点,弹出墨线即可。

在内墙可用标线仪,做出+1.000 m标高的标高线,标线仪的操作可见本任务的相关知识。内墙的+1.000 m标高线可作为地面施工及室内装修的标高依据。

四、利用钢尺传递标高

二层及以上楼房标高传递,一般用钢尺沿结构外墙、边柱,由底层±0.000标高线或+1.000 m标高线向上竖直量取设计标高,即可得到施工层的设计标高线。从底层标高线向上传递标高时,至少要从三处量取,以便相互校核。体育馆剖面图如图2-46所示。

由底层传递到上面同一施工层的几处标高线,可以用水准仪采用视线高法进行校核,检查各标高线是否在同一水平面上,其误差应不超过±3 mm。符合标准后,取其平均标高作为该层的地面标高。

子任务3　高程传递复核(课内4学时)

一、准备工作

(一)仪器及工具

水准仪1台、三脚架1个、标线仪(附三脚架)1台、塔尺(5 m)1把、钢尺(经检定合格,50 m)1把、铅笔1支、记录本夹1个、体育馆承台大样图、体育馆立面图和剖面图。

(二)人员安排

1、2、3测量小组完成基础与墙体标高传递;4、5、6测量小组(相当于监理方)进行基础与墙体标高传递复核。

二、基础标高控制复核

用水准仪检查垫层标高、基础标高是否符合设计要求,如超差,找出原因,并重新进行基础标高控制测量。

三、墙体标高传递复核

在外墙,用检定过的钢尺按墙体设计标高,从底层标准线量取,至少检查三个点是否符合墙体设计要求。同时,用水准仪在二层检查传递上来的标高是否符合规范的要求,如超差,找出原因,并重新进行墙体标高传递。

在内墙,用标线仪检查+1.000 m标高线是否符合要求,不符合要求的要重新标出。

四、填写轴线投测复核单

基础与墙体标高传递复核之后,应按要求填写标高传递复核单,并做好保存,便于今后查找。

【相关知识】

一、标线仪各部分组成与使用

(一)标线仪各部分组成与功能

标线仪各部分组成如图2-47、图2-48、图2-49所示。

1. 圆气泡:用于整平仪器。

2. 微调手轮:仪器可水平旋转360°,用微调手轮可进行水平微调仪器。

3. 转接座:用于连接仪器和三脚架。

4. 锁紧手轮:锁紧打开,气泡照明亮,仪器电源指示灯亮;锁紧关闭,气泡照明灭,仪器电源指示灯灭。

5. 电源指示灯:指示灯亮,电源打开;指示灯灭,电源关闭;指示灯闪烁,电池欠压。

6. 接收模式指示灯:指标灯亮,接收模式打开;指标灯灭,接收模式关闭。

7. 水平/垂直激光线按键(H、V_1、V_2):按下此键,水平/垂直激光线打开或关闭。

8. 接收模式键(P):按下此键,在连续和脉冲激光模式间切换。

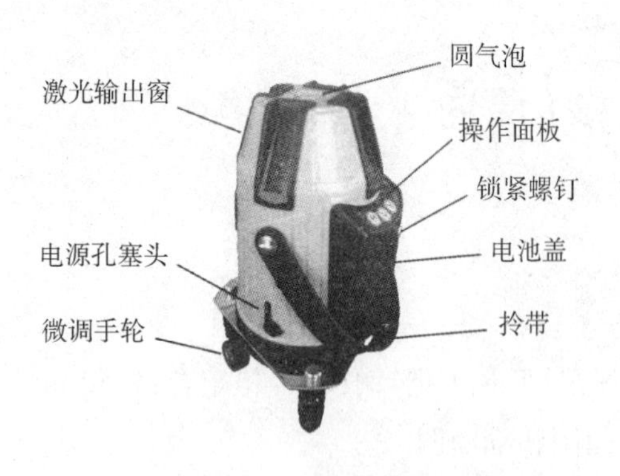

图 2-47　标线仪各部分名称 1

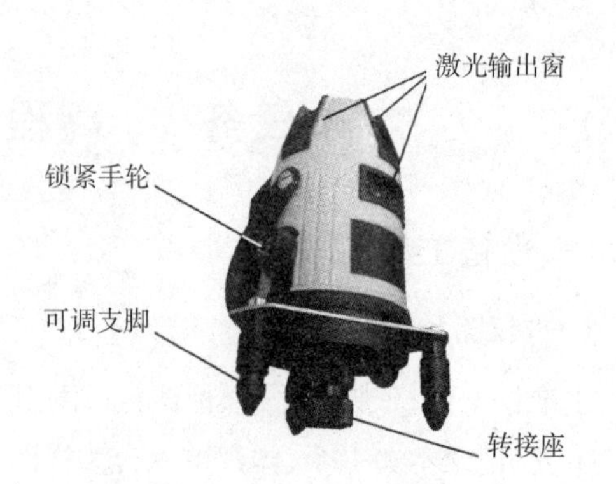

图 2-48　标线仪各部分名称 2

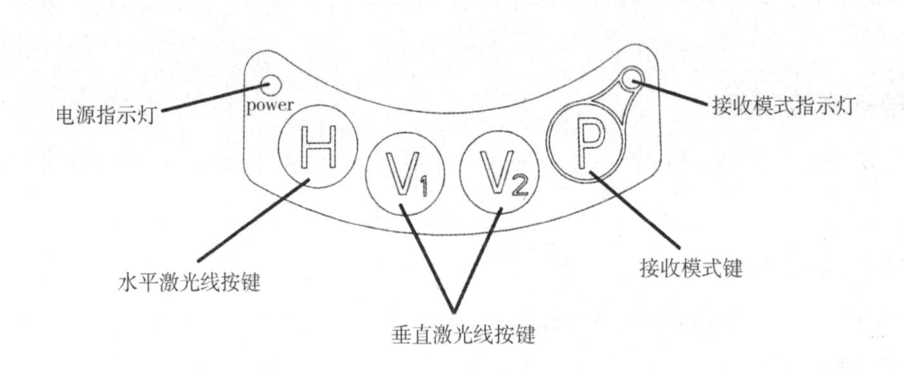

图 2-49　标线仪操作面板

(二)标线仪的使用

1. 电池安装:松开电池盖锁紧螺钉,将 4 节 5 号碱性电池按电池盒内标明的极性方向依次装入碱性电池盒中。

2. 可调支脚调整:仪器使用时,应先调整三只可调支脚,使圆气泡居中;若激光线闪烁,说明仪器已超出水平范围,应调整可调支脚或三脚架,使圆气泡居中。

3. 水平旋转及微调:仪器可以 360°旋转,也可以调节微调手轮微调方向。

4. 三脚架的使用:仪器可直接放在地面上使用,也可架在三脚架上使用。仪器底有螺纹可以和三脚架直接连接或使用转接座和三脚架连接。

5. 激光线输出:

(1)按 H 键,仪器输出水平线,如图 2-50(a)所示;

(2)按 V_1 键,仪器输出前后方向垂直线和下铅垂点 D,如图 2-50(b)所示;

(3)按 V_2 键,仪器输出左右方向垂直线和下铅垂点 D,如图 2-50(c)所示;

(4)所有按键打开,仪器输出水平线 H,垂直线 V_1、V_2 和下铅垂点 D,如图 2-51(d)所示。

标线仪可提供房屋建造基准、安装门窗基准、地面划分基准、安装隔断基准、吊顶基准等。

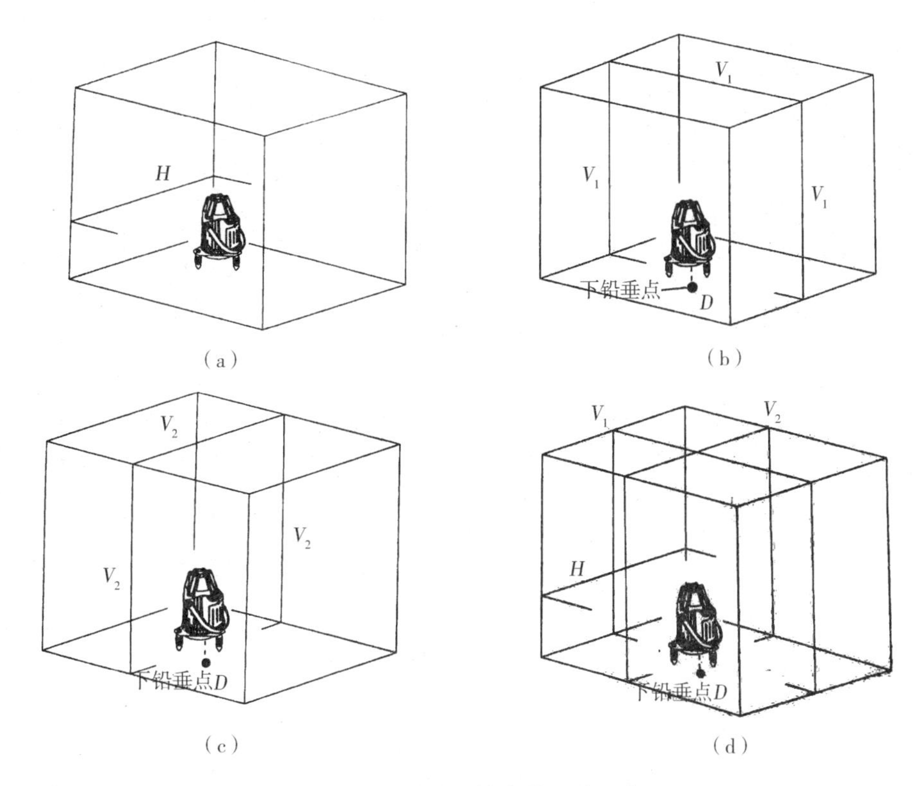

图 2-50　激光线输出的几种形式

二、立面图和剖面图

在立面图与剖面图上，需要标明室内地坪、门窗、楼梯平台、楼板、屋面及屋架等的设计高程，这些高程一般是以 ±0.000 标高为起点的相对高程，它是测设建筑物各部位高程的依据。

【成果评价】

标高传递精度评价：

施工层标高的传递，以及其传递点的数目，应根据建筑物的大小和高度确定，一般从 2～3 处分别向上传递。传递的标高较差小于 3 mm 时，可取其平均值作为施工层的标高基准，否则，应重新进行投测。标高传递的允许误差如表 2-7 所示。

表 2-7　建筑物标高传递的允许误差

项目	内容		允许偏差/mm
标高竖向传递	每层		±3
	总高 H/m	$H \leqslant 30$	±5
		$30 < H \leqslant 60$	±10
		$60 < H \leqslant 90$	±15
		$90 < H \leqslant 120$	±20
		$120 < H \leqslant 150$	±25
		$150 < H$	±30

【思考练习】

一、选择题

1. 在楼层标高传递中,一般选用的仪器及工具是 ( )

A. 水准仪 B. 钢尺 C. 经纬仪 D. 标线仪

2. 每层标高传递时,标高点一般取 ( )

A. 1 个 B. 2 个 C. 3 个 D. 4 个

3. 标线仪可以用来完成下列工作 ( )

A. 建筑基准线 B. 安装门窗基准 C. 安装隔断基准 D. 以上全部

4. 控制基础开挖深度 ( )

A. 机械开挖 B. 人工开挖

C. 用水准仪,边挖边测 D. 坑底的标高略高于设计标高(一般为 10 cm)

5. 二层以上楼房墙体标高传递 ( )

A. 用水准仪传递标高 B. 利用钢尺传递标高

C. 用钢尺从底层的 +1.000 m 标高线起,往上直接丈量

D. 根据传递上来的高程测设第二层的地面标高线

二、填空题

1. 由底层传递到上面同一施工层的几处________,可以用________采用视线高法进行校核,检查各标高点是否在同一________,其误差应不超过________。符合标准后,以其平均标高为准,作为该层的地面标高。

2. 在二层及以上楼房标高传递时,一般用钢尺沿结构________、________,由底层________标高线或________向上竖直量取设计高差,即可得到施工层的设计标高线。

3. ________和________标明了室内地坪、门窗、楼梯平台、楼板、屋面及屋架等的________,是测设建筑物各部位________的依据。

4. 当墙体砌筑到一定高度时,约________,可在外墙、内墙面上测设出________标高的水平墨线。

5. 民用建筑施工测量工作步骤是________、________、________、________。

任务 6　沉降观测测量

知识点: 1. 明确电子水准仪各部件的名称与功能。

2. 掌握建筑物沉降观测的方法和观测时间。

3. 掌握建筑物沉降观测的工作要求。

技能点: 1. 会布设用于沉降观测的水准点和观测点。

2. 正确使用电子水准仪进行沉降观测。

3. 正确进行沉降观测成果的整理与分析。

4. 正确使用电子水准仪进行高程测量。

【引出任务】

在施工过程中和使用初期，建筑物所处基础地质条件、荷载不断变化、人为机械振动和日晒与风吹等环境条件的影响，会使建筑物发生下沉、倾斜、裂缝等变形，并且变化量随时间累积而加重，甚至出现建筑物坍塌，从而影响建筑物的正常使用。因此，需要在施工和营运期间加强变形观测过程控制，并采取必要的安全措施。建筑物沉降观测的工作步骤是：准备工作、设置点位（水准点与观测点）、观测点位沉降、整理沉降观测成果。

【任务实施】

子任务1　设置点位（课内4学时）

一、准备工作

每个测量小组需要准备的仪器及工具有：电子水准仪1台、木制三脚架1个、铟钢尺（2 m或3 m）1对、铸铁或不锈钢墙水准标志若干、混凝土若干、钢管若干、铁锤、铁锹、铅笔1支、记录本夹1个。

二、设置水准点与观测点

（一）设置工作性水准点

在测区内已布设永久性水准点，见项目一中的任务1。主要用于检查工作性水准点的稳定性。在体育馆周边，距建筑20～100 m，受沉降影响较小的地方，可设置工作性水准点，其测量方法是选用DS1级以上精密水准仪和精密水准尺进行往、返观测，其观测的闭合差应不超过$\pm 0.6\sqrt{n}$ mm（n为测站数）。此水准点可直接用于沉降观测的后视点。

设置水准点时应满足如下要求：

1. 为了对水准点进行互相校核，必免由水准点的高程变化产生的差错，水准点的数目应不少于3个，可组成闭合或附合水准路线。
2. 水准点应埋设在受建（构）筑物基础压力及震动影响范围以外的安全地点。
3. 水准点应接近观测点，距离应在100 m范围内，以保证沉降观测的精度。
4. 水准点应距公路、地下管线和滑坡地带至少5 m。
5. 为防止冰冻影响，水准点埋设深度至少要在冰冻线以下0.5 m。

（二）设置观测点

观测点设置的数目和位置应能全面反映建筑物沉降情况，其与建筑物的大小、荷重、基础形式和地质条件有关。一般在建筑物四角、沿外墙每隔10～15 m、每隔2～3根柱基、裂缝或伸缩缝两旁设观测点。观测点的埋设要求稳固，常采用钢筋、圆钢作为标志，并分别埋设在砖墙上、钢筋混凝土柱子上，如图2－51所示。将各观测点布设成闭合环或将附合水准路线联测到水准点上。体育馆竣工后，一般每月观测一次，如果沉降速度减缓，可改为2～3个月观测一次，直到沉降量100天不超过1 mm，观测才可终止。

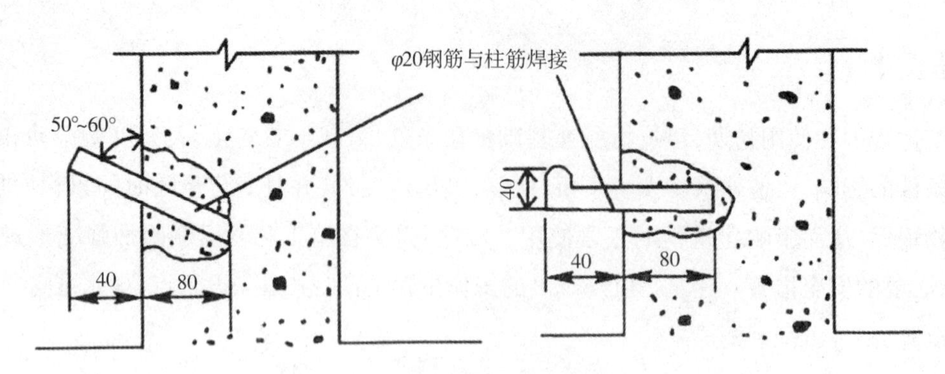

图2-51　墙上观测点标志(单位:mm)

子任务2　观测点位沉降(课内4学时)

一、准备工作

每个测量小组需要准备的仪器及工具有:电子水准仪1台、木制三脚架1个、铟钢尺(2 m或3 m)1对、铅笔1支、记录本夹1个。

二、观测点位沉降

采用电子水准仪,根据国家二等水准测量技术要求施测。

(一)安置仪器

1. 安置三脚架

伸缩三脚架至合适的长度,并拧紧腿部中间的固定螺帽。固紧三脚架头上的六角螺母,使三脚架的架腿不至于太松。将三脚架安置在给定点上,张开三脚架,使腿的间距约1 m(保持三脚架稳定),先固定一个脚,再动其他两个脚使水准仪大致水平,如有必要可再伸缩三脚架架腿的长度。将三脚架架腿踩入地面,使其固定在地面上。

2. 将仪器安装到三脚架架头上

从仪器箱内小心取出仪器放到架头上,将三脚架中心螺旋对准仪器底座上的中心,然后旋紧脚架上的中心螺旋直到将仪器固定在架头上。

3. 整平仪器

用脚螺旋将圆水准器的气泡调整至居中。在整平仪器过程中,不可盲目地转动脚螺旋,应记住"左手拇指旋转脚螺旋的运动方向,就是气泡移动的方向",此项工作应反复进行,直至仪器旋转到任何方向气泡都居中为止。整平过程中不要触动望远镜。

(二)照准与调焦

1. 利用望远镜上的粗瞄准器对准标尺。

2. 慢慢旋转目镜使十字丝成像最为清晰。

3. 旋转调焦手轮直至标尺的影像最为清晰,此时转动水平微动螺旋使标尺的影像在十字丝竖丝的中心。

4. 通过望远镜观察标尺，将眼睛上下左右稍做移动，若发现十字丝与标尺影像无相对运动，则调焦工作完成，否则要重新照准与调焦。注意：如果十字丝和调焦不清晰，将可能影响测量结果的准确性。

（三）开机

按下右侧开关键（POW/MEAS 键）开机。

（四）设置记录模式（数据输出）

为了将观测数据存入仪器内存或 SD 卡中，在设置条件参数的数据输出模式菜单项下的“数据输出”就必须设置为内存或 SD 卡，在实施路线水准测量之前，数据输出必须设置为内存或 SD 卡，默认的记录模式为“关”，其操作如表 2－8 所示。

表 2－8　设置数据输出

操作过程	操作	显示
1. 在显示菜单状态下按[SET]键，进入设置模式，详情见“设置”模式	[SET]	主菜单　1/2 标准测量模式 线路测量模式 检校模式
2. 按[▲]或[▼]键，进入设置记录模式（“条件参数”）	[▲]或[▼]	设置 测量参数 ▶ 条件参数 仪器参数
3. 按[ENT]键	[ENT]	设置条件参数　1/2 点号模式 显示时间 ▶ 数据输出
4. 按[▲]或[▼]键，选择“数据输出”，再按[ENT]	[▲]或[▼] [ENT]	设置数据输出　1/2 ▶ OFF 内存 SD卡 设置数据输出　1/2 OFF ▶ 内存 SD卡

注：当仪器的输出为“内存”时，右上角显示“F”；输出为“SD 卡”时，右上角显示“S”；输出为“USB”时，右上角显示“U”；输出为“OFF”时，右上角无显示

（五）主菜单

不是所有菜单选项均可同时提供选用，例如：若记录模式为“USB”和“OFF”，则无法进行路线测量和检校模式。如果进入路线测量模式，那么“开始路线水准测量”和“继续路线水准测量”不能同时提供选用，如表 2－9 所示。

表 2－9　主菜单模式

	一级菜单	二级菜单	三级菜单	四级菜单
主菜单 [MENU]	标准测量模式	标准测量	—	—
		高程放样	—	—
		高差放样	—	—
		视距放样	—	—
	路线测量模式	开始路线水准测量	后前前后	—
		继续路线水准测量	后后前前	—
		结束路线水准测量	后前/后中前	—
		—	往、返测	—
	检校模式	方式 A	—	—
		方式 B	—	—
	数据管理	生成文件夹	—	—
		删除文件夹	—	—
		输入点	—	—
		拷贝作业	内存/SD 卡	作业/点号/BM#
		删除作业	内存/SD 卡	—
		查找作业	内存/SD 卡	—
		文件输出	内存/SD 卡	—
		检查容量	内存/SD 卡	—
	格式化	—	内存/SD 卡	—

(六)设置

设置键用来对仪器的参数进行设置，当仪器用来进行精密测量时，建议使用多次测量，多次测量的平均可以提高测量的精度；用户可选择是否自动关机，自动关机的时间为 5 分钟，路线测量关机时会自动保存上一站的测量数据。仪器的背景光也可以用“ ”来转换。

(七)字符输入方法

当记录模式打开时，在需要输入的地方可以输入字母和数字等字符，如表 2－10 和 2－11 所示。

表 2－10　字符输入要求

项目	字符	最大长度
文件夹名，作业名，测量号，点号(仅适用于 SD 卡)	可输入大小写字母、数字和所有符号等字符	8 个字符
注记	可输入大小写字母、数字和所有符号等字符	16 个字符

表 2-11　字符输入方法(在‘注记 1’提示时输入“Tp#7”)

<table>
<tr><th>操作过程</th><th>操作</th><th>显示</th></tr>
<tr><td>1. 按[●]键,进入大写字母输入模式</td><td>[●]</td><td>标准测量模式
注记#1?
=></td></tr>
<tr><td>2. 按[◀]或[▶]键,直至光标在字母“T”位置闪烁</td><td>[◀]或[▶]</td><td>标准测量模式
注记#1?
=>
QRSTUVWXYZABCDEFGHIJ</td></tr>
<tr><td>3. 按[ENT]键,输入字母“T”并显示在底行</td><td>[ENT]</td><td>标准测量模式
注记#1?
=>
JKLMNOPQRSTUVWXYZABC</td></tr>
<tr><td>4. 按[●],进入小写字母输入模式</td><td>[●]</td><td>标准测量模式
注记#1?
=> T
qrstuvwxyzabcdefghij</td></tr>
<tr><td>5. 按[◀]或[▶]键,直至光标在字母“p” 位置闪烁,再按[ENT]</td><td>[◀]或[▶]
[ENT]</td><td>标准测量模式
注记#1?
=> T
fghijklmnopqrstuvwxy

标准测量模式
注记#1?
=> Tp
fghijklmnopqrstuvwxy</td></tr>
<tr><td>6. 按[●],进入符号输入模式</td><td>[●]</td><td>标准测量模式
注记#1?
=> Tp
?@[_]^{|}!”#$%&’()*</td></tr>
<tr><td>7. 按[◀]或[▶]键,直至光标在符号“#”位置闪烁,再按[ENT]</td><td>[◀]或[▶]
[ENT]</td><td>标准测量模式
注记#1?
=>Tp
[ ]^{|}!”#$%&’()*+-</td></tr>
<tr><td>8. 按[ESC]键,进入数字输入模式</td><td>[ESC]</td><td>标准测量模式
注记#1?
=>Tp#
[ ]^{|}!”#$%&’0*+-</td></tr>
<tr><td>9. 按[7]号键,确认显示的字符内容后,按[ENT]键</td><td>[7]
[ENT]</td><td>标准测量模式
注记#1?
=> Tp#7</td></tr>
</table>

(八)标尺的照准与调焦

1. 调焦

测量时应先调整目镜旋钮,使视场内十字丝最清晰,然后调整调焦旋钮使标尺条码最清晰,并使十字丝的竖丝对准条码的中间,如图 2-52 所示;精密的调焦可缩短测量时间、提高测量精度,当进行高精度测量时,要求精确地调焦,同时进行多次测量。

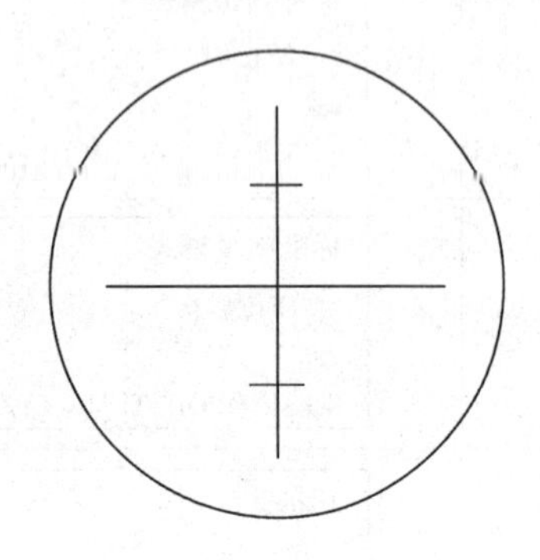
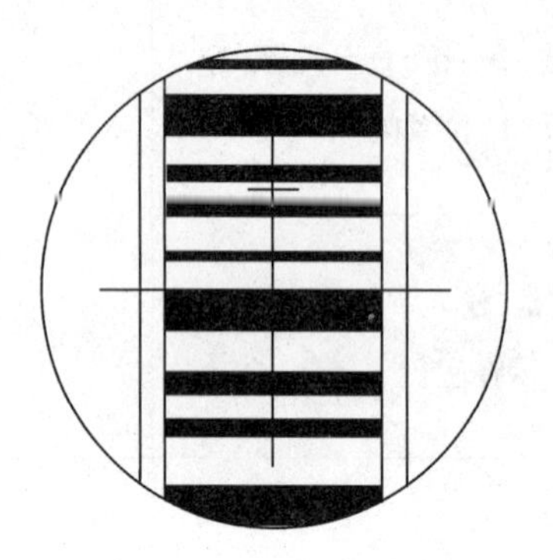

图 2-52　调焦

2. 障碍物

只要标尺不被障碍物(如树枝等)遮挡 30%,就可以进行测量。若视场被遮挡的总量大于 30%,也可进行测量,但此时的测量精度可能会受到一定的影响。

3. 阴影和震动

当标尺遇到阴影遮盖和震动时,测量精度可能会受到一定的影响。

4. 背光和反光

当标尺所处的背景比较亮,影响标尺的对比度时,仪器可能不能测量,这时可以通过遮挡物镜端来减少背景光进入物镜,以利于测量;当有强光进入目镜时,仪器也可能不能测量,测量者可以遮挡目镜的强光以利于测量。

若标尺的反射光线过强,稍将标尺旋转以减小其反射光线强度,如图 2-53 所示。

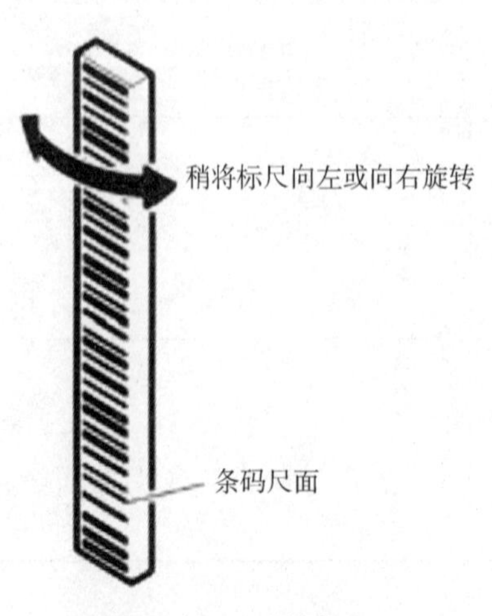

图 2-53　旋转标尺

在太阳位置较低时(如在早晨或傍晚),或在阳光直接照射仪器物镜时,建议用手或遮阳伞遮挡一下阳光。

(九)标准测量

标准测量只用来测量标尺读数和距离,而不进行高程计算。当“条件参数”的“数据输出”为“内存”或“SD 卡”时,则需要输入作业名和有关注记,所有的观测值必须手动按[REC]键记录到内存或数据卡中。

有关测量次数的选择见“测量参数”中的“测量模式”。

表 2-12　标准测量(每次观测进行三次测量)

操作过程	操作	显示
1.[ENT]键	[ENT]	主菜单　1/2 ▶ 标准测量模式 路线测量模式 检校模式
2.[ENT]键	[ENT]	标准测量模式 ▶ 标准测量 高程放样 高差放样
3.输入作业名并按[ENT] ※1),3)	输入作业名 [ENT]	标准测量 作业? =>J01
4.输入新测量号 12,并按[ENT] ※1),※3)	输入测量号 [ENT]	标准测量 测量号 =>12
5.输入注记 1—3,并按[ENT] ※1),※3)	输入注记 1 [ENT]	标准测量 注记#1? =>1
●要跳过注记并直接地进入步骤 6,只要在“注记#1”提示时,按[ENT]即可	输入注记 2 [ENT] 输入注记 3 [ENT]	标准测量 注记#2? =>1 标准测量 注记#3? =>1

续表

操作过程	操作	显示
6. 输入测量点的点号		标准测量 点号 =>P01
7. 瞄准标尺		
8. 按[MEAS]键;进行三次测量,结果显示 *M* 秒※4),※5) ●若水准仪设置为连续测量,则按[ESC]键,这时屏幕显示最后一次测量值 *M* 秒	[MEAS] 连续测量 [ESC]	标准测量 按[MEAS]开始测量 测量号:12 标准测量 标尺: 视距: 开始测量>>>>>>>
9. 按[REC]键,存储显示的数据 ※6)	[REC]	标准测量 p 1/2 标尺均值:0.8263 m 视距均值:18.818 m N:3 δ:0.04 mm

※1)作业名最多可输入 8 个大写字母或数字,而注记可输入 16 个大小写字母、数字或符号;

※2)测量号最多可输入 8 个数字;

※3)当记录模式关闭时,作业名、测量号和注记不能输入;

●测量号(Mn)与点号(Pn)间的关系如下:

Mn11 Pn1	Mn12 Pn1	Mn13 Pn1……
Pn2	Pn2	Pn2
Pn3	Pn3	Pn3
.	.	.
.	.	.

※4)显示的时间可在设置模式进行设置,参见“设置模式”;

※5)当完成测量时,显示数据;按[▲]或[▼]键可以交替显示屏幕内容;

※6)存储后,点号会自动递增或递减,测量之前可以按[ESC]键更改测量号

测量完毕,按[▲]或[▼]键屏幕显示下列内容,如图 2-54 所示。

标准测量　1/2 标尺均值:0.8263 m 视距均值:18.818 m N:3　δ:0.04 mm	距离显示 *N* 次测量:平均值 连续测量:最后一次观测 *N*:测量次数　*δ*:标准偏差
标准测量　2/2 测量:12 点号:1	测量号显示 点号显示

图 2－54　屏幕内容

三、整理沉降观测成果

(一)整理原始记录

每次观测结束后,应检查记录的数据和计算是否正确,精度是否合格,然后调整高差闭合差,推算出各沉降观测点的高程,并填入沉降观测表中。

(二)计算沉降量

沉降观测点的本次沉降量为本次观测所得的高程与上次观测所得的高程之差;累积沉降量为本次沉降量与上次累积沉降量之和。

(三)绘制沉降曲线

时间与沉降量及荷载的关系是以沉降量 S 与荷载 P 为纵轴,以时间 T 为横轴,根据每次观测日期相应的沉降量与荷载画出各点,然后将各点依次连接起来,并在曲线一端注明观测点号码。

【相关知识】

一、电子水准仪(DL07)各部件名称与功能

(一)各部件名称与功能

电子水准仪 DL07 各部件名称如图 2－55 所示。

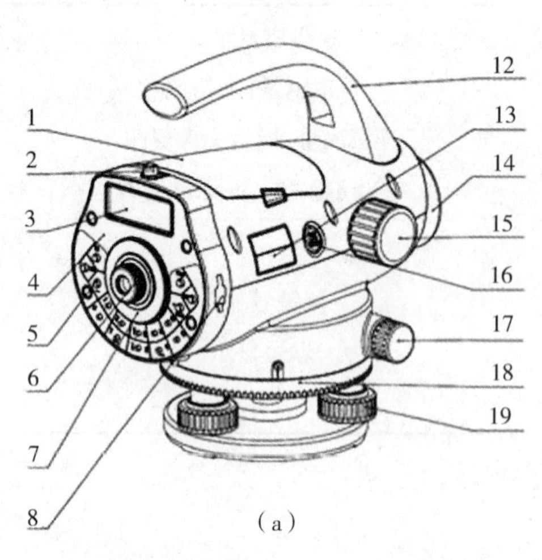

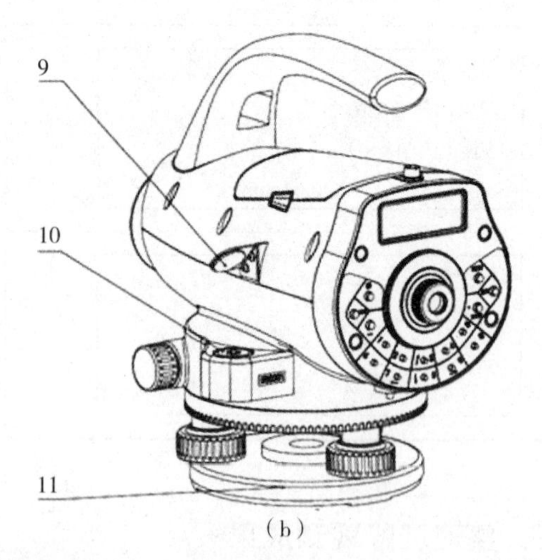

图 2－55　DL07 各部件名称

1. 电池；2. 粗瞄准器；3. 液晶显示屏；4. 面板；5. 按键；6. 目镜：用于调节十字丝的清晰度；7. 目镜护罩：旋下此目镜护罩可进行分划板的机械调整以调整光学视准线误差；8. 数据输出插口：用于连接电子手簿或计算机；9. 圆水准器反射镜；10. 圆水准器；11. 基座；12. 提柄；13. 型号标贴；14. 物镜；15. 调焦手轮：用于标尺调焦；16. 电源开关/测量键：用于仪器开关机和测量；17. 水平微动手轮：用于仪器水平方向的调整；18. 水平度盘：用于将仪器照准方向的水平方向值设置为零或所需值；19. 脚螺旋

（二）操作键及其功能

操作键及其功能，如表 2－13 所示。

表 2－13　操作键及其功能

键符	键名	功能
POW/MEAS	电源开关/测量键	仪器开关机和用来进行测量 开机：仪器待机时轻按一下；关机：按五秒左右
MENU	菜单键	进入菜单模式，菜单模式有下列选择项：标准测量模式、路线测量模式、检校模式、数据管理和格式化内存/数据卡
DIST	测距键	在测量状态下按此键测量并显示距离
↑ ↓	选择键	屏幕菜单翻页或屏幕数据显示
→←	数字移动键	查询数据时的左右翻页或输入状态时左右选择
ENT	确认键	用来确认模式参数或输入显示的数据
ESC	退出键	用来退出菜单模式或任一设置模式，也可作为输入数据时的后退清除键
0～9	数字键	用来输入数字
—	标尺倒置模式	用来进行倒置标尺输入，并应预先在测量参数下，将倒置标尺模式设置为“使用”
	背光灯开关	打开或关闭背光灯
.	小数点键	数据输入时输入小数点；在可输入字母或符号时，切换大小写字母和符号输入状态

续表

键符	键名	功能
REC	记录键	记录测量数据
SET	设置键	进入设置模式,设置模式是用来设置测量参数、条件参数和仪器参数
SRCH	查询键	用来查询和显示记录的数据
IN/SO	中间点/放样模式键	在连续水准路线测量时,测中间点或放样
MANU	手工输入键	当不能用[MEAS]键进行测量时,可利用键盘手工输入数据
REP	重复测量键	在连续水准路线测量时,可用来重测已测过的后视或前视

(三)显示符号

显示符号,如表2-14所示。

表2-14　显示符号

显示	含义	显示	含义
p	表示当前数据已存储	a/b	表示还有另页或菜单,可按[▲][▼]键翻阅;b表示总页数,a表示当前页
	电池电量指示	Inst Ht	仪器高
BM#	水准点	CP#	转换点
I	标尺倒置		

二、测量注意事项

要充分发挥仪器的功能,请注意下列事项:

1.测量标尺如图2-56所示。在使用塔尺和条码时,应将标尺拉出至卡口位置,使塔尺接口之间的间距符合要求。若需要照明时,则应尽可能照明整个标尺,否则可能会影响到测量精度。

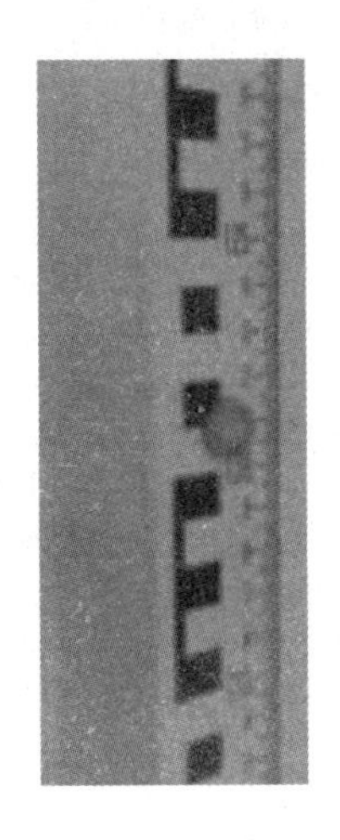

图2-56　塔尺和条码尺

2. 标尺被遮挡不会影响测量功能，但若树枝或树叶遮挡标尺的条形码，可能会显示错误并影响测量。

3. 当标尺处比目镜处暗而发生错误时，用手遮挡一下目镜可能会解决这一问题。

4. 标尺竖立不直会影响到测量的精度，测量时要保持标尺和分划板竖丝平行且对中，标尺应完全拉开并适当固定，测量时应尽可能保证标尺连接处的精确性，并避免通过玻璃窗进行测量。

5. 仪器经长时间存放和长途运输后，在使用之前，请首先检验和校正电子与光学上的视线误差，然后校准圆水准器，同时保持光学部件的清洁。

三、线路测量模式

在路线测量中，如图 2－57 所示。“数据输出”必须设置为“内存”、“SD 卡”，本部分列举假定“数据输出”为“内存”。如果要将路线水准测量数据直接存入数据存储卡内，则“数据输出”必须设置为“SD 卡”。

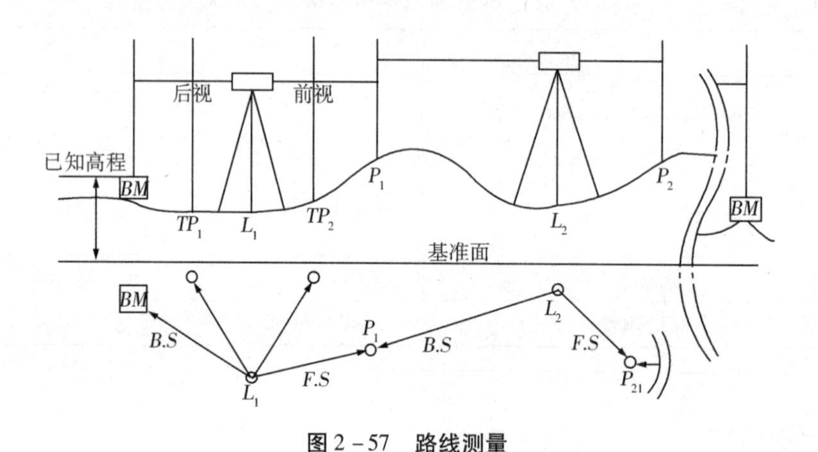

图 2－57　路线测量

（一）开始路线测量

输入作业名、基准点号和基准点高程，输入这些数据后，开始路线的测量，如表 2－15 所示。

当一个测站测量完成后，用户为节约电源，可以关机，再次开机后仪器会自动继续下一个站点的测量。如当前测站未测量完成就关机，再次开机后需要重新测量此测站。

表 2－15　开始路线测量

操作过程	操作	显示
1. [ENT]键	[ENT]	主菜单　1/2 标准测量模式 ▶ 路线测量模式 检校模式
2. 按[ENT]键	[ENT]	路线测量模式 ▶ 开始路线测量 继续路线测量 结束路线测量
3. 输入作业名，并按[ENT]键	输入作业务 [ENT]	路线测量模式 作业? =>J01
4. 按[▲]或[▼]选择路线测量模式，并按[ENT]键	[ENT]	路线测量模式 ▶ 后前前后(BFFB) 后后前前(BBFF) 后前/后中前(BF/BIF)
5. 按[▲]或[▼]选择手动输入水准基准点高程 ※1）调用已存入的基准点高程，并按[ENT]键	[ENT]	路线测量模式 ▶ 输入后视点 调用已存点
6. 输入水准点点号，并按[ENT]键	[ENT]或[ESC]	路线测量模式 BM#? =>B01
7. 输入注记并按[ENT]键 ※2）如果不需要输入直接按[ENT]键	[ENT]	路线测量模式 注记:#1? =>1 路线测量模式 注记:#2? =>1 路线测量模式 注记:#3? =>1
8. 输入后视点高程，并按[ENT]键	[ENT]	路线测量模式 输入后视高程? =100 m

※1）：用户调入的已存点的数据可以通过主菜单数据管理下的输入点来输入点的高程数据；

※2）：总共可输入三组注记，每组 16 个字母数字符号

(二)后视、前视观测数据的采集

水准测量1,后前前后(BFFB)数据采集如表2-16所示。水准测量2,往返测:后前前后/前后后前(aBFFB)数据采集如表2-17所示。

表2-16 后前前后(BFFB)

操作过程	操作	显示
1. 紧接着"开始路线测量",屏幕出现"Bk1"(后视)提示。若前一步为开始路线测量,则显示水准点号	瞄准 Bk1 [MEAS]	路线 BFFB Bk1 BM#:B01 按[MEAS]开始测量
2. 瞄准后视点上的标尺[后视1]		路线 BFFB B1 标尺:0.8259 m B1 视距:3.914 m N:3 >>>>>>>>>
3. 按[MEAS]键; [例]测量次数为3,则当测量完成后,显示均值 *M* 秒 ※1		路线 BFFB Bk1 BM#:B01 >>>>>>>>>
4. 当设置模式为连续测量,则按[ESC]键,显示最后一次测量数据 *M* 秒	连续测量按 [ESC]	路线 BFFB 1/2 B1 标尺均值:0.8259 m B1 视距均值:3.914 m N:3 δ:0.00 mm
5. 然后,显示屏提示变为"Fr1",并自动地增加或减少前视点号。此时按[ESC]键可修改前视点号。瞄准前视点上的标尺[前视1]	瞄准 Fr1 [MEAS]	路线 BFFB Fr1 点号:P01 按[MEAS]开始测量
6. 按[MEAS]键; 测量完毕,显示平均值 *M* 秒		路线 BFFB 1/2 F1 标尺均值:0.8260 m F1 视距均值:3.914 m N:3 δ:0.02 mm
7. 再次瞄准前视点上的标尺,并按[MEAS]键[前视2]	瞄准 Fr2 [MEAS]	路线 BFFB Fr2 点号:P01 按[MEAS]开始测量
8. 测量完毕,显示平均值 *M* 秒		路线 BFFB 1/2 F2 标尺均值:0.8260 m F2 视距均值:3.913 m N:3 δ:0.02 mm

续表

操作过程	操作	显示
9. 再次瞄准后视点上的标尺调焦，并按[MEAS]键[后视2]	瞄准Bk2 [MEAS]	路线　BFFB Bk2 BM#:B01 按[MEAS]开始测量
10. 若有更多的后视点和前视点需要采集，则继续进行第2步操作		路线　BFFB　1/2 B2 标尺均值:0.8261 m B2 视距均值:3.915 m N:3　δ:0.02 mm

※ 1)可在设置下的条件参数中设置显示时间

表2－17　后前前后/前后后前(aBFFB)

操作过程	操作	显示
1. 按[MEAS]键测量后视水准点高度，按[ENT]键	[MEAS] [ENT]	往测　BFFB　1 Bk1 BM#:B01 按[MEAS]开始测量
2. 按[MEAS]键测量前视点高度，按[ENT]键	[MEAS] [ENT]	往测　BFFB　1 Fr1 点号:P01 按[MEAS]开始测量
3. 按[MEAS]键测量前视点高度，按[ENT]键	[MEAS] [ENT]	往测　BFFB　1 Fr2 点号:P01 按[MEAS]开始测量
4. 按[MEAS]键测量后视水准点高度，按[ENT]键	[MEAS] [ENT]	往测　BFFB　1 Bk2 BM#:B01 按[MEAS]开始测量
5. 按[ENT]键继路线测量	[ENT]	往测　BFFB　1 ENT:　继续测量 REP:　重测 MENU: 结束测量

续表

操作过程	操作	显示
6. 按[MEAS]键测量前视点高度，按[ENT]键	[MEAS] [ENT]	往测　FBBF　2 Fr1 点号:P02 按[MEAS]开始测量
7. 按[MEAS]键测量后视点高度，按[ENT]键	[MEAS] [ENT]	往测　FBBF　2 Bk1 点号:P01 按[MEAS]开始测量
8. 按[MEAS]键测量后视点高度，按[ENT]键	[MEAS] [ENT]	往测　FBBF　2 Bk2 点号:P01 按[MEAS]开始测量
9. 按[MEAS]键测量前视点高度，按[ENT]键	[MEAS] [ENT]	往测　FBBF　2 Fr2 点号:P02 按[MEAS]开始测量
10. 按[ENT]键继续路线测量	[ENT]	往测　BFFB　2 ENT:　继续测量 REP:　重测 MENU:　结束测量
11. 按[MEAS]键测量后视点高度，按[ENT]键	[MEAS] [ENT]	往测　BFFB　3 Bk1 点号:P02 按[MEAS]开始测量
12. 按[MENU]键结束路线测量	[MENU]	往测　FBBF　6 ENT:　继续测量 REP:　重测 MENU:　结束测量

续表

操作过程	操作	显示
13. 按[ENT]键确认结束线路测量;国家水准测量规范要求往测和返测的测站数为偶数	[ENT]	往测　FBBF　6 本站为偶数站 是否结束路线测量 是:[ENT]否:[ESC]
14. 按[▲][▼]选择结束往测	[▲][▼] [ENT]	往测　FBBF　6 过渡点结束 ▶ 结束往测
15. 输入点号,并按[ENT]键确认	点号 [ENT]	往测　FBBF　6 点号? =>_
16. 输入注记,并按[ENT]键确认	注记 [ENT]	往测　FBBF　6 注记#1 =>_
17. 按[▲][▼]选择查阅本次路线的数据	[▲][▼]	往测　FBBF　6　1/2 Δh　CP 0.558 m Δh　ΣCP 1.007 m ΣD　CP 52.00 m
18. 按[ENT]键进入返测	[ENT]	往测　FBBF　6　2/2 ΣD　BM 108.05 m G.H　BM 5.007 m
19. 按[MEAS]键测量后视点高度,再按[ENT]键	[MEAS] [ENT]	返测　BFFB　1 Bk1 BM#:P06 按[MEAS]开始测量

续表

操作过程	操作	显示
20. 按[MEAS]键测量前视点高度,再按[ENT]键	[MEAS] [ENT]	返测 FBBF 2 Fr2 点号:P07 按[MEAS]开始测量
21. 按[MENU]结束路线测量	[MENU]	往测 FBBF 6 ENT: 继续测量 REP: 重测 MENU: 结束测量
22. 按[ENT]键确认结束路线测量	[ENT]	返测 FBBF 6 本站为偶数站 是否结束路线测量 是:[ENT]否:[ESC]
23. 按[▲][▼]选择结束返测	[▲][▼]	返测 FBBF 6 过渡点闭合 ▶ 结束返测
24. 输入点号,并按[ENT]键确认	点号 [ENT]	返测 FBBF 6 点号? =>
25. 输入注记,并按[ENT]键确认	注记 [ENT]	返测 FBBF 6 注记#1 =>

续表

操作过程	操作	显示
26. 按[▲][▼]选择查阅本次路线的数据	[▲][▼]	往测　FBBF　6　1/2 Δh　CP 0.558 m Δh　ΣCP 0.003 m ΣD　CP 52.00 m 往测　FBBF　6　2/2 ΣD　BM 110.08 m G.H　BM 5.003 m
27. 按[ENT]键退出往返测	[ENT]	主菜单　1/2 标准测量模式 ▶ 线路测量模式 检校模式

测量完毕,可显示下列数据。

按[▲]或[▼]键可翻页显示。当后视1(Bk1)测量完毕,按[▲]或[▼],屏幕显示如图2-58所示。

路线　BFFB　1/2 B1 标尺均值:0.8259 m B1 视距均值:3.914 m N:3　δ:0.00 mm	只在多次测量的情况下显示到后视点的距离。 *N* 次测量:平均值 连续测量:最后一次测量值 *N*:总的测量次数　*δ*:标准偏差
路线　BFFB　2/2 BM#:B01	后视点号

图2-58　后视1测量完毕显示屏幕

当前视1(Fr1)测量完毕,按[▲]或[▼],屏幕显示如图2-59所示。

<table>
<tr><td>路线　BFFB　1/3
F1 标尺均值:0.8260 m
F1 视距均值:3.914 m
N:3　δ:0.02 mm</td><td>到前视点的距离
N 次测量:平均值
连续测量:最后一次测量值
N:总的测量次数
δ:标准偏差</td></tr>
<tr><td>路线　BFFB　2/3
Fr GH1:99.9999 m

点号:P01</td><td>前视点地面高程</td></tr>
<tr><td>路线　BFFB　3/3
Δ d:　−0.001 m</td><td>Δd:前后视距差</td></tr>
</table>

图 2－59　前视 1 测量完毕显示屏幕

当前视 2(Fr2)测量完毕,按[▲]或[▼],屏幕显示如图 2－60 所示。

<table>
<tr><td>路线　BFFB　1/2
F2 标尺均值:0.8260 m
F2 视距均值:3.913 m
N:3　δ:0.02 mm</td><td>到前视点的距离
N 次测量:平均值
连续测量:最后一次测量值
N:总的测量次数
δ:标准偏差</td></tr>
<tr><td>路线　BFFB　2/2
点号:P01</td><td>前视点号</td></tr>
</table>

图 2－60　前视 2 测量完毕显示屏幕

当后视 2(Bk2)测量完毕,按[▲]或[▼],屏幕显示如图 2－61 所示。

<table>
<tr><td>路线　BFFB　1/3
B2 标尺均值:0.8260 m
B2 视距均值:3.915 m
N:3　δ:0.02 mm</td><td>到后视点的距离
N 次测量:平均值
连续测量:最后一次测量值
δ:标准测量</td></tr>
<tr><td>路线　BFFB　2/3
E.V 值:　0.0 mm
d:　0.001 m
Σ:　7.828 m</td><td>E. V:高差之差＝(后 1－前 1)－
(后 2－前 2)
d:后视距离总和－前视距离总和
Σ＝后视距离总和＋前视距离总和</td></tr>
<tr><td>路线　BFFB　3/3
Fr GH2:100.0000 m

BM#:B01</td><td>前视点地面高程
后视点号</td></tr>
</table>

图 2－61　后视 2 测量完毕显示屏幕

往测或过渡点测量完毕,显示如图 2 - 62 所示数据。

往测 FBBF 6 1/2 Δh CP 0.558 m Δh ΣCP 0.003 m ΣD CP 52.00 m	Δh CP:上次过渡点到本次过渡点的高差 Δh ΣCP:从起始点到本次过渡点的高差
往测 FBBF 6 2/2 ΣD BM 110.08 m G.H BM 5.003 m	ΣD CP:上次过渡点到本次过渡点的视距 ΣD BM:从起始点到本次过渡点的视距 G. H BM:本过渡点的高程

图 2 - 62 往测或过渡点测量完毕显示屏幕

测量完毕,可显示下列数据,按[▲]或[▼]可翻页显示。

当后视 1(Bk1)测量完毕,按[▲]或[▼],屏幕显示如图 2 - 63 所示。

路线测量 BFFB 1/2 B1 标尺均值:0.8259 m B1 视距均值:3.914 m N:3 δ:0.00 mm	只在多次测量的情况下显示到后视点的距离 N 次测量:平均值 连续测量:最后一次测量值 N:总的测量次数 δ:标准偏差
路线测量 BFFB 2/2 BM#:B01	后视点号

图 2 - 63 后视 1 测量完毕显示屏幕

当前视 1(Fr1)测量完毕,按[▲]或[▼],屏幕显示如图 2 - 64 所示。

路线测量 BFFB 1/2 F1 标尺均值:0.8260 m F1 视距均值:3.914 m N:3 δ:0.02 mm	到前视点的距离 N 次测量:平均值 连续测量:最后一次测量值 N:总的测量次数 δ:标准偏差
路线测量 BFFB 2/2 Fr GH1:99.9999 m 点号:P01	前视点地面高程

图 2 - 64 前视 1 测量完毕显示屏幕

当前视 2(Fr2)测量完毕,按[▲]或[▼],屏幕显示如图 2-65 所示。

屏幕显示	说明
路线测量　BFFB　1/2 F2 标尺均值:0.8260 m F2 视距均值:3.913 m N:3　δ:0.02 mm	到前视点的距离 N 次测量:平均值 连续测量:最后一次测量值 N:总的测量次数 δ:标准偏差
路线测量　BFFB　2/2 d:0.000 mm Σ:7.828 m 点号:P01	d:后视距离总和　前视距离总和 Σ:后视距离总和 + 前视距离总和 前视点号

图 2-65　前视测量完毕显示屏幕

当后视 2(Bk2)测量完毕,按[▲]或[▼],屏幕显示如图 2-66 所示。

屏幕显示	说明
路线测量　BFFB　1/3 B2 标尺均值:0.8260 m B2 视距均值:3.915 m N:3　δ:0.02 mm	到后视点的距离 N 次测量:平均值 连续测量:最后一次测量值 δ:标准测量
线路测量　BFFB　2/3 E.V值:0.0 mm d:　0.001 m Σ:　7.828 m	E. V:高差之差 = (后 1 - 前 1) -(后 2 - 前 2) d: 后视距离总和 - 前视距离总和 Σ:后视距离总和 + 前视距离总和
路线测量　BFFB　3/3 Fr GH2:100.0000 m BM#:B01	前视点地面高程 后视点号

图 2-66　后视测量完毕显示屏幕

四、建筑物沉降观测相关技术要求

根据中华人民共和国行业标准 JGJ 8—2007《建筑变形测量规范》要求摘录如下:

(一)建筑沉降观测应测定建筑及地基的沉降量、沉降差及沉降速度,并根据需要计算基础倾斜、

局部倾斜、相对弯曲及构件倾斜。

（二）沉降观测点的布设应能全面反映建筑及地基变形特征，并顾及地质情况及建筑结构特点。点位宜选设在下列位置：

1. 建筑的四角、核心筒四角、大转角处及沿外墙每 10 ~ 20 m 处或每隔 2 ~ 3 根柱基上；

2. 高低层建筑、新旧建筑、纵横墙等交接处的两侧；

3. 建筑裂缝、后浇带和沉降缝两侧、基础埋深相差悬殊处、人工地基与天然地基接壤处、不同结构的分界处及填挖方分界处；

4. 对于宽度大于等于 15 m 或小于 15 m 而地质复杂以及膨胀土地区的建筑，应在承重内隔墙中部设内墙点，并在室内地面中心及四周设地面点；

5. 邻近堆置重物处、受震动有显著影响的部位及基础下的暗浜（沟）处；

6. 框架结构建筑的每个或部分柱基上或沿纵横轴线上；

7. 筏形基础、箱形基础底板或接近基础的结构部分之四角处及其中部位置；

8. 重型设备基础和动力设备基础的四角、基础形式或埋深改变处以及地质条件变化处两侧；

9. 对于电视塔、烟囱、水塔、油罐、炼油塔、高炉等高耸建筑，应设在沿周边与基础轴线相交的对称位置上，点数不少于 4 个。

（三）沉降观测的标志可根据不同的建筑结构类型和建筑材料，采用墙（柱）标志、基础标志和隐蔽式标志等形式，并符合下列规定：

1. 各类标志的立尺部位应加工成半球形或有明显的突出点，并涂上防腐剂；

2. 标志的埋设位置应避开雨水管、窗台线、散热器、暖水管、电气开关等有碍设标与观测的障碍物，并应视立尺需要离开墙（柱）面和地面一定距离；

3. 隐蔽式沉降观测点标志的形式可按本规范的规定执行；

4. 当应用静力水准测量方法进行沉降观测时，观测标志的形式及其埋设，应根据采用的静力水准仪的型号、结构、读数方式以及现场条件确定。标志的规格尺寸设计，应符合仪器安置的要求。

（四）沉降观测点的施测精度应按本规范的规定确定。

（五）沉降观测的周期和观测时间应按下列要求，并结合实际情况确定。

1. 建筑施工阶段的观测应符合下列规定：

（1）普通建筑可在基础完工后或地下室砌完后开始观测，大型、高层建筑可在基础垫层或基础底部完成后开始观测；

（2）观测次数与间隔时间应视地基与加荷情况而定。民用高层建筑可每加高 1 ~ 5 层观测一次，工业建筑可按回填基坑、安装柱子和屋架、砌筑墙体、设备安装等不同施工阶段分别进行观测。若建筑施工均匀增高，应至少在增加荷载的 25%、50%、75% 和 100% 时各测一次；

（3）施工过程中若暂停工，在停工时及重新开工时应各观测一次。停工期间可每隔 2 ~ 3 个月观测一次。

2. 建筑使用阶段的观测次数，应视地基土类型和沉降速率大小而定。除有特殊要求外，可在第一年观测 3 ~ 4 次，第二年观测 2 ~ 3 次，第三年后每年观测 1 次，直至稳定为止。

3. 在观测过程中，若有基础附近地面荷载突然增减、基础四周大量积水、长时间连续降雨等情况，均应及时增加观测次数。当建筑突然产生大量沉降、不均匀沉降或严重裂缝时，应立即进行逐日或

2～3 天一次的连续观测。

4. 建筑沉降是否进入稳定阶段，应由沉降量与时间关系曲线判定。当最后 100 天的沉降速率小于 0.01～0.04 毫米/天时可认为已进入稳定阶段。具体取值宜根据各地区地基土的压缩性能确定。

（六）沉降观测的作业方法和技术要求应符合下列规定：

1. 对特级、一级沉降观测，应按本规范的规定执行；

2. 对二级、三级沉降观测，除建筑转角点、交接点、分界点等主要变形特征点外，允许使用间视法进行观测，但视线长度不得大于相应等级规定的长度；

3. 观测时，仪器应避免安置在有空压机、搅拌机、卷扬机、起重机等振动影响的范围内；

4. 每次观测应记载施工进度、荷载量变动、建筑倾斜裂缝等各种影响沉降变化和异常的情况。

（七）每周期观测后，应及时对观测资料进行整理，计算观测点的沉降量、沉降差以及本周期平均沉降量、沉降速率和累计沉降量。根据需要，可按式（2－8）和式（2－9）计算基础或构件的倾斜或弯曲量。

1. 基础或构件倾斜度 α：

$$\alpha = (s_A - s_B)/L \tag{2-8}$$

式中：

s_A、s_B——基础或构件倾斜方向上 A、B 两点的沉降量（mm）；

L——A、B 两点的距离（mm）。

2. 基础相对弯曲度 f_c：

$$f_c = [2s_0 - (s_1 + s_2)]/L \tag{2-9}$$

式中：

s_0——基础中点的沉降量（mm）；

s_1、s_2——基础两个端点的沉降量（mm）；

L——基础两个端点间的距离（mm）。

注：弯曲量以向上凸起为正，反之为负。

（八）沉降观测应提交下列图表。

1. 工程平面图及基准点分布图。

2. 沉降观测点位分布图。

3. 沉降观测成果表。

4. 时间－荷载－沉降量曲线图。

五、沉降观测的工作要求

1. 要求观测人员固定。

2. 使用固定的水准仪和水准尺（前、后视用同一根水准尺）。

3. 使用固定的水准基点。

4. 要求按规定的日期、固定的路线及测站进行观测。

六、沉降观测的成果整理

某建筑物沉降观测成果表和曲线图如表 2－18 和图 2－67 所示。

表 2-18　沉降观测成果表

观测日期	荷重/(t·m^{-2})	观测点																	
		1			2			3			4			5			6		
		高程/m	沉降量/mm	累计沉降量/mm	高程/m	沉降量/mm	累计沉降量/mm	高程/m	沉降量/mm	累计沉降量/mm	高程/m	沉降量/mm	累计沉降量/mm	高程/m	沉降量/mm	累计沉降量/mm	高程/m	沉降量/mm	累计沉降量/mm
2011.4.20	4.5	50.157	0	0	50.154	0	0	50.155	0	0	50.155	0	0	50.156	0	0	50.154	0	0
2011.5.5	5.5	50.155	-2	-2	50.153	-1	-1	50.153	-2	-2	50.154	-1	-1	50.155	-1	-1	50.152	-2	-2
2011.5.20	7.0	50.152	-3	-5	50.150	-3	-4	50.151	-2	-4	50.153	-1	-2	50.151	-4	-5	50.148	-4	-6
2011.6.5	9.5	50.148	-4	-9	50.148	-2	-6	50.147	-4	-8	50.150	-3	-5	50.148	-3	-8	50.146	-2	-8
2011.6.20	10.5	50.145	-3	-12	50.146	-2	-8	50.143	-4	-12	50.148	-2	-7	50.146	-2	-10	50.144	-2	-10
2011.7.20	10.5	50.143	-2	-14	50.145	-1	-9	50.141	-2	-14	50.147	-1	-8	50.145	-1	-11	50.142	-2	-12
2011.8.20	10.5	50.142	-1	-15	50.144	-1	-10	50.140	-1	-15	50.145	-2	-10	50.144	-1	-12	50.140	-2	-14
2011.9.20	10.5	50.140	-2	-17	50.142	-2	-12	50.138	-2	-17	50.143	-2	-12	50.142	-2	-14	50.139	-1	-15
2011.10.20	10.5	50.139	-1	-18	50.140	-2	-14	50.137	-1	-18	50.142	-1	-13	50.140	-2	-16	50.137	-2	-17
2012.1.20	10.5	50.137	-2	-20	50.139	-1	-15	50.137	0	-18	50.142	0	-13	50.139	-1	-17	50.136	-1	-18
2012.4.20	10.5	50.136	-1	-21	50.139	0	-15	50.136	-1	-19	50.141	-1	-14	50.138	-1	-18	50.136	0	-18
2012.7.20	10.5	50.135	-1	-22	50.138	-1	-16	50.135	-1	-20	50.140	-1	-15	50.137	-1	-19	50.136	0	-18
2012.10.20	10.5	50.135	0	-22	50.138	0	-16	50.134	-1	-21	50.140	0	-15	50.136	-1	-20	50.136	0	-18
2013.1.20	10.5	50.135	0	-22	50.138	0	-16	50.134	0	-21	50.140	0	-15	50.136	0	-20	50.136	0	-18

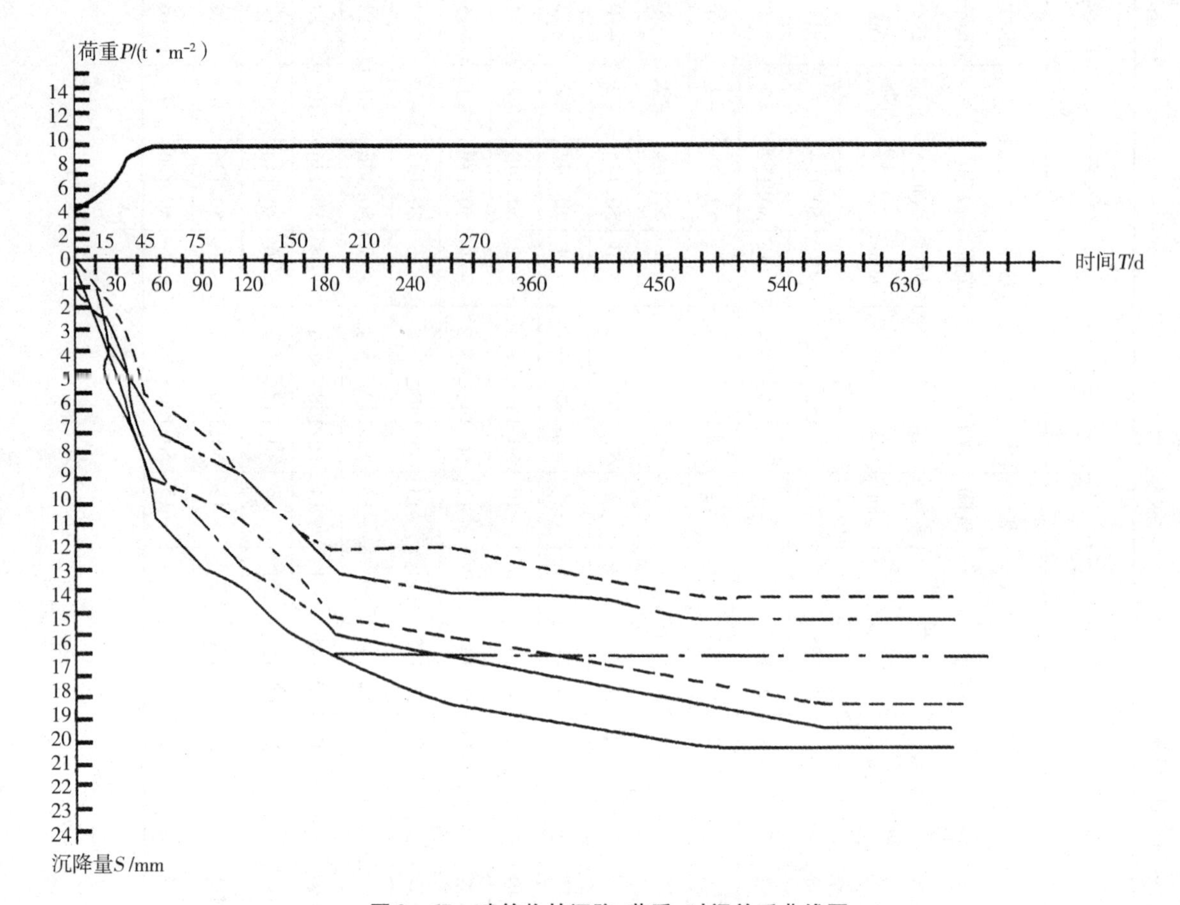

图 2-67 建筑物的沉降、荷重、时间关系曲线图

七、沉降观测中常遇到的现象及其处理

(一)曲线在首次观测后即发生回升现象

在第二次观测时若发现曲线上升,至第三次后,曲线又逐渐下降。出现这种现象,一般是由首次观测结果存在较大误差所引起的。此时,可采用第二次观测结果作为首次结果。

(二)曲线在中间某点突然回升

当某点突然回升,主要是因为水准基点或沉降观测点被碰所致,这时应该仔细检查水准基点和沉降观测点的外形有无损坏。如只有一个沉降观测点出现此种现象,则可能是该观测点被撬高,如果该点撬后已活动,则需要另行埋设新点,若点位尚牢固,则可继续使用;如多个沉降观测点出现此种现象,则水准基点被压低的可能性很大,此时可改用其他水准点作为水准基点来继续观测,并再埋设新水准点,以保证水准点个数不少于三个。

(三)曲线自某点起渐渐回升

发生此现象一般是由于水准基点下沉所致。此时,应根据水准点之间的高差来分析判断最稳定的水准点,以此作为新水准基点。另外,埋在群楼上的沉降观测点,由于受主楼的影响,也可能会出现渐渐回升的现象,但属于正常。

(四)曲线的波浪起伏现象

在观测后期,曲线呈现微小波浪起伏现象,主要是测量误差所造成的。由于后期建筑物下沉极微或趋于稳定,所以在曲线上就会出现测量误差表现比较突出的现象。此时,可将波浪曲线改成水平线,同时适当延长观测的间隔时间。

【成果评价】

一、沉降观测指标评价

根据建筑物的特性和建设、设计单位的要求选择沉降观测精度的等级。在没有特别要求的情况下,在一般性的建筑物施工过程中,采用二等水准测量的观测方法就能满足沉降观测的要求。各项观测指标要求如下:

第一,往返较差、环线闭合差:$\Delta h = \sum a - \sum b \leq 1.0\sqrt{n}$ (mm),n 表示测站数。

第二,前后视距≤30 m。

第三,前后视距差≤1.0 m。

第四,前后视距累积差≤3.0 m。

第五,沉降观测点相对于后视点的高差容差≤1.0 mm。

二、沉降观测精度指标评价

以国家水准测量规范规定的一、二、三等水准测量每千米往返测高差中数的偶然中误差 M_{Δ} 为依据,由式(2－10)计算出单程观测测站高差中误差 m_0 (mm),则可得沉降水准测量精度指标,如表 2－19 所示。

$$m_0 = M_{\Delta}\sqrt{\frac{S}{250}} \qquad (2-10)$$

式中:

S——各级别水准视线长度(m)。

表 2－19　一、二、三级沉降观测精度指标计算

等级	M_{Δ}/mm	S/m	换算的 m_0 值/mm	取用值/mm
一级	0.45	30	±0.16	±0.15
二级	1.0	50	±0.45	±0.5
三级	3.0	75	±1.64	±1.5

【思考练习】

一、选择题

1. 建筑物变形观测有　　(　　)

A. 沉降观测　　B. 倾斜观测　　C. 裂缝观测　　D. 位移观测

2. 沉降观测工作点一般不少于 （ ）

A. 1个 B. 2个 C. 3个 D. 4个

3. 沉降观测时使用的仪器是 （ ）

A. 水准仪 B. 经纬仪 C. 全站仪 D. 以上全部

4. 沉降观测水准路线闭合差不应超过 （ ）

A. $\pm 1.0\sqrt{n}$ mm B. $\pm 0.6\sqrt{n}$ mm C. $\pm 4\sqrt{n}$ mm D. $\pm 6\sqrt{n}$ mm

二、填空题

1. 沉降观测是一项长期工作，为了保证观测的正确性，应做到“四定”，分别是________、________、________和________。

2. 建筑物封顶或竣工后，一般________观测一次，以后随沉降速度的减缓，可延长到________观测一次，直至沉降________为止。

3. 整理沉降观测成果可分为________、________和________三个步骤。

附　录

附录一　记录单

三(四)等水准测量记录手簿

司镜员：　　　　记录员：　　　　立尺员：　　　　班(组)：

测自　　　　至　　　　天气：　　　　年　　月　　日

测站(测点)编号	后尺	前尺	方向及尺号	标尺读数/m 黑面	标尺读数/m 红面	(K+黑−红)/mm	高差中数/m	备注
	下丝	下丝						
	上丝	上丝						
	后视距	前视距						
	视距差 d/m	$\sum d$/m						
	(1)	(4)	后	(3)	(8)	(14)		
	(2)	(5)	前	(6)	(7)	(13)		
	(9)	(10)	后−前	(15)	(16)	(17)	(18)	
	(11)	(12)						
			后					
			前					
			后−前					
			后					
			前					
			后−前					
			后					
			前					
			后−前					

续表

测站（测点）编号	后尺 下丝	前尺 下丝	方向及尺号	标尺读数/m		（K+黑-红）/mm	高差中数/m	备注
	后尺 上丝	前尺 上丝						
	后视距	前视距		黑面	红面			
	视距差 d/m	$\sum d$/m						
			后					
			前					
			后-前					
			后					
			前					
			后-前					
			后					
			前					
			后-前					
			后					
			前					
			后-前					
			后					
			前					
			后-前					
			后					
			前					
			后-前					
			后					
			前					
			后-前					
			后					
			前					
			后-前					

续表

测站（测点）编号	后尺 下丝	前尺 下丝	方向及尺号	标尺读数/m		（K+黑−红）/mm	高差中数/m	备注
	后尺 上丝	前尺 上丝		黑面	红面			
	后视距	前视距						
	视距差 d/m	$\sum d$/m						
			后					
			前					
			后−前					
			后					
			前					
			后−前					
			后					
			前					
			后−前					
			后					
			前					
			后−前					
			后					
			前					
			后−前					
			后					
			前					
			后−前					

每页检核

$\sum(9)=$________

$\sum(10)=$________

$\sum(9)-\sum(10)=$________

$L=\sum(9)+\sum(10)=$________

$f_{h容}=$________

$f_h=$________

精度检核结论：

$\sum(3)=$________　$\sum(8)=$________

$\sum(6)=$________　$\sum(7)=$________

$\sum(15)=$________　$\sum(16)=$________

$\sum[(3)+(8)]=$________

$\sum(18)=$________

$\sum[(6)+(7)]=$________

$\sum[(3)+(8)]-\sum[(6)+(7)]=$________

计算检核结论：

导线测量记录手簿

测站：　　　　　　班(组)：　　　　　　记录员：　　　　　　年　　月　　日

	觇点	读数		2C/(″)	半测回方向值/(° ′ ″)	一测回方向值/(° ′ ″)	各测回平均方向值/(° ′ ″)	附注(附图)
		盘左/(° ′ ″)	盘右/(° ′ ″)					
水平角观测								

边长	次数	平距观测值/m	平距中数/m	边长	次数	平距观测值/m	平距中数/m
	1				1		
	2				2		
	3				3		
	4				4		

全站仪导线测量记录单

测自　　　　　　　　　　至　　　　　　　　　　班(组)：　　　　　　　　记录员：

天气 ：　　　　　　　　　　　　　　　　　　　　　　　　年　　　　月　　　　日

点号	坐标观测值/m			距离 D/m	坐标改正值/mm			坐标值/m			点号
	x_i'	y_i'	H_i'		v_{x_i}	v_{y_i}	v_{H_i}	x_i	y_i	H_i	
01	02	03	04	05	06	07	08	09	10	11	12
				$\sum D$ =							

辅助计算		绘出导线简图(标出方位)：
	f_x = f_y = f_D = $K = \frac{f_D}{\sum D}$ = f_H =	

工程定位测量放线记录表

<table>
<tr><td colspan="2">工程名称</td><td colspan="2"></td><td>委托单位</td><td></td></tr>
<tr><td colspan="2">图纸编号</td><td colspan="2"></td><td>施测日期</td><td></td></tr>
<tr><td colspan="2">平面坐标依据</td><td colspan="2"></td><td>复测日期</td><td></td></tr>
<tr><td colspan="2">高程依据</td><td colspan="2"></td><td>使用仪器</td><td></td></tr>
<tr><td colspan="2">允许误差</td><td colspan="2"></td><td>仪器校验日期</td><td></td></tr>
<tr><td colspan="6">定位抄测示意图：</td></tr>
<tr><td colspan="6">复测结果：</td></tr>
<tr><td rowspan="2">签字栏</td><td rowspan="2">建设
（监理单位）</td><td>施工（测量）单位</td><td></td><td>测量人员岗位
证书号</td><td></td></tr>
<tr><td>专业技术负责人</td><td>测量负责人</td><td>复测人</td><td>施测人</td></tr>
<tr><td></td><td></td><td></td><td></td><td></td><td></td></tr>
</table>

控制点复核记录(成果)表

工程名称和部位:________________

仪器:__________ 日期:__________

测站		X:	Y:	H:
后视		X:	Y:	H:

点号 (桩号)	控制点坐标/m			复核坐标/m			偏差值/mm		
	X	Y	H	X	Y	H	Δx	Δy	Δh
说明及简图									

测量:__________ 审核:__________ 监理:__________

放线记录表

<table>
<tr><td colspan="3">建设工程平面定位图及测量成果（注明建设工程平面尺寸及实测坐标）</td></tr>
<tr><td>附件</td><td colspan="2"></td></tr>
<tr><td colspan="2">放线人：

日 期： 年 月 日</td><td>放线单位（章）：

日期： 年 月 日</td></tr>
</table>

验线记录表

<table>
<tr><td colspan="2">验收结果及意见：</td><td></td></tr>
<tr><td colspan="2"></td><td>验线人：</td></tr>
<tr><td colspan="2"></td><td>年　月　日</td></tr>
<tr><td colspan="3">±0.000 复测结果及意见：</td></tr>
<tr><td colspan="2"></td><td>验线人：</td></tr>
<tr><td colspan="2"></td><td>年　月　日</td></tr>
<tr><td colspan="3">施工中检查记录：</td></tr>
<tr><td colspan="2"></td><td>验线人：</td></tr>
<tr><td colspan="2"></td><td>年　月　日</td></tr>
<tr><td>执法单位参加人：
年　　月　　日</td><td>建设单位参加人：
年　　月　　日</td><td>施工单位参加人：
年　　月　　日</td></tr>
</table>

轴线尺寸校核记录表

轴线名	X	Y	距离	坐标方位角	夹角

示意图

沉降观测记录表

工程名称				仪器型号		
施工单位				水准点高程		
观测点	形象进度					
	日期					
	高程/m					
	沉降量/m					
	累积沉降量/m					
	高程/m					
	沉降量/m					
	累积沉降量/m					
	高程/m					
	沉降量/m					
	累积沉降量/m					
	高程/m					
	沉降量/m					
	累积沉降量/m					
	高程/m					
	沉降量/m					
	累积沉降量/m					
	高程/m					
	沉降量/m					
	累积沉降量/m					
	高程/m					
	沉降量/m					
	累积沉降量/m					
	高程/m					
	沉降量/m					
	累积沉降量/m					
	高程/m					
	沉降量/m					
	累积沉降量/m					
监理工程师（建设单位代表）：		施工技术负责人：		施　工质检员：		施测人：

附录二 任务单

任务单一

班(组):____________________ 审核人:________ 地点:____________ 日期:________

一、任务名称

高程控制点测量。

二、任务目标

在测区内,选择适当测量路线(附合或闭合),完成高程控制点测量,能正确进行观测、记录、高差调整与高程计算。

三、仪器及工具

四、任务实施

1. 根据自己小组所测区域,选定一条300 m至400 m水准路线。

2. 在起点(已知高程点)和转点约等距离处安置水准仪,采用"后—前—前—后"(或黑—黑—红—红)程序进行观测,直至测到终点。将观测数据记录在三(四)等水准测量手簿上,经测站计算与校核符合技术要求,并求出高差。

3. 将每一段测得的距离和计算的高差填入相应栏中,经辅助计算符合精度要求后,进行高程计算。

4. 每一个测点改正后的高程等于已知点高程加上改正后的高差。

五、测量结果

附合(闭合)水准路线成果计算表

点名	距离/m	高差/m	高差改正数/mm	改正高差/m	高程/m
					已知
					已知
合计					
辅助计算	$f_h =$ $-f_h/\sum L =$	$\sum L =$ $f_{h容} = \pm 20\sqrt{L} =$		绘测量路线简图	

任务单二(一)

班(组):__________________　审核人 :__________　地点:____________　日期:________

一、任务名称

平面控制点测量。

二、任务目标

在测区内,选择适当导线路线(附合或闭合),完成平面控制点测量,能正确进行全站仪后视定向、搬站、三维坐标测量、坐标记录、平差计算,所得测量结果要符合精度要求。

三、仪器及工具

四、任务实施

1. 在测站(高级控制点)安置全站仪,对中、整平,后视定向。
2. 根据距离和坐标测量方法,测定测站到待测点间的距离、点的坐标(x'_1 , y'_1)和高程 H'_1 。
3. 再将全站仪安置在已测坐标点上,用同样的方法测得两点间的距离、坐标(x'_2 , y'_2)和高程 H'_2 。
4. 如此观测,最后测得终点(高级控制点)的坐标观测值(x'_i , y'_i)。

五、测量结果

全站仪导线三维坐标计算表

点号	坐标观测值/m			距离 D/m	坐标改正值/mm			坐标值/m			点号
	x'_i	y'_i	H'_i		v_{x_i}	v_{y_i}	v_{H_i}	x_i	y_i	H_i	
01	02	03	04	05	06	07	08	09	10	11	12
				$\sum D =$							

平差计算		
平差计算	$v_{x_1} = -\frac{f_x}{\sum D} \cdot \sum D_1 =$ $v_{y_1} = -\frac{f_y}{\sum D} \cdot \sum D_1 =$ $x_i = x'_i - v_{x_i} =$ $y_i = y'_i - v_{y_i} =$	$v_{H_1} = -\frac{f_H}{\sum D} \cdot \sum D_1 =$ $H_i = H'_i - v_{H_i} =$

任务单二(二)

班(组):____________________　审核人 :________地点:______________ 日期:________

一、任务名称

平面控制点测量。

二、任务目标

在测区内,选择适当测量路线(附合或闭合),完成平面控制点测量,能正确进行转折角观测、边长观测、计算角值与边长、平差与坐标计算。

三、仪器及工具

四、任务实施

1. 根据自己小组所测区域,由已知点坐标,确定一条闭合导线(求出三个未知点坐标)或一条附合导线(求出两个未知点坐标)。

2. 观测转折角(水平角):第一测回,起始目标设置为零,观测水平角;第二测回,起始目标设置为90° 00′ 00″或90° 00′ 00″左右,观测水平角,两个测回的角值互差若在限差范围内,水平角观测结束,否则需要重测。

3. 观测边长:在第一测回盘左位置,当仪器照准棱镜中心时,进入测量模式第一页。按F1键(测距键)开始该方向距离测量。按F2键(SHV2键)可使距离值的显示在斜距、平距和高差之间切换。将平距测量值记在手簿中,一般要求瞄准一次目标,需要观测四次,求其平均值,作为边长。

4. 计算导线各转折角和边长,并写在导线观测手簿中。

5. 角度闭合差和导线全长闭合差经检核符合技术要求后,采用Excel制作导线自动平差计算坐标表,求出未知点坐标,最后将导线坐标值填入导线坐标计算表中。

五、检核计算

f_β =　　　　　　　　　　$f_{\beta容}$ =

f_x =　　　　　　　　　　f_y =

f_D =　　　　　　　　　　$K = \frac{f_D}{\sum D}$ =

六、绘出导线简图

七、附导线观测手簿及坐标计算表

任务单三

班(组):________________ 审核人 :___________ 地点:_____________日期:_______

一、任务名称

碎部点测量。

二、任务目标

在测区内,能正确进行全站仪后视定向、搬站、测站检核、选择地物特征点、架设棱镜、三维坐标测量及坐标记录。

三、仪器及工具

四、任务实施

1. 选择控制点:在测区,正确选择已有的导线点作为平面控制点。

2. 设站与检核:测站安置全站仪(对中、整平);选择定向;选择另一已知点进行检核。

3. 碎部点测量:测定各个碎部点的三维坐标,记录全站仪内存(棱镜高、点号和编码),每站测量一定碎部点,并应进行归零检查(不大于1′)。

五、绘制现场草图

任务单四

班(组):________________　审核人 :____________　地点:______________　日期:________

一、任务名称

用 CASS 软件数字化成图。

二、任务目标

在实训室内,正确进行 CASS 软件的操作,并应用 CASS 软件进行外业测量数据传输、按地物要素的分类绘制地物的位置、绘制等高线、图形编辑输出。

三、设备及工具

四、任务实施

1. 外业测量数据传输:

2. 绘制地物平面图:

3. 绘制等高线:

4. 图形编辑与整饰:

五、附所测区域地形图(计算机截图图片)

任务单五

班(组):______________ 审核人 :________地点:______________ 日期:________

一、任务名称

编写施工放线方案。

二、任务目标

在实训室内,完成体育馆放线方案编写,正确选择放样仪器、工具,并符合放线精度要求。能正确进行测设数据的计算,并绘出放线草图。

三、设备及材料

四、任务实施

1. 仪器及工具:

2. 施工控制测量:

3. 施工阶段测量:

4. 放样精度要求:

5. 测设数据计算:

五、附放样草图

任务单六

班(组):____________　审核人 :________　地点:_______________　日期:________

一、任务名称

主轴线定位测量。

二、任务目标

熟读体育馆施工图纸,根据控制点坐标,确定主轴线施工坐标。能正确使用全站仪进行坐标放样,并对主轴线进行复测和校核。

三、仪器及工具

四、任务实施

1. 施工控制测量:

2. 角点桩测设:

3. 桩点位测设:

4. 主轴线及桩位复核:

五、轴线及桩位复核精度评价

项目	内容		允许偏差/mm
基础桩位放样	单排桩或群桩中的边桩		±10
	群桩		±20
各施工层上放线	外廓主轴线长度 L/m	$L \leqslant 30$	±5
		$30 < L \leqslant 60$	±10
		$60 < L \leqslant 90$	±15
		$90 < L$	±20

六、附主轴线及桩点复核表格

任务单七

班(组):______________ 审核人 :________ 地点:______________ 日期:________

一、任务名称

细部轴线尺寸测量。

二、任务目标

熟读体育馆施工平面图纸;根据轴线间距,能正确计算测设数据;使用全站仪或电子经纬仪进行细部轴线尺寸确定,并对细部轴线进行复测和校核。

三、仪器及工具

四、任务实施

1. 测设细部轴线交点:

2. 引测轴线控制桩:

3. 撒开挖边线:

4. 细部轴线尺寸复核:

五、细部轴线复核精度评价

项目	内容	允许偏差/mm
各施工层上放线	细部轴线	±2
	承重墙、梁、柱边线	±3
	非承重墙边线	±3
	门窗洞口线	±3

六、附细部轴线复核表格

任务单八

班(组)：________ 审核人：________ 地点：________ 日期：________

一、任务名称

轴线投测测量。

二、任务目标

在施工现场，正确设置轴线控制网。能使用垂准仪将首层轴线投测到二层，并做好标记，同时用电子经纬仪及钢尺进行轴线复核。

三、仪器及工具

四、任务实施

1. 基础轴线投测：

2. 墙体轴线投测：

3. 轴线投测复核：

五、轴线投测复核精度评价

<table>
<tr><th>项目</th><th colspan="2">内容</th><th>允许偏差/mm</th></tr>
<tr><td rowspan="7">轴线竖向投测</td><td colspan="2">每层</td><td>±3</td></tr>
<tr><td rowspan="6">总高 H/m</td><td>$H\leqslant30$</td><td>±5</td></tr>
<tr><td>$30<H\leqslant60$</td><td>±10</td></tr>
<tr><td>$60<H\leqslant90$</td><td>±15</td></tr>
<tr><td>$90<H\leqslant120$</td><td>±20</td></tr>
<tr><td>$120<H\leqslant150$</td><td>±25</td></tr>
<tr><td>$150<H$</td><td>±30</td></tr>
</table>

六、轴线投测复核表格

任务单九

班(组):________ 审核人 :________ 地点:________ 日期:________

一、任务名称

高程传递测量。

二、任务目标

熟读体育馆立面图和剖面图,正确利用钢尺进行标高传递。用水准仪能正确测出传递的各点标高,并经检查符合精度要求。

三、仪器及工具

四、任务实施

1. 基槽挖深控制:

2. 基础标高控制:

3. 墙体标高传递:

4. 高程传递复核:

五、标高传递复核精度评价

项目	内容		允许偏差/mm
标高竖向传递	每层		±3
	总高 H/m	$H \leqslant 30$	±5
		$30 < H \leqslant 60$	±10
		$60 < H \leqslant 90$	±15
		$90 < H \leqslant 120$	±20
		$120 < H \leqslant 150$	±25
		$150 < H$	±30

六、标高传递复核表格

任务单十

班(组):________________ 审核人 :________地点:____________日期:________

一、任务名称

沉降观测测量。

二、任务目标

正确布设用于沉降观测的水准点和观测点,使用电子水准仪定期进行点位沉降观测。对沉降观测成果进行正确整理与分析。

三、仪器及工具

四、任务实施

1. 设置水准点:

2. 设置观测点:

3. 观测点位沉降:

4. 整理沉降观测成果:

五、附沉降观测成果表

附录三 考核单

考核单一

班级： 姓名： 学号： 组别： 日期：

考核项目	三(四)等水准测量考核
仪器及工具	自动安平水准仪1台(附三脚架)、双面水准尺(2个)

一、考核内容

1. 水准仪操作
2. 读数记载
3. 测量结果
4. 衡量精度

二、考核标准

序号	考核内容	考核要点	评分标准	分值	扣分
1	水准仪操作	安置仪器、粗略整平、瞄准水准尺、读数	有视差扣5分；瞄准目标有偏差扣5分；没用精确到毫米扣5分	20	
2	读数记载	三、四等水准观测要规范，读数记载符合标准	标尺读数记载不正确扣10分；黑面、红面记载有误扣10分	20	
3	测量结果	计算结果是否正确	每个测站，高差测量结果有误扣10—20分	30	
4	衡量精度	测量结果是否符合精度要求	测量结果不符合水准观测的主要技术指标要求扣20—30分	30	
合计				100	

考核成绩	

考核单二

班级： 姓名： 学号： 组别： 日期：

考核项目	全站仪导线测量考核
仪器及工具	全站仪1台(附三脚架)、棱镜(2组)

一、考核内容

1. 全站仪操作
2. 记录观测值
3. 衡量精度
4. 计算结果

二、考核标准

序号	考核内容	考核要点	评分标准	分值	扣分
1	全站仪操作	安置仪器(对中、整平)、测站定向、坐标测量	对中、整平有偏差扣5分;没在规定时间完成扣5分;测站定向方法不对扣5—10分;坐标测量方法不对扣5—10分	30	
2	记录观测值	导线测量观测值记录要规范	点的坐标记录有误扣5—10分;记录观测值不规范扣5分	10	
3	衡量精度	观测值是否符合精度要求	观测值不符合精度要求扣20—30分	30	
4	计算结果	改正数、坐标值是否正确	改正数计算有误扣10—20分;坐标值不符合要求扣10—20分	30	
合计				100	

考核成绩	

考核单三

班级： 姓名： 学号 ： 组别： 日期：

<table>
<tr><td colspan="2">考核项目</td><td colspan="4">主轴线定位考核</td></tr>
<tr><td colspan="2">仪器及工具</td><td colspan="4">全站仪 1 台（附三脚架）、棱镜（2 组）、钢尺一把、木桩和小钉若干。</td></tr>
<tr><td colspan="6">一、考核内容
1. 全站仪操作
2. 轴线间距
3. 轴线角度
4. 衡量精度
二、考核标准</td></tr>
<tr><td>序号</td><td>考核内容</td><td>考核要点</td><td>评分标准</td><td>分值</td><td>扣分</td></tr>
<tr><td>1</td><td>全站仪操作</td><td>坐标输入及放样平距与放样角差</td><td>没在规定时间完成扣 5—10 分；放样平距过大扣 5—10 分；放样角差过大扣 5—10 分</td><td>30</td><td></td></tr>
<tr><td>2</td><td>轴线间距</td><td>轴线间距偏差应符合要求（±5 mm）</td><td>轴线间距偏差过大扣 5—10 分；量取间距方法不正确扣 10 分</td><td>20</td><td></td></tr>
<tr><td>3</td><td>轴线角度</td><td>轴线间水平角是否为直角（偏差为 10″）</td><td>轴线间水平角偏离过大扣 15—20 分</td><td>20</td><td></td></tr>
<tr><td>4</td><td>衡量精度</td><td>观测值是否符合精度要求</td><td>观测值不符合精度要求扣 20—30 分</td><td>30</td><td></td></tr>
<tr><td>合计</td><td colspan="3"></td><td>100</td><td></td></tr>
<tr><td colspan="2">考核成绩</td><td colspan="4"></td></tr>
</table>

考核单四

班级：　　　　　姓名：　　　　学号 ：　　　　　组别：　　　　日期：

考核项目	钢尺传递标高
仪器及工具	水准仪1台（附三脚架）、水准尺1把、钢尺1把、胶带1卷

一、考核内容

1. 标线仪操作
2. 二层标高传递
3. 二层标高测量
4. 衡量精度

二、考核标准

序号	考核内容	考核要点	评分标准	分值	扣分
1	标线仪操作	标出+50线	标线仪操作不熟练扣5—10分；框架柱标+50线误差大扣5—10分；标线方法不规范扣5—10分	30	
2	二层标高传递	在框架柱上量取标高	标高量取方法不规范扣5—10分；标志做法有误扣10分	20	
3	二层标高测量	二层楼面标高水准测量	二层水准仪安置不正确扣5—10分；二层水准测量不规范扣10分	20	
4	衡量精度	二层标高是否符合精度要求	标高不符合精度要求扣20—30分	30	
合计				100	

考核成绩	

考核单五

班级： 姓名： 学号 ： 组别： 日期：

考核项目	二层轴线投测考核
仪器及工具	垂准仪1台(附三脚架)、钢尺1把、木桩4根、小钉若干

一、考核内容

1. 垂准仪操作
2. 二层投点
3. 轴线量距
4. 衡量精度

二、考核标准

序号	考核内容	考核要点	评分标准	分值	扣分
1	垂准仪操作	标出地面点;安置正确	垂准仪操作不熟练扣5—10分;垂准仪安置时间过长扣5—10分	20	
2	二层投点	二层楼面投点方法是否正确	投点方法不规范扣5—10分;标志点做法有误扣10—20分	30	
3	轴线量距	二层楼面轴线间距测量	二层轴线水平角有误扣10分;二层轴线间距测量不规范扣5—10分	20	
4	衡量精度	二层楼面轴线是否符合精度要求	轴线不符合精度要求扣20—30分	30	
合计				100	

考核成绩	

参考文献

[1]中华人民共和国建设部,中华人民共和国国家质量监督检验检疫总局.工程测量规范:GB 50026—2007[S].北京:中国计划出版社,2008.

[2]中华人民共和国住房和城乡建设部.城市测量规范:CJJ/T 8—2011[S].北京:中国建筑工业出版社,2012.

[3]中华人民共和国建设部.建筑变形测量规范:JGJ 8—2007[S].北京:中国建筑工业出版社,2007.

[4]中华人民共和国住房和城乡建设部,中华人民共和国国家质量监督检验检疫总局.工程测量基本术语标准:GB/T 50228—2011[S].北京:中国计划出版社,2012.

[5]中华人民共和国住房和城乡建设部,中华人民共和国国家质量监督检验检疫总局.总图制图标准:GB/T 50103—2010[S].北京:中国计划出版社,2011.

[6]中华人民共和国国家质量监督检验检疫总局,中国国家标准化管理委员会.国家一、二等水准测量规范:GB/T 12897—2006[S].北京:中国标准出版社,2006.

[7]中华人民共和国国家质量监督检验检疫总局,中国国家标准化管理委员会.国家三、四等水准测量规范:GB/T 12898—2009[S].北京:中国标准出版社,2009.

[8]中华人民共和国国家质量监督检验检疫总局,中国国家标准化管理委员会.外业数字测图技术规程:GB/T 14912—2005 1:500 1:1000 1:2000[S].北京:中国标准出版社,2005.

[9]张迪,申永康.建筑工程施工测量[M].北京:高等教育出版社,2013.

[10]周建郑.建筑工程测量:第三版[M].北京:中国建筑工业出版社,2013.

[11]拓万兵,周海波.实用工程测量[M].北京:清华大学出版社,2015.

[12]王俊河.园林工程测量[M].北京:机械工业出版社,2012.